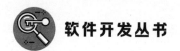

软件开发丛书

SQL Server
完全自学教程

明日科技 ◉ 编著

人民邮电出版社

北 京

图书在版编目（ＣＩＰ）数据

SQL Server完全自学教程 / 明日科技编著. -- 北京：
人民邮电出版社，2023.11
（软件开发丛书）
ISBN 978-7-115-61351-6

Ⅰ. ①S… Ⅱ. ①明… Ⅲ. ①关系数据库系统－教材
Ⅳ. ①TP311.132.3

中国国家版本馆CIP数据核字(2023)第044086号

内 容 提 要

本书为 SQL Server 入门到提高图书，共 17 章，主要内容包括数据库基础、SQL Server 数据库的安装与配置、创建和管理数据库、数据表操作、视图操作、SQL 的基础知识、数据的查询、索引与数据完整性、流程控制、用户自定义函数、存储过程的使用、触发器的使用、游标的使用、SQL Server 高级开发、SQL Server 安全管理、SQL Server 维护管理，最后讲解了学生成绩管理系统项目。本书每章内容都与实例紧密结合，有助于读者理解知识、应用知识，达到学以致用的目的。

本书附有配套资源，包括本书所有实例的源码及教学视频。其中，源码全部经过精心测试，能够在 Windows XP、Windows 7、Windows 8、Windows 10 系统中编译和运行。

本书可作为应用型本科计算机专业、高职软件技术专业及其他相关专业的教材，同时也适合初级数据库开发人员参考使用。

◆ 编　　著　明日科技
　　责任编辑　赵祥妮
　　责任印制　陈　犇
◆ 人民邮电出版社出版发行　　北京市丰台区成寿寺路 11 号
　　邮编　100164　　电子邮件　315@ptpress.com.cn
　　网址　https://www.ptpress.com.cn
　　三河市祥达印刷包装有限公司印刷
◆ 开本：787×1092　1/16
　　印张：22.75　　　　　　　　　2023 年 11 月第 1 版
　　字数：623 千字　　　　　　　 2023 年 11 月河北第 1 次印刷

定价：79.90 元

读者服务热线：(010)81055410　印装质量热线：(010)81055316
反盗版热线：(010)81055315
广告经营许可证：京东市监广登字 20170147 号

前言
PREFACE

自从 SQL Server 2000 发布以来，SQL Server 家族不断壮大，与 SQL Server 相关的应用也越来越多。无论是 C/S（客户端 / 服务器）结构的各类应用程序，还是越来越多的 B/S（浏览器 / 服务器）结构的网络应用，都采用 SQL Server 作为后台数据库。这就是大多数学习者学习数据库时都优先选择 SQL Server 的原因。

实例教学是计算机语言教学的最有效的方法之一。本书将 SQL Server 知识和实例有机结合起来，具有以下两个方面的优势：一方面，跟踪 SQL Server 数据库的发展，适应市场需求，精心选择内容，突出重点、强调实用性，使知识讲解全面、系统；另一方面，全书通过实例的形式，将知识融入实例讲解中，使知识与实例相辅相成，既有利于读者学习知识，又有利于读者实践。

本书配套提供了讲解视频与源码，读者可登录"异步社区"网站获取资源。

如果您在学习或使用本书的过程中遇到问题，可以通过如下方式与我们联系，我们会在 1~5 个工作日内为您解答。

服务网站：www.mingrisoft.com。

服务电话：0431-84978981/84978982。

企业 QQ：4006751066。

服务信箱：mingrisoft@mingrisoft.com。

由于编者水平有限，书中难免存在疏漏和不足之处，敬请广大读者批评指正。

编　者

2023 年 9 月

资源与支持

资源获取

本书提供如下资源：

- 源码
- 讲解视频

要获得以上资源，您可以扫描下方二维码，根据指引领取。

提交勘误

作者和编辑尽最大努力来确保书中内容的准确性，但难免会存在疏漏。欢迎您将发现的问题反馈给我们，帮助我们提升图书的质量。

当您发现错误时，请登录异步社区（https://www.epubit.com/），按书名搜索，进入本书页面，点击"发表勘误"，输入勘误信息，点击"提交勘误"按钮即可（见下图）。本书的作者和编辑会对您提交的勘误进行审核，确认并接受后，您将获赠异步社区的 100 积分。积分可用于在异步社区兑换优惠券、样书或奖品。

图书勘误		发表勘误
页码： 1	页内位置（行数）： 1	勘误印次： 1

图书类型： ◉ 纸书　○ 电子书

添加勘误图片（最多可上传4张图片）

＋

提交勘误

全部勘误　　我的勘误

与我们联系

我们的联系邮箱是 contact@epubit.com.cn。

如果您对本书有任何疑问或建议，请您发邮件给我们，并请在邮件标题中注明本书书名，以便我们更高效地做出反馈。

如果您有兴趣出版图书、录制教学视频，或者参与图书翻译、技术审校等工作，可以发邮件给我们。

如果您所在的学校、培训机构或企业，想批量购买本书或异步社区出版的其他图书，也可以发邮件给我们。

如果您在网上发现有针对异步社区出品图书的各种形式的盗版行为，包括对图书全部或部分内容的非授权传播，请您将怀疑有侵权行为的链接发邮件给我们。您的这一举动是对作者权益的保护，也是我们持续为您提供有价值的内容的动力之源。

关于异步社区和异步图书

"**异步社区**"(www.epubit.com) 是由人民邮电出版社创办的 IT 专业图书社区，于 2015 年 8 月上线运营，致力于优质内容的出版和分享，为读者提供高品质的学习内容，为作译者提供专业的出版服务，实现作者与读者在线交流互动，以及传统出版与数字出版的融合发展。

"**异步图书**"是异步社区策划出版的精品 IT 图书的品牌，依托于人民邮电出版社在计算机图书领域 30 余年的发展与积淀。异步图书面向 IT 行业以及各行业使用 IT 技术的用户。

目录
CONTENTS

高级篇

项目篇

基 础 篇

数据库基础

本章主要介绍数据库的相关内容，包括数据库系统简介、数据库的体系结构、数据模型、常见的关系数据库及 Transact-SQL 简介。通过对本章的学习，读者可以掌握数据库系统、数据模型、数据库三级模式结构及数据库规范化等知识，了解数据库的设计原则和 Transact-SQL。

通过阅读本章，您可以：

☑ 了解数据库技术的发展；

☑ 掌握数据库系统的组成；

☑ 掌握数据库的体系结构；

☑ 熟悉数据模型；

☑ 掌握常见的关系数据库。

1.1 数据库系统简介

1.1.1 数据库技术的发展

数据库技术是应数据管理的需求而产生的。随着计算机技术的发展，人们对数据管理的技术不断提出更高的要求，数据管理先后经历了人工管理、文件系统、数据库系统 3 个阶段。下面分别对这 3 个阶段进行介绍。

1. 人工管理阶段

20 世纪 50 年代中期，计算机主要用于科学计算。在当时，硬件和软件都很落后，数据管理基本依赖于人工。人工管理数据具有如下特点。

（1）数据不保存。

（2）使用应用程序管理数据。

（3）数据不共享。

（4）数据不具有独立性。

2. 文件系统阶段

20 世纪 50 年代后期到 60 年代中期，硬件和软件技术都有了进一步的发展，出现了磁盘等存储设备和专门的数据管理软件（即文件系统）。文件系统管理数据具有如下特点。

（1）数据可以长期保存。

（2）由文件系统管理数据。

（3）数据的共享性差，数据冗余度大。

（4）数据独立性差。

3. 数据库系统阶段

20 世纪 60 年代后期起，计算机开始应用于管理系统，而且文件系统应用的规模越来越大，应用的范围越来越广泛，文件的数据量急剧增长，人们对数据共享的需求越来越强烈。此时，使用文件系统管理数据已经不能满足要求。为了解决出现的一系列问题，人们发明了数据库系统。数据库系统满足了多用户、多应用共享数据的需求，比文件系统具有更明显的优点，该技术的出现标志着数据管理技术的飞跃。

1.1.2　数据库系统的组成

数据库系统（DataBase System，DBS）是采用数据库技术的计算机系统，是由数据库（数据）、数据库管理系统（软件）、数据库管理员（DataBase Administrator，DBA）（人员）、硬件平台（硬件）和软件平台（软件）5 个部分构成的运行实体。其中，数据库管理员是对数据库进行规划、设计、维护和监视等操作的专业管理人员，在数据库系统中起着非常重要的作用。

1.2　数据库的体系结构

数据库具有一个严谨的体系结构，这样可以有效地组织、管理数据，增强数据库的逻辑独立性和物理独立性。数据库领域公认的标准结构是三级模式结构。

1.2.1　数据库的三级模式结构

数据库的三级模式结构是指模式、外模式和内模式，下面分别进行介绍。

1. 模式

模式也称逻辑模式或概念模式，是对数据库中全体数据的逻辑结构和特征的描述，是所有用户的公共数据视图。一个数据库只有一个模式。模式处于三级模式结构的中间层。

> **⚡注意**
>
> 定义模式时不仅要定义数据的逻辑结构，而且要定义数据之间的联系，以及与数据有关的安全性、完整性要求。

2. 外模式

外模式也称用户模式，是对数据库用户（包括程序员和最终用户）能够看见和使用的局部数据的逻辑结构与特征的描述，是数据库用户的数据视图，是与某一应用程序有关的数据的逻辑表示。外模式是模式的子集，一个数据库可以有多个外模式。

> **💡说明**
>
> 使用外模式是保证数据安全性的一个有力措施。

3. 内模式

内模式也称存储模式，一个数据库只有一个内模式。它是对数据物理结构和存储方式的描述，是数据在数据库内部的表示方式。

1.2.2 三级模式之间的映射

为了能够在数据库内部实现数据库的 3 个抽象层次之间的联系和转换，数据库管理系统在三级模式之间提供了两层映射，分别为外模式 / 模式映射和模式 / 内模式映射，下面分别进行介绍。

1. 外模式 / 模式映射

同一个模式可以有任意多个外模式。对于每一个外模式，数据库系统都有一个外模式 / 模式映射。当模式改变时，由数据库管理员对各个外模式 / 模式映射做相应的修改，以使外模式保持不变。这样，依据外模式编写的应用程序就不用修改，保证了数据与应用程序的逻辑独立性。

2. 模式 / 内模式映射

数据库中只有一个模式和一个内模式，所以模式 / 内模式映射是唯一的，它定义了数据库的全局逻辑结构与存储结构之间的对应关系。当数据库的存储结构改变时，由数据库管理员对模式 / 内模式映射进行相应的修改，以使模式保持不变，应用程序也不用修改。这样，保证了数据与应用程序的物理独立性。

1.3   数据模型

1.3.1 数据模型的概念

数据模型是数据库系统的核心与基础，是描述数据与数据之间的联系、数据的语义、数据一致性约束的概念性工具的集合。

数据模型通常是由数据结构、数据操作和完整性约束3个部分组成的。

（1）数据结构是对数据库系统静态特征的描述，描述对象包括数据的类型、内容、性质和数据之间的关系。

（2）数据操作是对数据库系统动态特征的描述，是对数据库中各种对象实例的操作。

（3）完整性约束是完整性规则的集合。它定义了数据模型中数据及数据之间的联系所具有的制约和依存规则。

1.3.2 常用的数据模型

常用的数据模型主要有层次模型、网状模型和关系模型，下面分别进行介绍。

（1）层次模型，用树形结构表示实体类型及实体间联系的数据模型，层次模型的相应示例如图1.1所示。它具有以下特点。

①每棵树有且仅有一个无双亲节点，该节点称为根。

②树中除根外的所有节点有且仅有一个双亲节点。

（2）网状模型，用有向图结构表示实体类型及实体间联系的数据模型，网状模型的相应示例如图1.2所示。用网状模型编写的应用程序极其复杂，且数据的独立性较差。

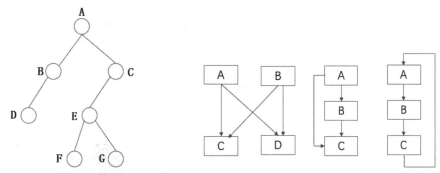

图 1.1 层次模型示例　　　　图 1.2 网状模型示例

（3）关系模型，以二维表来描述数据的数据模型。在关系模型中，每个表有多个列（字段）和行（记录）。关系模型的数据结构简单、清晰，具有很强的数据独立性，因此该模型是目前主流的数据模型，关系模型的相应示例如图1.3所示。

关系模型的基本术语如下。

①关系：一个二维表就是一个关系。

②元组：二维表中的一行，即表中的记录。

③属性：二维表中的一列，用类型和值表示。

④域：每个属性的取值范围，如性别的域为｛男，女｝。

关系中的数据约束如下。

①实体完整性约束：约束关系的主键（Primary Key）中的属性值不能为空值。

②参照完整性约束：关系之间的基本约束。

③用户定义的完整性约束：反映具体应用中数据的语义要求。

学生信息表

学生姓名	年级	所在城市
张三	三年级	成都
李四	二年级	北京
王五	四年级	上海

成绩表

学生姓名	课程	成绩
张三	语文	99
张三	数学	100
张三	英语	90
李四	数学	100
李四	语文	100
王五	数学	95
王五	信息技术	85

图 1.3 关系模型示例

1.3.3　关系数据库的规范化

关系数据库的规范化理论认为，关系数据库中的每一个关系都要符合一定的规范。根据规范条件的不同，规范可以分为 5 个等级：第一范式（1NF）、第二范式（2NF）……第五范式（5NF）。其中，NF 是 Normal Form 的缩写。一般情况下，只要把数据规范到第三范式（3NF）的标准就可以满足需求了。下面分别介绍第一范式、第二范式、第三范式。

（1）第一范式。在一个关系中，消除重复字段，且各字段都是最小的逻辑存储单位。

（2）第二范式。在第一范式基础上，关系中的每一个非主关键字段都完全依赖于整个主关键字段，不能只依赖于主关键字段的一部分。

（3）第三范式。在第一范式基础上，关系中的所有非主关键字段都完全依赖于整个主关键字段，且第三范式要求去除传递依赖。

1.3.4　数据库的设计原则

数据库设计是指对于一个给定的应用环境，根据用户的需求，利用数据模型和应用程序模拟现实世界中该应用环境中的数据结构和处理活动的过程。

数据库的设计原则如下。

（1）数据库内部数据文件的数据组织应具有最大限度的共享、最小的冗余度，并消除数据及数据依赖关系中的冗余部分，使依赖于同一个数据模型的数据实现有效的分离。

（2）在输入、修改数据时，保证数据的一致性与正确性。

（3）保证数据与使用数据的应用程序之间的高度独立性。

1.3.5　实体与关系

实体是指客观存在并可相互区别的事物，既可以是实际的事物，也可以是抽象的概念或关系。

实体之间有 3 种关系，分别如下。

（1）一对一关系：表 A 中的行在表 B 中有且只有一个匹配的行。在一对一关系中，大部分相关信息都在一个表中。

（2）一对多关系：表 A 中的行可以在表 B 中有许多匹配行，但是表 B 中的行在表 A 中只能有一个匹配行。

（3）多对多关系：每个表的行在相关表中具有多个匹配行。在数据库中，多对多关系的建立是依靠第 3 个表（连接表）实现的。连接表包含相关的两个表的主键，可通过两个相关表的主键分别创建与连接表中的匹配列的关系。

1.4　常见的关系数据库

1.4.1　Access 数据库

Access 数据库是当前流行的关系数据库之一，其核心是 Microsoft Jet 数据库引擎。通常情况下，在安装 Office 时保持默认安装设置，Access 数据库会同时被安装到计算机上。

　　Access 数据库非常容易掌握，利用它可以创建、修改和维护数据库及数据库中的数据，并且可以利用向导来完成对数据库的一系列操作。Access 数据库能够满足小型企业客户端 / 服务器解决方案的需求，是一种功能较完备的系统，几乎包含了数据库领域的所有技术和内容，对于初学者学习数据库知识非常有帮助。

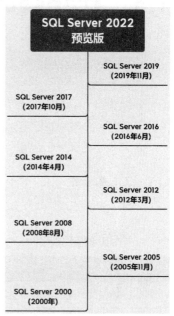

图 1.4　SQL Server 数据库主要版本的
发布时间

1.4.2　SQL Server 数据库

　　SQL Server 数据库是由微软公司开发的一个大型的关系数据库，它为用户提供了一个安全、可靠、易管理的高端客户端 / 服务器数据库平台。

　　SQL Server 数据库有很多版本，例如 SQL Server 2000、SQL Server 2005、SQL Server 2008、SQL Server 2012、SQL Server 2014、SQL Server 2016、SQL Server 2017、SQL Server 2019、SQL Server 2022 预览版等。SQL Server 数据库主要版本的发布时间如图 1.4 所示。

💡 说明

　　因为 SQL Server 2022 现在还是预览版本，所以建议大家使用其他的稳定版本来进行学习。

1.4.3　Oracle 数据库

　　Oracle 数据库是 Oracle（甲骨文）公司提供的、以分布式数据库为核心的一组软件产品。Oracle 数据库是目前世界上使用最广泛的关系数据库之一。它具有完整的数据管理功能，以及数据的大量性、数据保存的持久性、数据的共享性、数据的可靠性等优点。

　　Oracle 数据库在并行处理、实时性、数据处理速度方面都有较好的表现。一般情况下，大型企业倾向于选择 Oracle 数据库作为后台数据库来处理海量数据。

1.4.4　MySQL 数据库

　　MySQL 数据库是目前最流行的开放源码的数据库之一，是完全网络化的、跨平台的关系数据库。它由瑞典的 MySQL AB 公司开发，该公司由 MySQL 的初始开发人员戴维·阿克斯马克和迈克尔·蒙蒂·维德纽斯（David Axmark 和 Miehael Monty Widenius）于 1995 年建立，目前属于 Oracle 公司。它的标志是一只名为 Sakila 的海豚，代表着 MySQL 数据库及其团队的速度快、能力强、计算精确等优秀的特质。

　　MySQL 数据库可以称得上是目前运行速度最快的 SQL（Structure Query Language，结构查询语言）数据库之一。除了具有许多其他数据库不具备的功能和工具，MySQL 数据库还是一组完全免费的产品，用户可以直接从网上下载使用，不必支付任何费用。

1.5 Transact-SQL 简介

Transact-SQL 是 SQL Server 2008 在 SQL 基础上添加了流程控制语句后的扩展，是标准的 SQL 的超集，以下简称 T-SQL。

SQL 是关系数据库的标准语言，标准的 SQL 语句几乎可以在所有的关系数据库中不加修改地使用，比如 Access、Visual FoxPro、Oracle 数据库都支持标准的 SQL，但这些关系数据库不支持 T-SQL。T-SQL 是 SQL Server 系统产品独有的。

1. T-SQL 的语法

T-SQL 的语法规则如表 1.1 所示。

表 1.1 T-SQL 的语法规则

约定	说明
UPPERCASE（大写）	T-SQL 关键字
Italic	用户提供的 T-SQL 语法的参数
Bold	数据库名、表名、列名、索引名、存储过程、实用工具、数据类型及必须按原样输入的文本
下画线	用于指示当语句中省略了包含带下画线的值的子句时应用的默认值
|	用于分隔方括号或花括号中的语法项（只能选择其中一项）
[ ]	可选语法项。不要输入方括号
{ }	必选语法项。不要输入花括号
[,...n]	用于指示前面的项可以重复 n 次。项与项之间用逗号分隔
[...n]	用于指示前面的项可以重复 n 次。项与项之间用空格分隔
[;]	可选的 T-SQL 语句终止符。不要输入方括号
<label> :: =	语法块的名称，用于对可在语句中的多个位置使用的过长语法段或语法单元进行分组和标记。可使用的语法块应括在尖括号内

2. T-SQL 的分类

T-SQL 的分类如下。

（1）变量说明语句：用来说明变量的命令。

（2）数据定义语言（Data Definition Language，DDL）：用来创建数据库、数据库对象和定义列，大部分是以 CREATE 开头的命令，如 CREATE TABLE、CREATE VIEW 和 DROP TABLE 等。

（3）数据操纵语言（Data Manipulation Language，DML）：用来操纵数据库中数据的命令，如 SELECT、INSERT、UPDATE、DELETE 和 CURSOR 等。

（4）数据控制语言（Data Control Language，DCL）：用来控制数据库组件的存取许可、存取权限等命令。

（5）流程控制语言：用于设计应用程序流程的语句，如 IF WHILE 和 CASE 等。

（6）内嵌函数：用于实现参数化视图的功能。

（7）其他命令：嵌于命令中使用的标准函数。

1.6 小结

本章介绍了数据库的基本概念，包括数据库系统的组成、数据库的三级模式结构及映射、关系数据库的规范化及数据库的设计原则等。通过对本章的学习，读者对数据库有了一个系统的了解，并在此基础上了解了 T-SQL，为进一步的学习奠定了基础。

第 2 章

SQL Server 数据库的安装与配置

本章主要介绍 SQL Server（版本为 SQL Server 2019）数据库的安装、配置及卸载。通过对本章内容的学习，读者会对 SQL Server 2019 有一个全面的认识。

通过阅读本章，您可以：

- ☑ 了解 SQL Server 数据库；
- ☑ 熟练掌握 SQL Server 2019 的下载、安装及卸载过程；
- ☑ 掌握 SQL Server 2019 管理工具的安装及启动方法；
- ☑ 熟悉 SQL Server 2019 服务器 / 服务器组的注册与删除。

2.1 SQL Server 2019 简介

SQL Server 2019 是可用于大规模联机事务处理（Online Transaction Processing，OLTP）、数据仓库和电子商务的数据库与数据分析平台。

SQL 是关系数据库的国际标准语言。SQL 在 1986 年被美国国家标准学会（American National Standards Institute，ANSI）的数据库委员会批准用作关系数据库的美国标准，国际标准化组织（International Organization for Standardization，ISO）于 1987 年认定这一标准，并在 1989 年公布 SQL-89 标准，1992 年又公布了 SQL-92 标准。

2019 年 11 月 4 日，微软正式发布了其新一代数据库产品 SQL Server 2019。SQL Server 2019 具有大数据集群、数据虚拟化等特性。本次发布距离 SQL Server 2017 的发布不过短短两年时间，这样的迭代速度对于高度复杂的数据库系统来说颇为惊人。

SQL Server 2019 最值得一提的特性是 SQL Server 大数据集群（SQL Server Big Data Cluster），Hadoop 和 Spark 等开源大数据技术组件直接创造性地被纳入 SQL Server。

2.2 SQL Server 2019 的下载 / 安装 / 卸载

在对 SQL Server 2019 有了初步了解之后，就可以安装 SQL Server 2019 了。SQL Server 2019 的安装程序为用户提供了浅显易懂的图形化操作界面，其安装过程相对简单、快捷。因为 SQL Server 2019 是由一系列相互协作的组件构成的，又是网络数据库产品，所以安装前必须要了解其中的选项含义及参数配置，否则将直接影响安装过程。本节将向读者详细介绍 SQL Server 2019 的安装要求及安装的全过程等内容。

2.2.1 SQL Server 2019 的安装要求

在安装 SQL Server 2019 之前，先要检查计算机的软硬件配置是否满足 SQL Server 2019 的安装要求，具体要求如表 2.1 所示。

表 2.1　SQL Server 2019 的安装要求

名称	要求
操作系统	Windows 10 或 Linux
处理器速度	1.4GHz，建议使用 2.0GHz 或速度更快的处理器
处理器类型	64 位
随机存取存储器	最低要求使用 512MB 的随机存取存储器，最好使用 2GB 或更大的随机存取存储器
可用磁盘空间	至少有 6GB 的可用磁盘空间
互联网	安装 SQL Server 2019 时需要联网

> ⚡注意
>
> 仅 64 位的处理器支持 SQL Server 2019 的安装，x86 处理器不支持。

2.2.2 了解账户和身份验证模式

SQL Server 2019 是一款网络数据库产品，为了方便对 SQL Server 2019 进行管理，下面讲解 SQL Server 2019 的账户及身份验证模式。

网络中的服务只能由一些特定的账户进行管理，而 SQL Server 2019 在 Windows 中作为一项网络服务来运行，所以需要给 SQL Server 2019 指派 Windows 中的账户进行管理。Windows 中的账户包括本地系统账户及域用户账户。

如果用户想在客户端连接服务器，就需要使用账户与其对应的密码登录服务器，这个过程就是身份验证。用户不仅可以使用 Windows 中的账户登录 SQL Server 2019（Windows 身份验证模式），还可以在数据库中创建账户进行登录和管理（混合身份验证模式）。在使用混合身份验证模式时，服务器先查找数据库中是否有和登录账户匹配的记录，如果存在则建立连接，否则继续用 Windows 中的账户进行验证。如果都不符合，则拒绝连接。

2.2.3　下载 SQL Server 2019

下载 SQL Server 2019 的步骤如下。

（1）SQL Server 2019 的下载地址为 https://www.microsoft.com/zh-cn/sql-server/sql-server-downloads，网页如图 2.1 所示。

图 2.1　SQL Server 2019 的下载页面

⚡注意

此网站的打开速度很慢，请耐心等待。

在此网页中单击图 2.2 所示的"选择您的安装设置"链接。

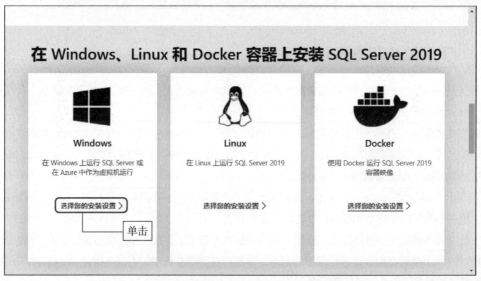

图 2.2　单击"选择您的安装设置"链接

因为要将 SQL Server 2019 安装在 Windows 10 上，所以在图 2.3 所示的页面中单击"在 Windows 上安装"链接。

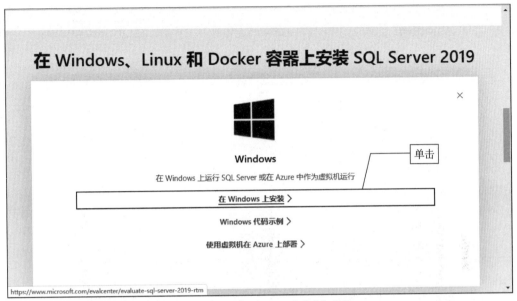

图 2.3 单击"在 Windows 上安装"链接

（2）在图 2.4 所示的页面中单击"GET STARTED"按钮。

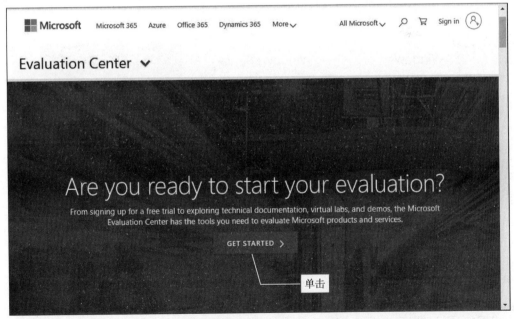

图 2.4 单击"GET STARTED"按钮

选择要下载的产品，如图 2.5 所示，这里单击"SQL Server"链接。

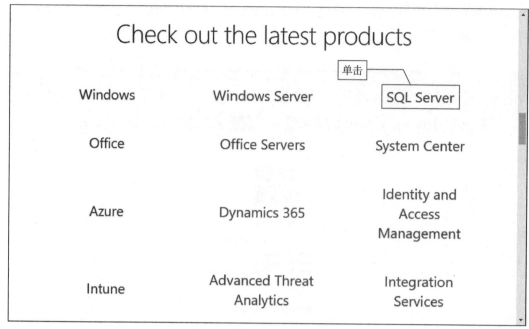

图 2.5　单击"SQL Server"链接

选择要下载的 SQL Server 版本，如图 2.6 所示，这里单击"SQL Server 2019"链接。

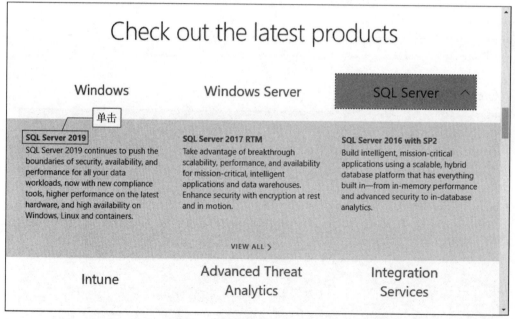

图 2.6　单击"SQL Server 2019"链接

在图 2.7 所示的界面中，单击"Continue"按钮，然后填写信息。完成后单击"Continue"按钮，如图 2.8 所示。

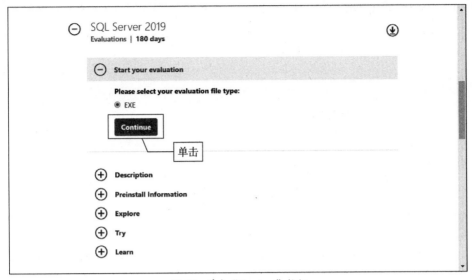

图 2.7 单击"Continue"按钮

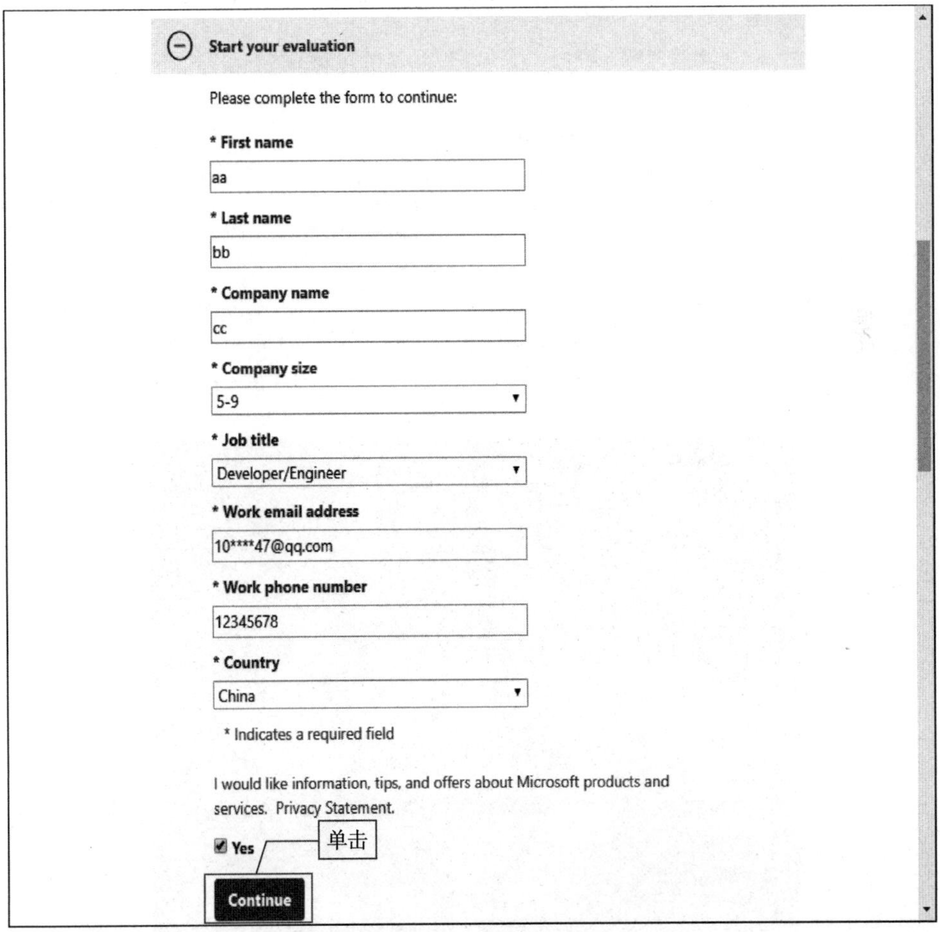

Start your evaluation

Please complete the form to continue:

* First name

aa

* Last name

bb

* Company name

cc

* Company size

5-9

* Job title

Developer/Engineer

* Work email address

10****47@qq.com

* Work phone number

12345678

* Country

China

* Indicates a required field

I would like information, tips, and offers about Microsoft products and services. Privacy Statement.

☑ Yes　单击

Continue

图 2.8 填写信息后单击"Continue"按钮

（3）安装程序下载完成后如图 2.9 所示。

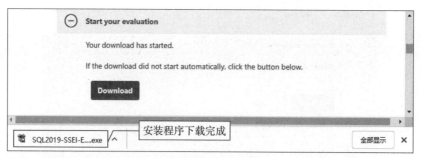

图 2.9　安装程序下载完成

下载的安装程序名为"SQL2019-SSEI-Eval.exe"，它并不是 SQL Server 2019 的安装包，需要执行此安装程序来下载 SQL Server 2019 的安装包，步骤如下。

（1）进入"SQL2019-SSEI-Eval.exe"文件所在的文件夹，以管理员身份运行该文件，如图 2.10 所示。

图 2.10　以管理员身份运行下载的文件

（2）进入 SQL Server 2019 安装程序，选择"基本"选项进行基本安装，如图 2.11 所示。

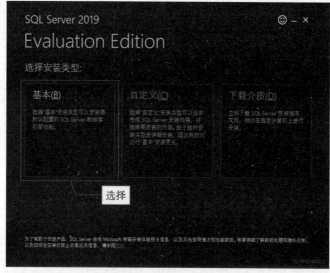

图 2.11　选择基本安装类型

（3）选择安装语言和安装包的存放位置，单击"安装"按钮下载 SQL Server 2019 安装包，如图 2.12 所示。

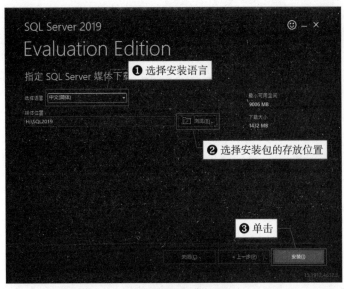

图 2.12　选择安装语言和安装包的存放位置

（4）等待 SQL Server 2019 安装包（全称为安装程序包）下载完成，如图 2.13 所示。

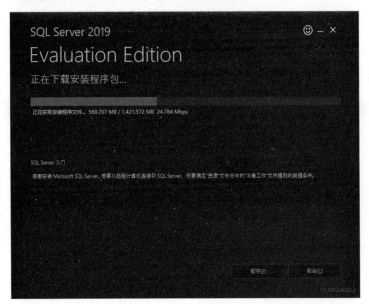

图 2.13　等待 SQL Server 2019 安装包下载完成

2.2.4　安装 SQL Server 2019

安装 SQL Server 2019 的步骤如下。

（1）SQL Server 2019 安装包下载完成之后，会自动打开图 2.14 所示的"SQL Server 安装中心"窗口。也可双击安装包中的"SETUP.EXE"打开"SQL Server 安装中心"窗口。

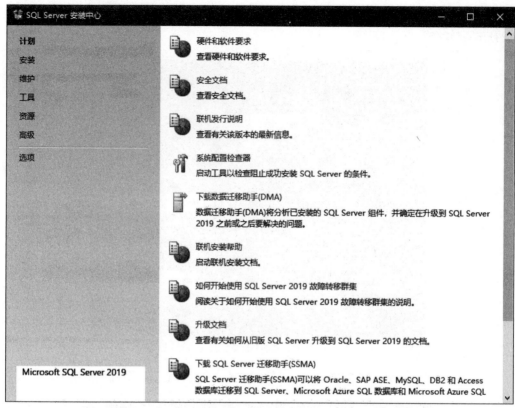

图 2.14　"SQL Server 安装中心"窗口

（2）在"SQL Server 安装中心"窗口中选择左侧的"安装"选项，然后单击"全新 SQL Server 独立安装或向现有安装添加功能"链接，如图 2.15 所示。

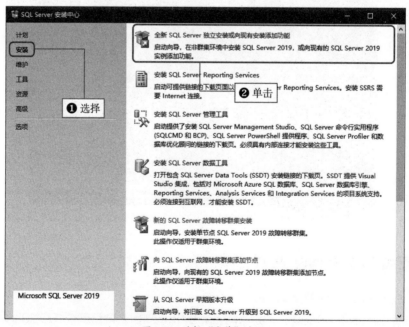

图 2.15　选择"安装"选项

（3）单击"确定"按钮，进入"产品密钥"界面，如图 2.16 所示。在该界面的"指定可用版本"下拉列表中选择需要的版本，这里选择"Developer"，单击"下一步"按钮。

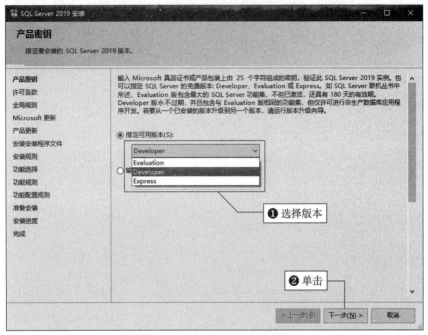

图 2.16 "产品密钥"界面

（4）进入"许可条款"界面，如图 2.17 所示，选中"我接受许可条款和隐私声明"复选框，单击"下一步"按钮。

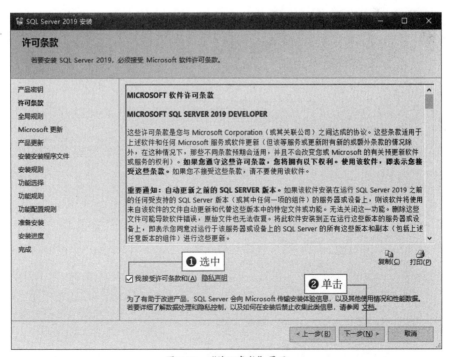

图 2.17 "许可条款"界面

（5）进入"Microsoft 更新"界面，如图 2.18 所示，单击"下一步"按钮。

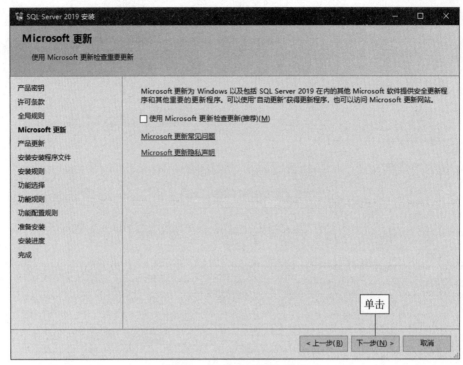

图 2.18 "Microsoft 更新"界面

（6）进入"功能选择"界面，选择要安装的功能，单击"下一步"按钮，如图 2.19 所示。如果要全部安装，可以单击"全选"按钮。

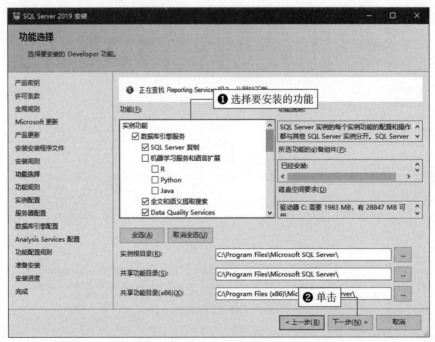

图 2.19 "功能选择"界面

（7）进入"实例配置"界面，在该界面中选中"默认实例"单选按钮即可，单击"下一步"按钮，如图 2.20 所示。

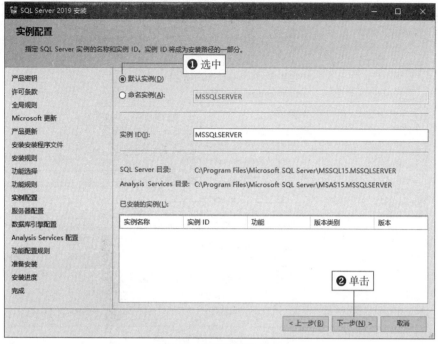

图 2.20　"实例配置"界面

（8）进入"服务器配置"界面，单击"下一步"按钮，如图 2.21 所示。

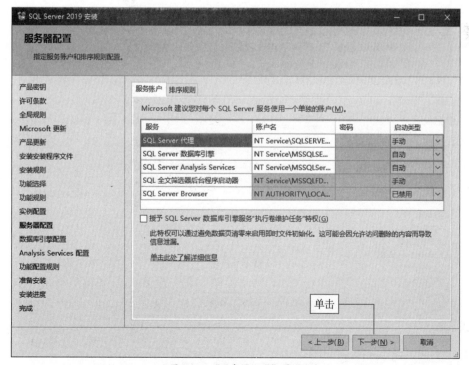

图 2.21　"服务器配置"界面

（9）进入"数据库引擎配置"界面，在该界面中选择身份验证模式并设置密码；然后依次单击"添加当前用户"按钮和"下一步"按钮，如图 2.22 所示。

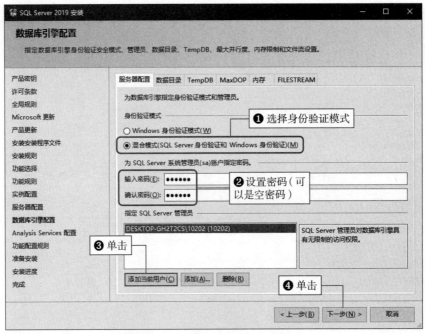

图 2.22　"数据库引擎配置"界面

（10）进入"Analysis Services 配置"界面，在该界面中依次单击"添加当前用户"按钮和"下一步"按钮，如图 2.23 所示。

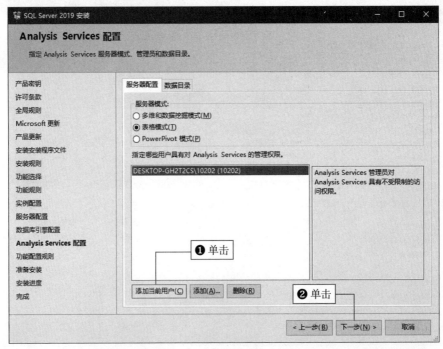

图 2.23　"Analysis Services 配置"界面

（11）进入"准备安装"界面，如图 2.24 所示，该界面中显示准备安装的 SQL Server 2019 的功能，单击"安装"按钮。

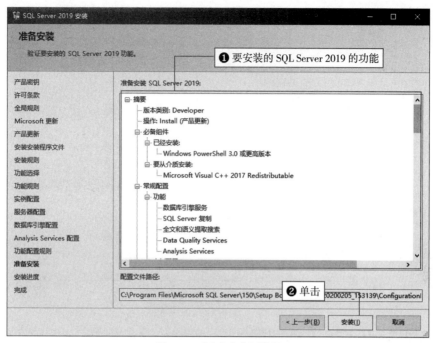

图 2.24 "准备安装"界面

（12）进入"安装进度"界面，如图 2.25 所示，该界面中会显示 SQL Server 2019 的安装进度。

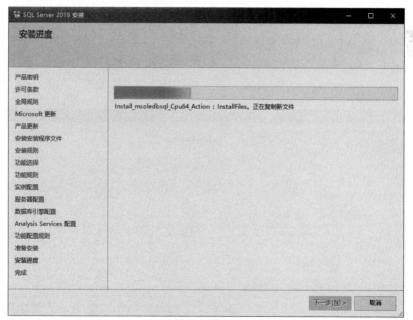

图 2.25 "安装进度"界面

（13）安装完成后单击"下一步"按钮，进入"完成"界面，如图 2.26 所示，该界面中显示安装的所有功能及是否成功安装的信息，单击"关闭"按钮，即可完成 SQL Server 2019 的安装。

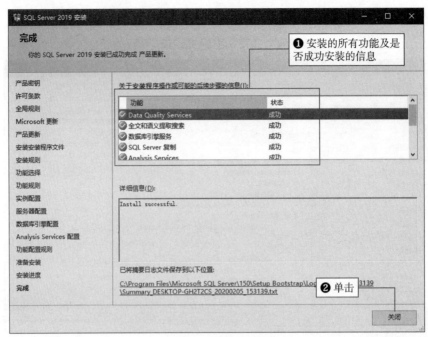

图 2.26 "完成"界面

2.2.5 SQL Server 2019 的卸载

如果 SQL Server 2019 被破坏了或不再使用，则可以将其卸载。卸载 SQL Server 2019 的操作步骤非常简单，在卸载之前，先把以后重建服务器所需的所有用户和系统数据库复制一份，然后按照将介绍的步骤卸载 SQL Server 2019 就可以了。

下面将卸载 SQL Server 2019，具体步骤如下。

（1）在 Windows 10 中选择"控制面板"→"程序"→"程序和功能"选项，在打开的窗口中选择"Microsoft SQL Server 2019（64 位）"选项，然后单击"卸载 / 更改"按钮，如图 2.27 所示。

图 2.27 卸载或更改程序

（2）弹出"SQL Server 2019"对话框，如图 2.28 所示。

图 2.28   "SQL Server 2019"对话框

（3）单击"删除"，即可根据向导卸载 SQL Server 2019。

> ⚡注意
>
> 　　在删除一个 SQL Server 实例之前，将其数据库复制到另一台服务器，可以实现对这些数据的继续访问。也可以采用以下方法继续访问这些数据：备份数据库，并在另一台服务器上恢复；分离数据库，并将它附加到另一台服务器上。

2.3　启动 SQL Server 2019 的服务

2.3.1　后台启动 SQL Server 2019 的服务

当安装好 SQL Server 2019 后，系统中加入了许多服务应用程序，它们彼此分工合作，配合完成各种数据处理工作。了解这些服务的作用，有利于更好地使用和管理 SQL Server 2019。SQL Server 2019 的服务和功能说明如表 2.2 所示。

表 2.2　SQL Server 2019 的服务和功能说明

服务名称	文件名	功能说明
MRSQLSERVER	sqlserver.exe	SQL Server 2019 中最重要的服务，只要启动了它，就可以完成大部分的数据库处理工作，如数据存取、安全配置、事务管理等
SQLSERVERAGENT	sqlagent.exe	负责调度定期执行的活动（如数据库维护、备份、复制等），以及通知系统管理员服务器发生的问题。如果不需要做这些处理工作，可以停止此服务

续表

服务名称	文件名	功能说明
Microsoft Search	mssearch.exe	提供数据库内全文检索的功能，让用户可以针对数据字段的内容以全文检索的方式查询，而非使用 SQL 语法提供的 LIKE 关键字过滤。当从大量文本类型的字段中检索某些数据时，使用此功能比使用 LIKE 关键字的效率更高。需要注意的是，进行全文检索时，需要进行全文检索配置。如果没有全文检索的需要，可以停止此服务
Distributed Transaction Coordinator(MSDTC)	msdtc.exe	事务管理器，允许客户端应用程序在一个事务中包含多个不同的数据源，用于协调所有已在事务中登记的服务器间提交的分布式事务，以确保所有服务器上的全部更新为永久性的，或在发生错误时删除所有更新。简单地说，如果只在一个 SQL Server 实例内执行事务，SQL Server 可以处理；如果跨到其他的程序或另一个 SQL Server 实例，就需要通过此服务来协调完成事务。如果不需要跨到其他程序进行事务处理，可以停止此服务

后台启动 SQL Server 2019 的服务的操作步骤如下。

（1）选择"开始"→"控制面板"→"系统和安全"→"管理工具"→"服务"命令，单击鼠标右键并从弹出的快捷菜单中选择"打开"命令，打开"服务"窗口。

（2）在"服务"窗口中找到需要启动的服务，单击鼠标右键，弹出的快捷菜单如图 2.29 所示。

图 2.29　快捷菜单

（3）在弹出的快捷菜单中选择"启动"命令，等待 Windows 启动所选的 SQL Server 2019 的服务。

2.3.2 通过 SQL Server 配置管理器启动 SQL Server 2019 的服务

通过 SQL Server 配置管理器（即 SQL Server Configuration Manager）启动 SQL Server 2019 的服务的步骤如下。

（1）选择"开始"→"Microsoft SQL Server 2019"→"SQL Server 2019 配置管理器"命令，打开"Sql Server Configuration Manager"窗口。

（2）选择"Sql Server Configuration Manager"窗口左边的"SQL Server 服务"选项，这时窗口右边将显示 SQL Server 中的服务，如图 2.30 所示。

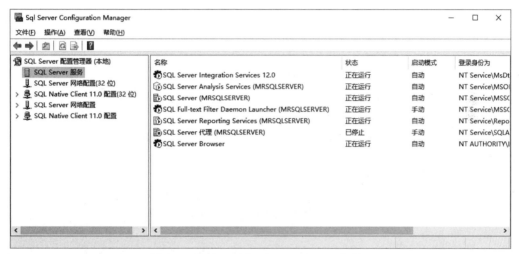

图 2.30 "Sql Server Configuration Manager"窗口

（3）在"Sql Server Configuration Manager"窗口右边列出的 SQL Server 服务中选择需要启动的服务，单击鼠标右键，在弹出的快捷菜单中选择"启动"命令，即可启动所选的服务，如图 2.31 所示。

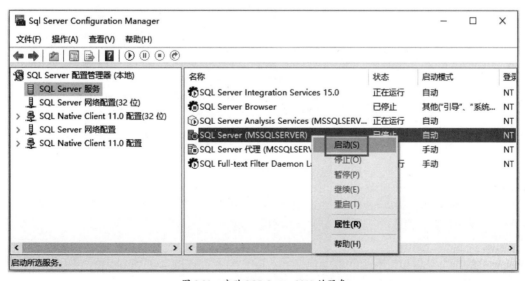

图 2.31 启动 SQL Server 2019 的服务

2.4　安装与使用 SQL Server Management Studio

SQL Server Management Studio（简称 SSMS）是一个集成环境，用于访问、配置、管理和开发 SQL Server 的所有组件，并组合了大量图形工具和丰富的脚本编辑器，使不同技术水平的开发人员和管理员都能访问 SQL Server。

SQL Server Management Studio 将早期版本的 SQL Server 中包含的企业管理器、查询编辑器和 Analysis Manager 功能整合到同一环境中。此外，SQL Server Management Studio 还可以和 SQL Server 的所有组件协同工作，例如 Reporting Services、Integration Services 和 SQL Server Compact 3.5 SP1。

安装后的 SQL Server 2019 并没有配置 SQL Server Management Studio，需要用户自行下载和安装。

2.4.1　下载 SQL Server Management Studio

下载 SQL Server Management Studio 的步骤如下。

（1）SQL Server Management Studio 的下载网址为 https://docs.microsoft.com/zh-cn/sql/ssms/download-sql-server-management-studio-ssms?view=sql-server-ver15#download-ssms，下载页面如图 2.32 所示。

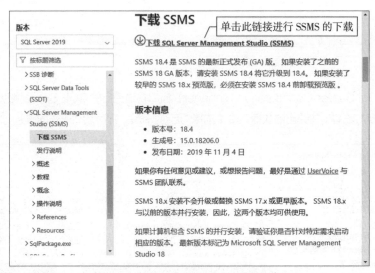

图 2.32　SQL Server Management Studio 的下载页面

> 💡 说明
>
> SQL Server Management Studio 的版本会随着时间的推移不断发生变化，下载最新的版本即可。

（2）单击图 2.32 所示网页中的链接进行 SQL Server Management Studio 的下载，下载的安装包名为"SSMS-Setup-CHS.exe"。

2.4.2 安装 SQL Server Management Studio

安装 SQL Server Management Studio 的步骤如下。

（1）打开 SQL Server Management Studio 安装包所在文件夹，用鼠标右键单击"SSMS-Setup-CHS.exe"，从弹出的快捷菜单中选择"以管理员身份运行"命令，如图 2.33 所示。

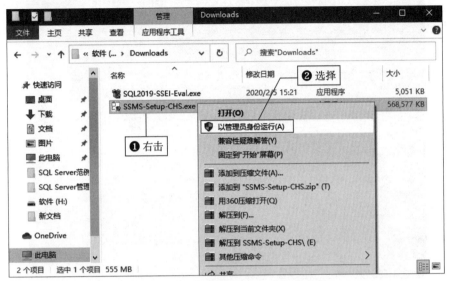

图 2.33　运行"SSMS-Setup-CHS.exe"文件

（2）SQL Server Management Studio 的安装界面如图 2.34 所示，在其中可以更改安装位置（也可以不更改），更改完成之后单击"安装"按钮，安装 SQL Server Management Studio。

图 2.34　SQL Server Management Studio 的安装界面

（3）安装进度界面如图 2.35 所示。

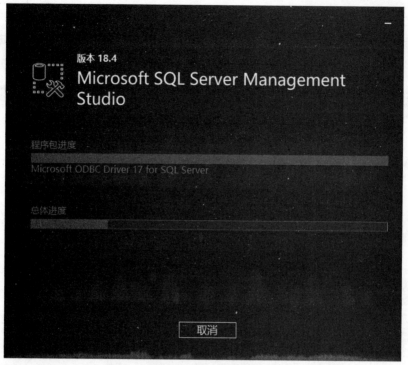

图 2.35　安装进度界面

（4）安装完成后单击"重新启动"按钮重启计算机，如图 2.36 所示。

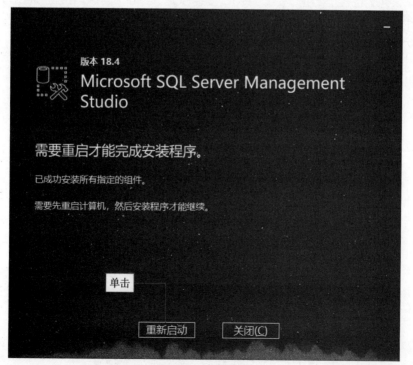

图 2.36　重启计算机

2.4.3 启动 SQL Server Management Studio

启动 SQL Server Management Studio 的步骤如下。

（1）选择"开始"→"Microsoft SQL Server Management Studio 18"命令，如图 2.37 所示，打开 SQL Server Management Studio。

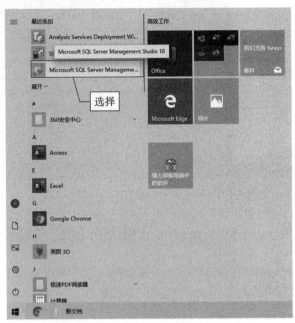

图 2.37　选择 SQL Server Management Studio 18

（2）在弹出的"连接到服务器"对话框中输入数据库的登录名和密码，连接数据库，如图 2.38 所示。

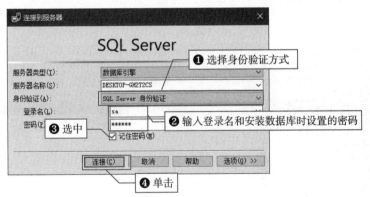

图 2.38　"连接到服务器"对话框

设置"身份验证"为"SQL Server 身份验证"；输入登录名和密码，登录名为 sa，密码为安装数据库时设置的密码；选中"记住密码"复选框，这样在下次连接服务器时，就不用输入密码；单击"连接"按钮，连接数据库服务器。

（3）在验证登录名和密码无误后，进入 SQL Server Management Studio 的主界面，如图 2.39 所示。

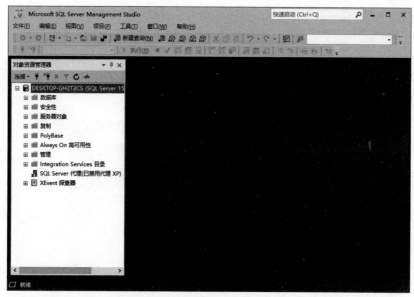

图 2.39　SQL Server Management Studio 的主界面

2.4.4　使用 SQL Server Management Studio 的查询编辑器

在 SQL Server Management Studio 的查询编辑器中，可以执行 SQL 命令和 SQL 脚本程序，以查询、分析或处理数据库中的数据。下面通过编辑、执行查询语句和保存查询结果等来介绍查询编辑器的使用方法。

1. 编辑查询语句

（1）打开 SQL Server Management Studio，单击"新建查询"按钮，新建一个查询，如图 2.40 所示。

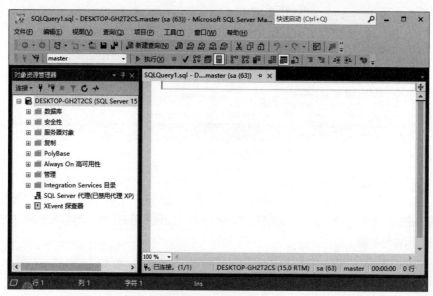

图 2.40　新建一个查询

（2）工具栏中显示默认数据库为"master"，如图 2.41 所示。

图 2.41　使用的默认数据库

（3）输入两条 SQL 语句，分别用于查询"db_mrkj"数据库的"tb_BookInfo"和"tb_BookSell"表中的数据，具体语句如下：

```
select * from tb_BookInfo
select * from tb_BookSell
```

2．执行查询语句

（1）单击工具栏中的"执行"按钮执行查询语句。此时因为默认数据库为"master"，而"master"数据库中没有"tb_BookInfo"和"tb_BookSell"表，所以不能获得正确的查询结果，"消息"选项卡中显示"对象名 'tb_BookInfo' 无效。"，如图 2.42 所示。

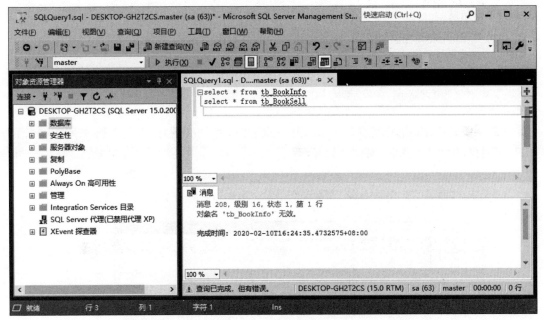

图 2.42　查询报错消息

（2）在工具栏的数据库下拉列表中选择"db_mrkj"数据库，然后单击"执行"按钮执行查询语句。查询语句正常执行，结果显示在"结果"选项卡中，因为有两条 SELECT 语句，所以有两个查询结果，如图 2.43 所示。

（3）选中第一条查询语句，单击"执行"按钮，可看到"结果"选项卡中只有第一条查询语句的查询结果，说明查询编辑器只执行了选中的 SQL 语句。

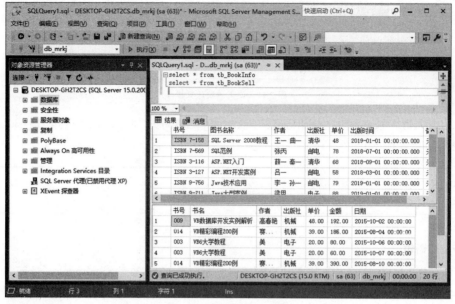

图 2.43　显示两个查询结果

3. 保存查询结果

（1）用鼠标右键单击查询结果，在弹出的快捷菜单中选择"全选"命令。

⚡**注意**

如果不全选查询结果，则只能保存当前单元格中的内容。

（2）用鼠标右键单击查询结果，在弹出的快捷菜单中选择"将结果另存为"命令，如图 2.44 所示，打开"保存网格结果"对话框，如图 2.45 所示。

（3）在"保存类型"下拉列表中选择"CSV（逗号分隔）（*.csv）"选项。

（4）在"文件名"文本框中输入"TestSQL1"，单击"保存"按钮关闭对话框。

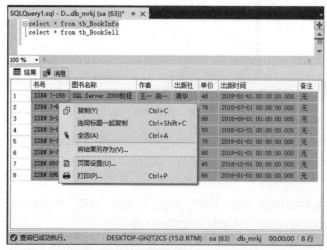

图 2.44　选择"将结果另存为"命令

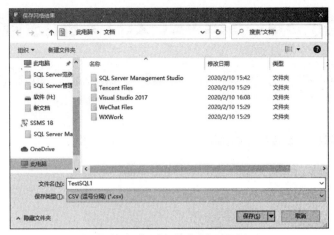

图 2.45　"保存网格结果"对话框

（5）使用记事本应用程序打开"TestSQL1.csv"文件，如图 2.46 所示。从图中可以看到，**查询**
结果中的一行在"TestSQL1.csv"中也为一行，数据项之间用逗号分隔。

图 2.46　用记事本应用程序打开的"TestSQL1.csv"文件

4．保存查询语句

下面将介绍如何保存查询语句，具体操作如下。

（1）单击查询语句，使其获得焦点。

（2）单击工具栏中的 ![保存图标]（"保存"）按钮，打开图 2.47 所示的"另存文件为"对话框。

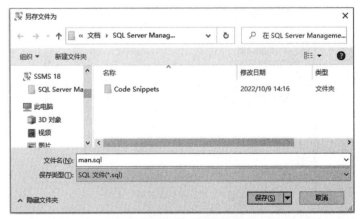

图 2.47　"另存文件为"对话框

（3）在"文件名"文本框中输入"man.sql"，单击"保存"按钮关闭对话框。

2.5 注册 SQL Server 2019 服务器

创建服务器组可以对已注册的服务器进行分组化管理。注册服务器后，可以存储服务器连接的信息，以供连接该服务器时使用。

2.5.1 服务器组的创建与删除

1. 创建服务器组

使用 SQL Server 2019 创建服务器组的步骤如下。

（1）选择"开始"→"Microsoft SQL Server Management Studio 18"命令，打开 SQL Server Management Studio。

（2）单击"连接到服务器"对话框中的"取消"按钮，如图 2.48 所示。

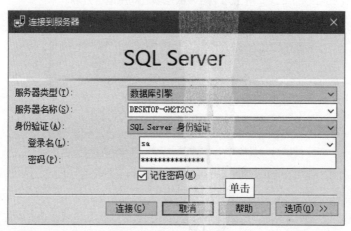

图 2.48 单击"取消"按钮

（3）选择 SQL Server Management Studio 中的"视图"→"已注册的服务器"命令，打开"已注册的服务器"面板，如图 2.49 所示。

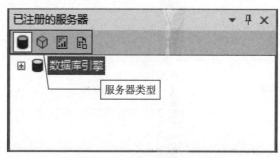

图 2.49 "已注册的服务器"面板

（4）在"已注册的服务器"面板中选择服务器组要创建在哪种类型的服务器中。"已注册的服务器"面板中的服务器类型如表 2.3 所示。

表 2.3 "已注册的服务器"面板中的服务器类型

图标	服务器类型
	数据库引擎
	Analysis Services
	Reporting Services
	Integration Services

（5）单击"数据库引擎"前面的⊞按钮，显示"本地服务器组"和"中央管理服务器"选项，在"本地服务器组"选项上单击鼠标右键，在弹出的快捷菜单中选择"新建服务器组"命令，如图 2.50 所示。

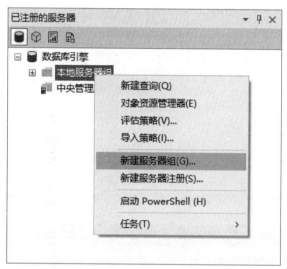

图 2.50 选择"新建服务器组"命令

（6）在弹出的"新建服务器组属性"对话框的"组名"文本框中输入要创建的服务器组的名称；在"组说明"文本框中输入关于创建的服务器组的简要说明，如图 2.51 所示。信息输入完毕后，单击"确定"按钮即可完成服务器组的创建。

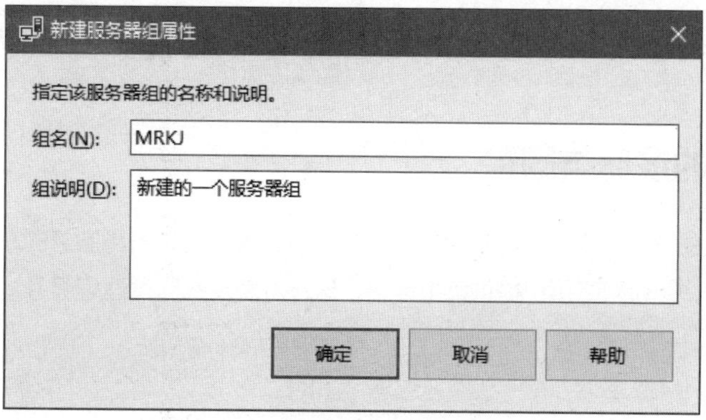

图 2.51 设置新建服务器组的属性

2. 删除服务器组

使用 SQL Server 2019 删除服务器组的步骤如下。

（1）打开"已注册的服务器"面板。

（2）选择需要删除的服务器组，单击鼠标右键，在弹出的快捷菜单中选择"删除"命令，如图2.52所示。

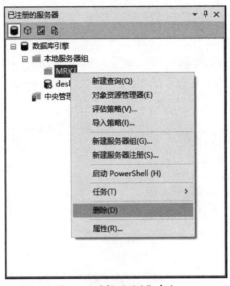

图 2.52　选择"删除"命令

（3）在弹出的"确认删除"对话框中单击"是"按钮，即可完成服务器组的删除，如图2.53所示。

图 2.53　确认删除服务器组

> ⚡注意
>
> 在删除服务器组的同时，也会将该组内注册的服务器一同删除。

2.5.2　服务器的注册与删除

服务器是计算机的一种，它是一种在网络上为客户端计算机提供各种服务的高性能计算机。它在网络操作系统的控制下，能为网络用户提供集中计算、信息发表及数据管理等服务。本小节将讲解如何注册与删除服务器。

1. 注册服务器

使用 SQL Server 2019 注册服务器的步骤如下。

（1）打开"已注册的服务器"面板。

（2）在"已注册的服务器"面板中选择"本地服务器组"选项，单击鼠标右键，在弹出的快捷菜单中选择"新建服务器注册"命令，如图 2.54 所示。

图 2.54　选择"新建服务器注册"命令

（3）弹出"新建服务器注册"对话框。"新建服务器注册"对话框中有"常规""连接属性""Always Encrypted""其他连接参数"4 个选项卡，其中常用的为"常规"选项卡与"连接属性"选项卡，下面分别进行介绍。

- ⊘ "常规"选项卡中包括服务器类型、服务器名称、登录时身份验证的方式、登录所用的用户名和密码、已注册的服务器名称、已注册的服务器说明等设置信息。"新建服务器注册"对话框的"常规"选项卡如图 2.55 所示。

图 2.55　"新建服务器注册"对话框的"常规"选项卡

- ⊘ "连接属性"选项卡中包括要连接服务器中的数据库、连接服务器时使用的网络协议、发送的网络数据包的大小、连接时等待建立连接的时间（单位为秒）、连接后等待任务执行的时间（单位为秒）等设置信息。"连接属性"选项卡如图 2.56 所示。

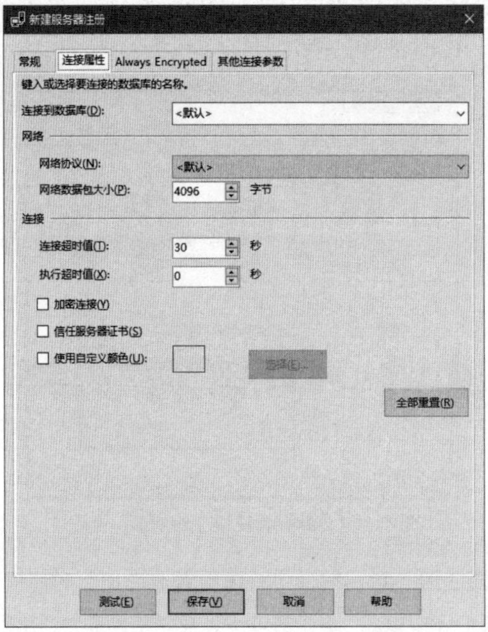

图 2.56　"新建服务器注册"对话框的"连接属性"选项卡

设置完相关信息后，单击"测试"按钮，测试与注册的服务器的连接，如果成功连接，则会弹出图2.57所示的对话框。

图 2.57　提示"连接测试成功"的对话框

单击"确定"按钮后，在"新建服务器注册"对话框中单击"保存"按钮，即可完成服务器的注册。注册了服务器后的"已注册的服务器"面板如图 2.58 所示。

图 2.58　注册了服务器后的"已注册的服务器"面板

每个服务器名称前面的图标代表服务器目前的运行状态。各图标及其代表的服务器运行状态如表2.4所示。

表 2.4　各图标及其代表的服务器运行状态

图标	含义
	服务器正常运行
	服务器暂停运行
	服务器停止运行
	服务器无法连接

2. 删除服务器

使用 SQL Server 2019 删除服务器的步骤如下。

（1）打开"已注册的服务器"面板。

（2）选择需要删除的服务器，单击鼠标右键，在弹出的快捷菜单中选择"删除"命令，如图2.59 所示。

图 2.59　选择"删除"命令

（3）在弹出的"确认删除"对话框中单击"是"按钮，即可完成注册服务器的删除，如图 2.60 所示。

图 2.60　确认删除服务器

2.6　小结

本章主要介绍了 SQL Server 2019 的安装与配置。在本地计算机上安装 SQL Server 2019，并配置 SQL Server 2019 连接服务器。配置成功后，需要启动 SQL Server 2019 服务，注册 SQL Server 2019 服务器。

第3章

创建和管理数据库

本章主要介绍使用 T-SQL 语句和企业管理器创建数据库、修改数据库和删除数据库的方法。

通过阅读本章，您可以：

- ☑ 熟悉 SQL Server 数据库的组成元素；
- ☑ 熟悉 SQL Server 的命名规范；
- ☑ 掌握创建和管理数据库的方法。

3.1 认识数据库

本节将对数据库的基本概念、常用的数据库对象及其他相关知识进行详细介绍。

3.1.1 数据库的基本概念

数据库是按照数据结构来组织、存储和管理数据的"仓库"，是存储在一起的相关数据的集合。其优点主要体现在以下几个方面。

（1）减小数据的冗余度，节省数据的存储空间。

（2）具有较强的数据独立性和易扩充性。

（3）可实现数据资源的充分共享。

下面介绍与数据库相关的几个概念。

（1）数据库系统。数据库系统是采用数据库技术的计算机系统，是由数据库（数据）、数据库管理系统（软件）、数据库管理员（人员）、硬件平台（硬件）和软件平台（软件）5 个部分构成的运行实体。其中数据库管理员是对数据库进行规划、设计、维护和监视等的专业管理人员，在数据库系统中起着非常重要的作用。

（2）数据库管理系统（DataBase Management System，DBMS）。数据库管理系统是数据库系统的一个重要组成部分，是位于用户与操作系统之间的数据管理软件，负责数据库中的数据组织、数据操纵、数据维护和数据服务等。它主要具有如下功能。

- ☑ 数据模式的物理存取与构建：为数据模式的物理存取与构建提供有效的方法与手段。
- ☑ 数据操纵：为用户使用数据库中的数据提供方便，如查询、插入、修改、删除及简单的算术运算和统计。
- ☑ 数据定义：用户可以通过数据库管理系统提供的数据定义语言方便地对数据库中的对象进行定义。
- ☑ 数据库的运行管理：数据库管理系统统一负责数据库的运行和维护，以保障数据的安全性、完整性、并发性和故障的系统的可恢复性。
- ☑ 数据库的创建和维护：数据库管理系统能够完成初始数据的输入和转换、数据库的转储和恢复、数据库的性能监视和分析等任务。

（3）关系数据库。关系数据库是支持关系模型的数据库。关系模型由关系数据结构、关系操作集合和完整性约束 3 个部分组成。

- ☑ 关系数据结构：关系模型中的数据结构单一，现实世界的实体及实体间的联系均用关系来表示，实际上关系模型中的数据结构就是一个二维表。
- ☑ 关系操作集合：关系操作分为关系代数、关系演算、具有关系代数和关系演算双重特点的语言（如 SQL）。
- ☑ 完整性约束：完整性约束包括实体完整性、参照完整性和用户定义的完整性。

3.1.2　常用的数据库对象

在 SQL Server 数据库中，表、视图、存储过程（Stored Procedure）和索引等具体存储数据或用于对数据进行操作的实体都被称为数据库对象。下面介绍几种常用的数据库对象。

（1）表。表是包含数据库中的所有数据的数据库对象，由行和列组成，用于组织和存储数据。

（2）字段。表中的一列称为一个字段，字段具有属性，如字段类型、字段大小等，其中字段类型是字段最重要的属性，它决定了字段能够存储哪种类型的数据。SQL 支持 5 种基本字段类型：字符型、文本型、数值型、逻辑型和日期时间型。

（3）索引。索引是一个单独的、物理的数据库结构。它是依赖表创建的，在数据库中使用索引，数据库程序无须对整个表进行扫描，就可以找到所需的数据。

（4）视图。视图是从一个或多个表中导出的表（也称虚拟表），是用户查看数据表中数据的一种方式。表中包括几个定义的数据列与数据行，其结构和数据建立在对表的查询的基础之上。

（5）存储过程。存储过程是一组能实现特定功能的 SQL 语句集合，经编译后存储在 SQL Server 服务器的数据库中。用户通过指定存储过程的名字来执行相应的存储过程。当存储过程被执行时，其中包含的操作也会被执行。

3.1.3　数据库的组成

SQL Server 数据库主要由文件和文件组组成。数据库中的所有数据和对象（如表、存储过程和触发器）都存储在文件中。

（1）文件主要分为以下 3 种类型。

- ⊘ 主要数据文件：存放数据和数据库的初始化信息；每个数据库有且只有一个主要数据文件，其默认扩展名是 .mdf。

- ⊘ 次要数据文件：存放除主要数据文件存放的数据以外的所有数据；有些数据库可能没有次要数据文件，也可能有多个次要数据文件，其默认扩展名是 .ndf。

- ⊘ 事务日志文件：存放用于恢复数据库的所有日志信息；每个数据库至少有一个事务日志文件，也可以有多个事务日志文件，其默认扩展名是 .ldf。

（2）文件组是 SQL Server 数据文件的一种逻辑管理单位；将数据库文件分成不同的文件组，便于对文件进行分配和管理。文件组主要分为以下 2 种类型。

- ⊘ 主文件组：包含主要数据文件和所有没有明确指派给其他文件组的文件，系统表的所有页都分配在主文件组中。

- ⊘ 用户定义文件组：主要是指在 CREATE DATABASE 或 ALTER DATABASE 语句中，使用 FILEGROUP 关键字指定的文件组。

💡 **说明**

　　每个数据库中都有一个文件组作为默认文件组运行，默认文件组包含在创建时没有指定文件组的所有表和索引的页。在没有指定默认文件组的情况下，主文件组作为默认文件组。

在对文件进行分组时，一定要遵循文件和文件组的设计规则。

- ⊘ 文件只能是一个文件组的成员。
- ⊘ 文件或文件组不能由一个以上的数据库使用。
- ⊘ 数据和事务日志信息不能属于同一文件或文件组。
- ⊘ 事务日志文件不能作为文件组的一部分。日志空间与数据空间分开管理。

⚡ **注意**

　　系统管理员在进行备份操作时，可以备份或恢复个别的文件或文件组，而不用备份或恢复整个数据库。

3.1.4　系统数据库

在安装 SQL Server 时，默认创建 4 个系统数据库（"master""tempdb""model""msdb"），下面分别对其进行介绍。

（1）"master"数据库。

"master"数据库是 SQL Server 中最重要的数据库，用于记录 SQL Server 实例的所有系统级信息，包括实例范围的元数据、端点、连接服务器和系统配置信息。

（2）"tempdb"数据库。

"tempdb"是一个临时数据库，用于保存临时对象或中间结果集。

（3）"model"数据库。

"model"数据库用作 SQL Server 实例创建的所有数据库的模板。对"model"数据库进行的修改（如数据库大小、排序规则、恢复模式和其他数据库选项）会应用于以后创建的所有数据库。

（4）"msdb"数据库。

"msdb"数据库是代理服务数据库，它为报警、任务调度和记录操作员的操作提供存储空间。

3.2　SQL Server 的命名规范

为了完善 SQL Server 数据库的管理机制，其开发者设计了严格的命名规范。用户在创建数据库及数据库对象时必须严格遵守 SQL Server 的命名规范。本节将对标识符、对象和实例的命名进行详细介绍。

3.2.1　标识符

在 SQL Server 中，服务器、数据库和数据库对象（如表、视图、列、索引、触发器、存储过程、约束和规则等）都有标识符，数据库对象的名称是它的标识符。大多数对象要求有标识符，但有些对象（如约束）的标识符是可选的。

对象标识符是在定义对象时创建的，用于引用该对象。下面分别对标识符的格式及分类进行介绍。

1. 标识符格式

在定义标识符时必须遵守以下规范。

（1）标识符的首字符必须是下列字符之一。

- ☑ 统一码（Unicode）2.0 标准中定义的字母，包括拉丁字母 a~z 和 A~Z，以及来自其他语言的字符。
- ☑ 下画线"_"、符号"@"和数字符号"#"。

在 SQL Server 中，有些标识符的首字符具有特殊意义。以"@"符号开头的标识符表示局部变量或参数；以单井号"#"开头的标识符表示临时表或存储过程，如表"#gzb"就是一个临时表；以双井号"##"开头的标识符表示全局临时对象，如表"##gzb"是全局临时表。

> **⚡注意**
>
> 某些 T-SQL 函数的名称以"@@"开头，为避免与这些函数混淆，不要使用以"@@"开头的名称。

（2）标识符的后续字符可以是以下 3 种。

- ☑ 统一码 2.0 标准中定义的字母。
- ☑ 来自拉丁字母或其他国家 / 地区的十进制数字。
- ☑ "@"符号、美元符号"$"、数字符号（以"#"号开头）和下画线"_"。

（3）标识符不允许是 T-SQL 的保留字（又称关键词）。

（4）不允许嵌入空格或其他特殊字符。

例如，为明日科技公司创建一个工资管理系统，可以将其数据库命名为"MR_SMS"。名字除了要遵守命名规范以外，最好还能准确表达数据库的内容，本例中的数据库名称是以每个字（或词）的中文拼音或英文首字母的大写命名的，其中还使用了下画线"_"。

2. 标识符分类

SQL Server 将标识符分为以下 2 种类型。

- ☑ 常规标识符：符合标识符格式规则的标识符。
- ☑ 分隔标识符：包含在双引号（""）或者方括号（[ ]）内的标识符；该标识符可能不符合标识符的常规格式，如 [MR GZGLXT]，MR 和 GZGLXT 之间有空格，但因为使用了方括号，所以它被视为分隔标识符。

> ⚡注意
>
> 常规标识符和分隔标识符包含的字符数的范围为 1 ~ 128；对于本地临时表，标识符最多可以有 116 个字符。

3.2.2 对象命名规则

SQL Server 的数据库对象的名字由 1 ~ 128 个字符组成，不区分大小写。可使用标识符作为对象的名称。

在一个数据库中创建了一个数据库对象后，数据库对象的完整名称应该由服务器名、数据库名、所有者名和对象名 4 个部分组成，其格式如下：

```
[ [ [ server. ] [ database ] .] [ owner_name ] .] object_name
```

服务器、数据库和所有者的名称即所谓对象名称限定符。当引用一个对象时，不需要指定服务器、数据库和所有者的名称，可以用 . 表示，从而省略限定符。

对象名的有效格式如下：

```
server.database.owner_name.object_name
server.database..object_name
server..owner_name.object_name
server...object_name
database.owner_name.object_name
database..object_name
owner_name.object_name
object_name
```

指定了 4 个部分的对象名称被称为完全合法名称。

> ⚡注意
>
> 不允许存在 4 个部分完全相同的数据库对象名称。在同一个数据库里可以存在两个名为"EXAMPLE"的表格，但是这两个表的所有者必须不同。

3.2.3 实例命名规则

使用 SQL Server，可以在一台计算机上安装多个 SQL Server 实例。SQL Server 提供了两种类型的实例：默认实例和命名实例。

- ☑ 默认实例。此实例由运行它的计算机的网络名称标识。使用旧版本 SQL Server 客户端的应用程序可以连接到默认实例。SQL Server 6.5 或 SQL Server 7.0 服务器可作为默认实例进行操作。但是，一台计算机每次只能有一个版本作为默认实例运行。
- ☑ 命名实例。计算机可以同时运行任意个 SQL Server 命名实例。此实例通过计算机的网络名称和实例名称，以"计算机名称\实例名称"格式进行标识，即 computer_name\instance_name，但该实例名称不能超过 16 个字符。

3.3 数据库操作

3.3.1 创建数据库

在使用 SQL Server 创建用户数据库之前，必须设计好数据库的名称及它的所有者、空间大小、存储信息的文件和文件组。

1. 以界面方式创建数据库

下面在 SQL Server Management Studio 中创建数据库"db_database"，具体操作步骤如下。

（1）启动 SQL Server Management Studio，并连接到 SQL Server 中的数据库。

（2）用鼠标右键单击"数据库"选项，在弹出的快捷菜单中选择"新建数据库"命令，如图 3.1 所示。

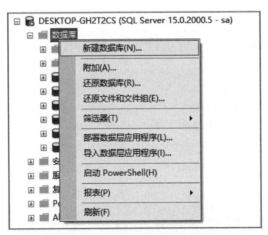

图 3.1 选择"新建数据库"命令

（3）打开"新建数据库"对话框，在"数据库名称"文本框中输入数据库名"YYGLXT"，如图 3.2 所示，单击"确定"按钮，即可成功添加数据库。

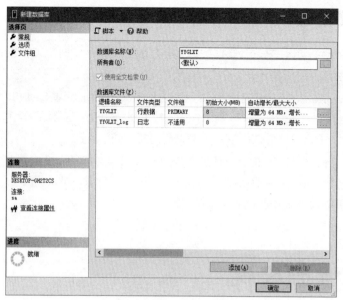

图 3.2　设置数据库名称

2. 使用 CREATE DATABASE 语句创建数据库

使用 CREATE DATABASE 语句创建数据库的语法如下：

```
CREATE DATABASE 数据库名
```

例如，创建超市管理系统数据库"db_supermarket"的语句如下：

```
create database db_supermarket    -- 使用 create database 语句创建一个名称是"db_
supermarket"的数据库
```

执行的结果如图 3.3 所示。

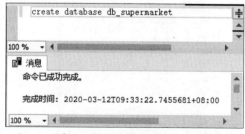

图 3.3　创建的名称为"db_supermarket"的数据库

> ⚡ 注意
>
> 　　（1）在创建数据库时，要创建的数据库的名称必须是系统中不存在的，如果存在相同名称的
> 数据库，那么在创建数据库时系统将会报错。另外，数据库的名称也可以是中文的。
> 　　（2）SQL 中不区分大小写，如 CREATE、Create、create、cREate 表示的意义完全相同，
> 但是，通常在语法介绍中使用全大写，在编写具体 SQL 语句时使用全小写或者首字母大写。

3.3.2 修改数据库

数据库创建完成后，常常需要根据用户的使用环境进行调整，如对数据库的某些参数进行更改，这时就需要使用修改数据库的命令或语句。

1. 以界面方式修改数据库

下面介绍如何以界面方式修改数据库"db_mrkj"的所有者。具体操作步骤如下。

（1）启动 SQL Server Management Studio，并连接到 SQL Server 中的数据库，在"对象资源管理器"面板中展开"数据库"节点。

（2）用鼠标右键单击"db_mrkj"数据库，在弹出的快捷菜单中选择"属性"命令，如图 3.4 所示。

（3）打开"数据库属性 –db_mrkj"窗口，如图 3.5 所示。在其中可以修改数据库的相关设置。

图 3.4 选择"属性"命令

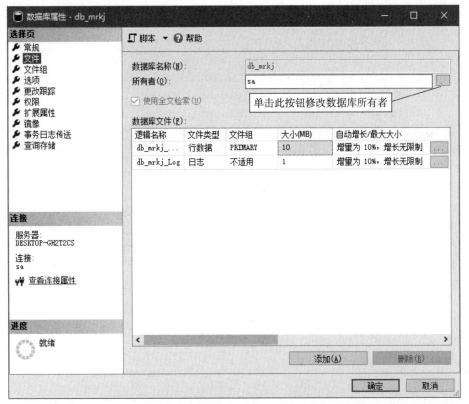

图 3.5 "数据库属性 –db_mrkj"窗口

（4）选择"数据库属性 –db_mrkj"窗口中的"文件"选项，然后单击"所有者"后的██按钮，弹出"选择数据库所有者"对话框，如图 3.6 所示。

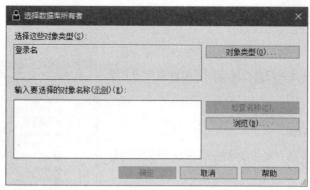

图 3.6 "选择数据库所有者"对话框

（5）单击"浏览"按钮，弹出"查找对象"对话框，如图 3.7 所示。可在该对话框中选择匹配对象。

图 3.7 "查找对象"对话框

（6）在"匹配的对象"列表框中选中数据库的所有者"sa"复选框，单击"确定"按钮，完成数据库所有者的修改操作。

2. 使用 ALTER DATABASE 语句修改数据库

T-SQL 中修改数据库的关键字为 ALTER DATABASE，其语法格式如下：

```
ALTER DATABASE database
{ADD FILE<filespec>[,…n][TO FILEGROUP filegroup_name]
|ADD LOG FILE<filespec>[,…n]
|REMOVE FILE logical_file_name
|ADD FILEGROUP filegroup_name
|REMOVE FILEGROUP filegroup_name
|MODIFY FILE<filespec>
|MODIFY NAME=new_dbname
|MODIFY FILEGROUP filegroup_name{filegroup_property|NAME=new_filegroup_name}
|SET<optionspec>[,…n][WITH<termination>]
|COLLATE<collation_name>
}
```

ALTER DATABASE 语句的参数及说明如表 3.1 所示。

表 3.1 ALTER DATABASE 语句的参数及说明

参数	描述
ADD FILE	指定要添加的数据库文件
TO FILEGROUP	指定要添加文件到哪个文件组
ADD LOG FILE	指定要添加的事务日志文件
REMOVE FILE	从数据库中删除文件组并删除该文件组中的所有文件。只有在文件组为空时才能删除
ADD FILEGROUP	指定要添加的文件组
REMOVE FILEGROUP	从数据库中删除指定文件组的定义,并且删除其包含的所有数据库文件。文件组只有为空时才能被删除
MODIFY FILE	用于修改指定文件的文件名、容量大小、最大容量、文件增容方式等属性,但一次只能修改一个文件的一个属性。使用此参数时应注意,必须明确指定文件名称。如果文件大小是确定的,那么新定义的文件大小必须比当前的文件容量大;文件名只能指定在"tempdb"数据库中存在的文件,并且新的文件名只有在 SQL Server 重新启动后才能发挥作用
MODIFY NAME	使用指定的名称重命名数据库
MODIFY FILEGROUP	用于修改文件组属性。当其中属性"filegroup_property"的取值为 READONLY 时,表示指定文件组为只读,要注意的是主文件组不能指定为只读,只有对数据库有独占访问权限的用户才可以将一个文件组指定为只读;当"filegroup_property"的取值为 READWRITE 时,表示文件组为可读写,只有对数据库有独占访问权限的用户才可以将一个文件组指定为可读写;当"filegroup_property"的取值为DEFAULT时,表示指定文件组为默认文件组,一个数据库中只能有一个默认文件组
SET	用于设置数据库属性
COLLATE	指定数据库的排序规则

【例3-1】 将数据文件"mrkj"添加到"Mingri"数据库中,该数据文件的大小为 10MB,最大的文件大小为 100MB,文件自动增长容量为 2MB,"Mingri"数据库的物理地址为 D 盘。SQL 语句如下:

```
alter database Mingri
add file
(
name=mrkj,
filename='D:\mrkj.ndf',
```

```
size=10MB,
maxsize=100MB,
filegrowth=2MB
)
```

3.3.3 删除数据库

使用 DROP DATABASE 语句可以删除一个或多个数据库。当某一个数据库被删除后，这个数据库中的所有对象和数据都会被删除，且其所有日志文件和数据文件也都会被删除，它占用的空间会释放给操作系统。

1. 以界面方式删除数据库

下面介绍如何以界面方式删除数据库"Mingri"。具体操作步骤如下。

（1）启动 SQL Server Management Studio，并连接到 SQL Server 中的数据库。在"对象资源管理器"面板中展开"数据库"节点。

（2）用鼠标右键单击"Mingri"，在弹出的快捷菜单中选择"删除"命令，如图 3.8 所示。

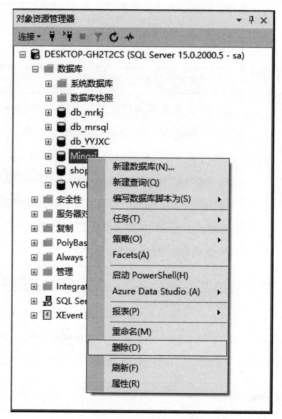

图 3.8　选择"删除"命令

（3）在弹出的"删除对象"对话框中单击"确定"按钮即可删除数据库，如图 3.9 所示。

图 3.9 "删除对象"对话框

🗲注意

系统数据库("msdb""model""master""tempdb")无法删除。删除数据库后应立即备份"master"数据库,因为删除数据库后会更新"master"数据库中的信息。

2. 使用 DROP DATABASE 语句删除数据库

使用 DROP DATABASE 语句删除数据库的语法格式如下:

```
DROP DATABASE database_name [ ,...n ]
```

其中 database_name 是要删除的数据库的名称。

🗲注意

使用 DROP DATABASE 语句删除数据库时,系统中必须存在要删除的数据库,否则会出现错误。另外,如果要删除正在使用的数据库,也会出现错误。

例如,不能在正在使用的"学生档案管理"数据库中删除"学生档案管理"数据库,SQL 语句如下:

```
use 学生档案管理  -- 使用"学生档案管理"数据库
drop database 学生档案管理 -- 删除正在使用的数据库
```

语句执行结果如图 3.10 所示。从图中可知删除"学生档案管理"数据库没有成功,并且系统报错了。

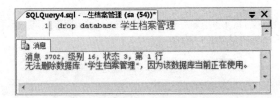

图 3.10　删除正在使用的数据库的结果图

在"学生档案管理"数据库中，使用 DROP DATABASE 语句删除数据库名为"学生档案管理"的数据库。SQL 语句及执行的结果如图 3.11 所示。

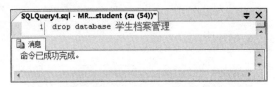

图 3.11　删除"学生档案管理"数据库的代码及结果

3.4　小结

本章主要介绍了 SQL Server 数据库的组成、创建和管理数据库的方法。在学习本章后，读者不仅可以通过 SQL Server 界面完成创建和管理数据库的工作，还可以使用 T-SQL 语句完成对应操作。

第4章

数据表操作

本章主要介绍如何使用管理器创建数据表、修改数据表、删除数据表和创建数据表约束，以及关系的类型、创建与维护等。通过对本章的学习，读者不仅可以熟悉 SQL Server 数据表的组成，掌握创建和管理数据表的方法，还可以熟悉数据表的约束，以及关系的创建与维护。

通过阅读本章，您可以：

☑ 熟悉 SQL Server 中的数据类型；

☑ 掌握使用企业管理器管理数据表的方法；

☑ 熟悉管理数据表的 SQL 语句；

☑ 熟练掌握在数据表中添加、修改和删除数据的操作；

☑ 掌握创建、修改及删除约束的方法；

☑ 熟悉数据表关系的创建与维护。

4.1 数据表的增删改查

4.1.1 数据表的基础知识

表是最常见的一种组织数据的方式，一个表一般有多个列（即多个字段）。每个字段都有特定的属性，包括字段名、数据类型（Data Type）、字段长度、约束、默认值（Default）等，这些属性在创建表时确定。

SQL Server 提供了基本数据类型和用户自定义数据类型，下面分别对其进行介绍。

1. 基本数据类型

基本数据类型按数据的表现方式及存储方式的不同可以分为整数数据类型、货币数据类型、浮点数据类型、日期时间数据类型、字符数据类型、二进制数据类型、图像和文本数据类型，具体介绍如表 4.1 所示。

表 4.1　基本数据类型简介

分类	数据特性	数据类型
整数数据类型	常用的数据类型，可以用于存储整数	bit
		int
		smallint
		tinyint
货币数据类型	用于存储货币值，使用此类数据类型时，要在数据前加上货币符号，默认使用"¥"	money
		smallmoney
浮点数据类型	用于存储十进制小数	real
		float
		decimal
		numeric
日期时间数据类型	用于存储日期类型和时间类型的组合数据	datetime
		smalldatetime
		data
		datetime(2)
		datetimestampoffset
字符数据类型	用于存储各种字母、数字符号和特殊符号	char
		nchar(n)
		varchar
		nvarchar(n)
二进制数据类型	用于存储二进制数据	binary
		varbinary
图像和文本数据类型	用于存储大量的字符及二进制数据（Binary Data）	text
		ntext(n)
		image

2. 用户自定义数据类型

用户自定义数据类型并不是真正的数据类型，它只是提供了一种加强数据库内部元素和基本数据类型之间一致性的机制。使用用户自定义数据类型能够简化对常用规则和默认值的管理。

在 SQL Server 中，创建用户自定义数据类型的方法有两种：一是使用界面方式，二是使用 SQL 语句。下面分别对它们进行介绍。

❑ **使用界面方式创建用户自定义数据类型**

在"db_database"数据库中，创建用来存储邮政编码信息的用户自定义数据类型 postcode，其数据类型为 char，长度为 8000。

操作步骤如下。

（1）选择"开始"→"Microsoft SQL Server 2019"→"Microsoft SQL Server Management Studio 18"命令，打开 SQL Server。

（2）在 SQL Server 的"对象资源管理器"面板中，展开"数据库"节点，选择指定数据库后，依次展开"可编程性"→"类型"节点。

（3）选中"用户定义数据类型"选项，单击鼠标右键，在弹出的快捷菜单中选择"新建用户定义数据类型"命令。在打开的对话框中设置用户自定义数据类型的名称、依据的系统数据类型及是否允许 NULL 值等，如图 4.1 所示。还可以将已创建的规则和默认值绑定到用户自定义数据类型上。

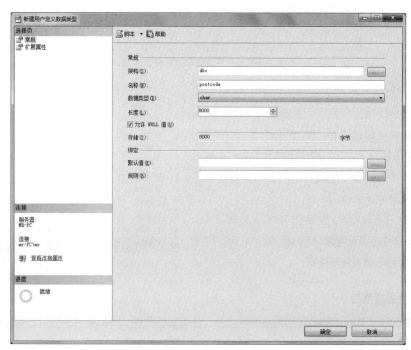

图 4.1　设置用户自定义数据类型的属性

（4）单击"确定"按钮，完成用户自定义数据类型的创建。

❑ **使用 SQL 语句创建用户自定义数据类型**

在 SQL Server 中，使用系统数据类型 sp_addtype 创建用户自定义数据类型，语法如下：

```
sp_addtype[@typename=]type,
[@phystype=]system_data_type
[,[@nulltype=]'null_type']
[,[@owner=]'owner_name']
```

参数说明如下。

- ☑ [@typename=]type：用于指定待创建的用户自定义数据类型的名称。用户自定义数据类型的名称必须遵循标识符的命名规范，而且在数据库中是唯一的。
- ☑ [@phystype=]system_data_type：用于指定用户自定义数据类型依赖的系统数据类型。
- ☑ [@nulltype=]'null_type'：用于指定用户自定义数据类型的可为空的属性，即用户自定义数据类型处理空值的方式，可取值为 NULL、NOT NULL 或 NONULL。

在"db_database"数据库中，创建用来存储邮政编码信息的用户自定义数据类型 postcode。
SQL 语句如下:

```
use    db_database
exec sp_addtype postcode,'char(8) ','not null'
```

语句执行的结果如图 4.2 所示。

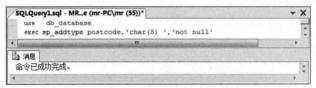

图 4.2　创建用户自定义数据类型 postcode

创建用户自定义数据类型后，就可以像使用系统数据类型一样使用用户自定义数据类型。例如，在"db_database"数据库的"tb_Student"表中创建新的字段"邮政编码"，在为其指定数据类型时，就可以在下拉列表中选择刚刚创建的用户自定义数据类型 postcode，如图 4.3 所示。

根据需要，还可以修改、删除用户自定义数据类型。SQL Server 提供的系统存储过程 sp_droptype，可用于从 systypes 删除别名数据类型。

列名	数据类型	允许 Null 值
学生编号	int	☐
学生姓名	nvarchar(50)	☑
性别	nvarchar(50)	☑
出生年月	smalldatetime	☑
年龄	int	☑
所在学校	varbinary(50)	☑
所学专业	varbinary(50)	☑
家庭住址	varbinary(50)	☑
统招否	bit	☑
备注信息	nvarchar(50)	☑
邮政编码	postcode:char(8)	☑

图 4.3　创建字段时使用 postcode 数据类型

3. 数据表的数据完整性

数据表的列除了具有数据类型和大小属性之外，还有其他属性。其他属性是保证数据库中的数据完整性和表的引用完整性的重要部分。

数据完整性是指列中的每个事件都有正确的数据值；数据值的数据类型必须正确，并且数据值必须位于正确的域中。

引用完整性是指数据表之间的关系得到正确的维护。一个表中的数据只能指向另一个表中的现有行，不能指向不存在的行。

SQL Server 提供了多种强制数据完整性的机制。下面分别对其进行介绍。

（1）空值与非空值。表的每一列都有一组属性，如名称、数据类型、数据长度和是否为空等，列的所有属性构成列的定义。列可以定义为允许空值或不允许空值。

☑ 允许空值（NULL）：默认情况下，列允许空值，即允许在添加数据时省略列的值。

☑ 不允许空值（NOT NULL）：不允许在没有指定列的默认值的情况下省略列的值。

（2）默认值。如果在插入行时没有指定列的值，那么默认值将指定为列使用的值。默认值可以是任何取值为常量的对象，如内置函数和数学表达式等。下面介绍两种使用默认值的方法。

在 CREATE TABLE 语句中使用 DEFAULT 关键字创建默认定义，将常量表达式指定为列的默认值，这是标准方法。

使用 CREATE DEFAULT 语句创建默认对象，然后使用 sp_bindefault 系统存储过程将该对象绑定到列上，这是一种具有向前兼容功能的方法。

（3）特定标识（IDENTITY）属性。数据表中如果某列被指定了 IDENTITY 属性，系统将自动为表中插入的新行生成连续递增的编号。因为标识值通常是唯一的，所以标识列（Identity Column）常被定义为主键。

IDENTITY 属性适用于 int、smallint、tinyint、decimal（P,0）、umeric（P,0）数据类型的列。

> ⚡ 注意
>
> 一个列不能同时具有 NULL 属性和 IDENTITY 属性，二者只能选其一。

（4）约束。约束是用来定义 SQL Server 自动强制数据库完整性的方式。使用约束优先于使用触发器、规则和默认值。SQL Server 中共有以下 5 种约束。

- ✅ 非空（Not Null）约束：用户必须在表的指定列中输入一个值；每个表中可以有多个非空约束。
- ✅ 检查（Check）约束：用来指定一个布尔操作，限制输入表中的值。
- ✅ 唯一性（Unique）约束：用户必须向列中输入一个唯一的值，值不能重复，但可以为空。
- ✅ 主键约束：一列或多列的组合以唯一标识符标识表中的每一行；可以保证实体完整性，一个表只能有一个主键，同时主键中的列不能为空值。
- ✅ 外键（Foreign Key）约束：用于建立和加强两个表的数据之间链接的一列或多列。当一个表中作为主键的一列被添加到另一个表中时，链接就建立了，其主要目的是控制存储在外键所在的表中的数据。

4.1.2 表的设计原则

数据库中的表与人们在日常生活中使用的表格类似，也是由行和列组成的。同类的信息组成了列，每一列又称为一个字段，每列的标题称为字段名。每一行包含了许多列的信息，每一行数据称为一条记录。一个数据表是由一条或多条记录组成的，没有记录的表称为空表。

在设计数据库时，应该先确定需要什么样的表，各表中都有哪些数据，以及各个表的存取权限等。

创建表的最有效的方法是将表中所需的信息一次定义完成，也可以先创建一个表，然后向其中填入数据。

设计表时应注意下列问题。

- ✅ 表中包含的数据类型。
- ✅ 表中每一列的数据类型。
- ✅ 哪些列允许有空值。
- ✅ 是否要使用及何时使用约束、默认值或规则。
- ✅ 所需索引的类型，哪里需要索引，哪些列是主键，哪些列是外键。

创建的表必须满足以下规范。

- ✅ 每个表有一个名称，该名称称为表名或关系名。表名必须以字母开头，最大长度为 30 个字符。
- ✅ 一个表中可以包含若干列，但是，列名必须是唯一的。列名也称为字段名。
- ✅ 同一列中的数据必须有相同的数据类型。
- ✅ 表中每一列的数值必须为一个不可分割的数据项。
- ✅ 表中的一行称为一条记录。

4.1.3　以界面的方式创建、修改和删除数据表

1.　创建数据表

下面在 SQL Server Management Studio 中创建数据表"mrkj"，具体操作步骤如下。

（1）启动 SQL Server Management Studio，并连接到 SQL Server 中的数据库。

（2）用鼠标右键单击"表"选项，在弹出的快捷菜单中选择"新建表"命令，如图 4.4 所示。

（3）进入添加表界面，如图 4.5 所示，在列表框中填写需要的列名，单击"保存"按钮■，即可成功添加表。

图 4.4　选择"新建表"命令

图 4.5　添加表界面

2.　修改数据表

下面介绍如何修改数据表"mrkj"。具体操作步骤如下。

（1）启动 SQL Server Management Studio，并连接到 SQL Server 中的数据库，在"对象资源管理器"面板中展开"表"节点。

（2）用鼠标右键单击"dbo.mrkj"，在弹出的快捷菜单中选择"设计"命令，如图 4.6 所示。

（3）进入表设计窗口，如图 4.7 所示，在其中修改数据表的相关设置。修改完成后，单击"保存"按钮■，即可成功修改数据表"mrkj"。

图 4.6　选择"设计"命令

图 4.7　修改数据表 "mrkj"

3. 删除数据表

下面介绍如何删除数据表 "mrkj"。具体操作步骤如下。

（1）启动 SQL Server Management Studio，并连接到 SQL Server 中的数据库，在 "对象资源管理器" 面板中展开 "表" 节点。

（2）用鼠标右键单击 "dbo.mrkj"，在弹出的快捷菜单中选择 "删除" 命令，如图 4.8 所示。

（3）打开 "删除对象" 窗口，如图 4.9 所示，在其中选择要删除的数据表选项，单击 "确定" 按钮，即可删除数据表 "mrkj"。

图 4.8　选择 "删除" 命令

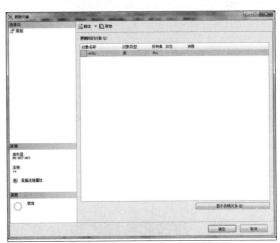

图 4.9　"删除对象" 窗口

4.1.4　使用 CREATE TABLE 语句创建表

使用 CREATE TABLE 语句可以创建表，其基本语法如下：

```
CREATE TABLE [ database_name.[ owner ] .| owner.] table_name
( { < column_definition >}| [ { PRIMARY KEY | UNIQUE } [ ,...n ])
```

CREATE TABLE 语句的参数及说明如表 4.2 所示。

表 4.2 CREATE TABLE 语句的参数及说明

参数	描述
database_name	要创建表的数据库的名称。必须由 database_name 指定现有数据库。如果未指定，则默认为当前数据库
owner	新表所属架构的名称
table_name	新表的名称。表名必须遵循标识符命名规范。除了本地临时表名（以单个数字符号"#"为前缀的名称）不能超过 116 个字符外，table_name 最多可包含 128 个字符
column_definition	用于定义表中的列，包括列的类型。列名必须遵循标识符命名规范，并且在表中是唯一的
PRIMARY KEY	通过唯一索引对给定的一列或多列强制实体完整性的约束；即主键约束。每个表只能创建一个主键约束
UNIQUE	通过唯一索引为一个或多个指定列提供实体完整性的约束，即唯一约束。一个表可以有多个唯一约束

【例4-1】 创建员工基本信息表。

创建员工基本信息表"tb_basicMessage"，其中 id 字段为 int 类型并且不允许为空，name 字段的长度为 10 且为 varchar 类型，age 字段为 int 类型，dept 字段为 int 类型，headship 字段为 int 类型。SQL 语句如下：

```
use db_mrkj
create table [dbo].[tb_basicMessage](
[id] [int] not null,
[name] [varchar](10) ,
[age] [int],
[dept] [int] ,
[headship] [int]
)
```

4.1.5 创建、修改和删除约束

1. 非空约束

列是否为空决定表中的行是否可包含该列的空值。空值（NULL）不同于零（0）、空白或长度为零的字符串（如""）。NULL 的意思是没有输入内容。出现 NULL 通常表示值未知或未指定。

（1）创建非空约束。以界面方式创建非空约束的操作步骤如下。

① 启动 SQL Server Management Studio，并连接到 SQL Server 中的数据库。

② 在"对象资源管理器"面板中展开"数据库"—"db_mrkj"节点。

③ 用鼠标右键单击"dbo.Student"表，在弹出的快捷菜单中选择"设计"命令，如图 4.10 所示。

④ 在表设计窗口中选中数据表中的"允许 Null 值"列的复选框，将指定的数据列设置为允许为空。或者在"列属性"选项卡中的"允许 Null 值"下拉列表中选择"是"或"否"选项，选择"是"选项便可将对应列设置为允许为空，如图 4.11 所示。

图 4.10 选择"设计"命令

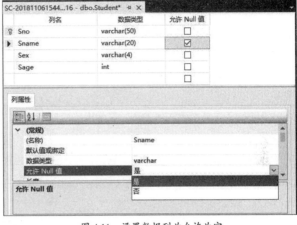

图 4.11 设置数据列为允许为空

可以在使用 CREATE TABLE 语句创建表时，使用 NOT NULL 关键字指定非空约束，其语法格式如下：

```
[CONSTRAINT  <约束名>]  NOT NULL
```

在【例 4-1】中，使用 NOT NULL 关键字为 ID 字段指定非空约束。

（2）修改非空约束。修改非空约束的语法如下：

```
ALTER TABLE table_name
ALTER COLUMN column_name column_type  NULL | NOT NULL
```

参数说明如下。

- ⊘ table_name：要修改的非空约束的表名称。
- ⊘ column_name：要修改的非空约束的列名称。
- ⊘ column_type：要修改的非空约束的类型。
- ⊘ NULL | NOT NULL：用于将约束修改为空或者非空。

【例 4-2】 修改"tb_Student"表中的非空约束，SQL 语句如下：

```
use db_mrkj
alter table tb_Student
alter column ID int  null
```

（3）删除非空约束。若要删除非空约束，取消选中"允许 Null 值"复选框即可；或者将"列属性"选项卡中的"允许 Null 值"设置为"否"，单击■按钮，将修改后的表保存。

2. 主键约束

可以通过定义主键约束来创建主键，以强制表的实体完整性。一个表只能有一个主键约束，并且主键约束中的列不允许为空。由于主键约束可保证数据的唯一性，因此经常为标识列定义这种约束。

❏ 创建主键约束

（1）在创建表时创建主键约束。

以界面方式创建主键约束的操作步骤如下。

① 启动 SQL Server Management Studio，并连接到 SQL Server 中的数据库。

② 在"对象资源管理器"面板中展开"数据库"—"db_mrkj"节点。

③ 用鼠标右键单击要创建约束的表，在弹出的快捷菜单中选择"设计"命令。

④ 在表设计窗口中选择要设置为主键的列，可以通过工具栏中的 按钮进行设置，还可以通过单击鼠标右键并选择"设置主键"命令来设置，如图 4.12 所示。

⑤ 设置完成后，单击工具栏中的■按钮保存主键设置，并关闭此窗口。

图 4.12 通过"设置主键"命令设置主键

> ⚡ 注意
>
> 将某列设置为主键时，不可以将此列设置为允许为空，否则将弹出图 4.13 所示的对话框，也不允许此列有重复的值。

图 4.13 错误提示对话框

【例4-3】创建数据表"Employee"，并为字段 ID 设置主键约束，SQL 语句如下：

```
use db_mrkj
create table [dbo].[Employee](
 [ID] [int] constraint PK_ID primary key,
 [Name] [char](50) ,
 [Sex] [char](2),
 [Age] [int]
)
```

> **注意**
>
> 在上述的语句中，constraint PK_ID primary key 用于创建一个主键约束，PK_ID 为用户自定义的主键约束名称，主键约束名称必须是合法的标识符。

（2）在现有表中创建主键约束。

在现有表中，以 SQL 语句的方式创建主键约束的语法如下：

```
ALTER TABLE table_name
ADD
CONSTRAINT constraint_name
PRIMARY KEY [CLUSTERED | NONCLUSTERED]
{(Column[,…n])}
```

参数说明如下。

- CONSTRAINT：创建约束的关键字。
- constraint_name：要创建的约束的名称。
- PRIMARY KEY：表示要创建的约束为主键约束。
- CLUSTERED | NONCLUSTERED：表示为主键约束或唯一约束创建聚集或非聚集索引的关键字；主键约束默认为 CLUSTERED，唯一约束默认为 NONCLUSTERED。

【例4-4】 为"tb_Student"表中的 ID 字段设置主键约束，SQL 语句如下：

```
use db_mrkj
alter table tb_Student
add constraint PRM_ID primary key (ID)
```

❏ **修改主键约束**

若要修改主键约束，必须先删除现有的主键约束，然后重新创建主键约束。

❏ **删除主键约束**

（1）在界面中删除主键约束的步骤如下。

① 启动 SQL Server Management Studio，并连接到 SQL Server 中的数据库。

② 在"对象资源管理器"面板中展开"数据库"—"db_mrkj"节点。

③ 用鼠标右键单击要删除主键约束的表，在弹出的快捷菜单中选择"设计"命令。

④ 在表设计窗口中选择要删除主键约束的列，然后单击鼠标右键，选择"删除主键"命令，如图 4.14 所示。

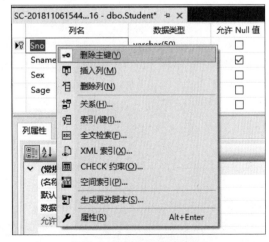

图 4.14 选择"删除主键"命令

（2）使用 SQL 语句删除主键约束的语法如下：

```
ALTER TABLE table_name
DROP CONSTRAINT constraint_name[,…n]
```

【例4-5】删除"tb_Student"表中的主键约束，SQL 语句如下：

```
use db_mrkj
alter table tb_Student
drop constraint PRM_ID
```

3. 唯一约束

唯一约束用于强制实施列中值的唯一性。根据唯一约束，表中的任何两行都不能有相同的列值。另外，主键约束也强制实施唯一性，但主键约束不允许将 NULL 作为唯一值。

❑ 创建唯一约束

以界面方式创建唯一约束的操作步骤如下。

① 启动 SQL Server Management Studio，并连接到 SQL Server 中的数据库。

② 在"对象资源管理器"面板中展开"数据库"—"db_mrkj"节点。

③ 在"人员信息表"表上单击鼠标右键，在弹出的快捷菜单中选择"设计"命令。

④ 用鼠标右键单击该表中的"联系电话"列，在弹出的快捷菜单中选择"索引/键"命令，如图 4.15 所示，或者在工具栏中单击 按钮，弹出"索引/键"对话框，如图 4.16 所示。

图 4.15 选择"索引/键"命令

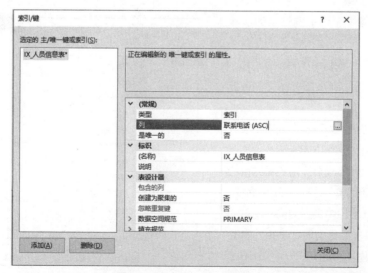

图 4.16 "索引/键"对话框

⑤ 在该对话框中选择"列"选项，并单击其后的 ... 按钮，选择要设置唯一约束的列，在此选择的是"联系电话"列，并设置该列的排列顺序。

⑥ 在"是唯一的"下拉列表中选择"是"选项，就可以为选择的列设置唯一约束。

⑦ 在"（名称）"文本框中输入唯一约束的名称，如图 4.17 所示，设置完成后单击"关闭"按钮即可。

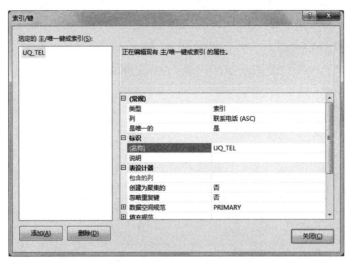

图 4.17 唯一约束的相关设置

（1）在创建表时创建唯一约束。

在"db_mrkj"数据库中创建数据表"Employee"，并为字段 ID 设置唯一约束（提示：先删除数据库中已经存在的数据表"Employee"），SQL 语句如下：

```
use db_mrkj
create table [dbo].[Employee](
 [ID] [int] constraint UQ_ID unique,
 [Name] [char](50) ,
 [Sex] [char](2),
 [Age] [int]
 )
```

（2）在现有表中创建唯一约束。

在现有表中以 SQL 语句的方式创建唯一约束的语法如下：

```
ALTER TABLE table_name
ADD CONSTRAINT constraint_name
UNIQUE [CLUSTERED | NONCLUSTERED]
{(column [,…n])}
```

参数说明如下。

☑ table_name：要创建唯一约束的表的名称。

☑ constraint_name：唯一约束的名称。

☑ column：要创建唯一约束的列的名称。

【例4-7】为"Employee"表中的 ID 字段设置唯一约束，SQL 语句如下：

```
use db_mrkj
alter table Employee
add constraint Unique_ID
unique(ID)
```

□ **修改唯一约束**

若要修改唯一约束，必须先删除现有的唯一约束，然后重新创建唯一约束。

□ **删除唯一约束**

（1）以界面的方式删除唯一约束的步骤如下。

如果想修改唯一约束，可重新设置图 4.17 所示对话框中的信息，如重新选择列、重新设置唯一约束的名称等，然后单击"关闭"按钮，将"索引 / 键"对话框关闭，最后单击■按钮，将修改后的表保存。

（2）以 SQL 语句的方式删除唯一约束的语法如下：

```
ALTER TABLE table_name
DROP CONSTRAINT constraint_name[,…n]
```

【例4-8】删除"Employee"表中的唯一约束 Unique_ID，SQL 语句如下：

```
use db_mrkj
alter table Employee
drop constraint Unique_ID
```

4. 检查约束

检查约束可以强制域的完整性。检查约束类似于外键约束，可以控制输入列中的值。但是，它们在确定有效值的方式上有所不同：外键约束从其他表获得含有有效值的列，而检查约束通过不基于其他列中的数据的逻辑表达式确定有效值。

□ **创建检查约束**

以界面的方式创建检查约束的操作步骤如下。

① 启动 SQL Server Management Studio，并连接到 SQL Server 中的数据库。

② 在"对象资源管理器"面板中展开"数据库"—"db_mrkj"节点。

③ 用鼠标右键单击要创建约束的表，在弹出的快捷菜单中选择"设计"命令。

④ 用鼠标右键单击该表中要创建约束的列，在弹出的快捷菜单中选择"CHECK 约束"命令，如图 4.18 所示。在弹出的对话框中设置约束的表达式，例如输入"[Sex]='女' OR[Sex]='男'"，

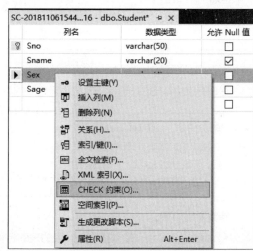

图 4.18 选择"CHECK 约束"命令

表示性别只能是女或男，如图 4.19 所示。

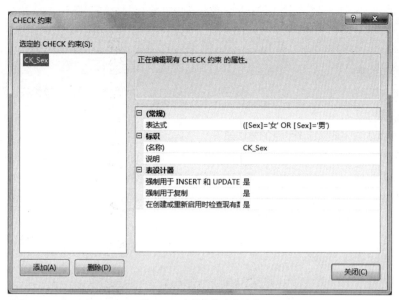

图 4.19 设置约束的表达式

（1）在创建表时创建检查约束。

【例4-9】 创建数据表"Employee"，并为字段 Sex 设置检查约束，该字段只能接收 '男 ' 或者 ' 女 ' 为字段值，而不能接收其他数据（提示：先删除数据库中已经存在的数据表"Employee"），SQL 语句如下：

```
use db_mrkj
create table [dbo].[Employee](
 [ID] [int],
 [Name] [char](50) ,
 [Sex] [char](2) constraint CK_Sex check(Sex in(' 男 ',' 女 ')),
 [Age] [int]
 )
```

（2）在现有表中创建检查约束。

以 SQL 语句方式在现有表中创建检查约束的语法如下：

```
ALTER TABLE table_name
ADD CONSTRAINT constraint_name
CHECK (logical_expression)
```

参数说明如下。

⊘ table_name：要创建检查约束的表名称。

⊘ constraint_name：检查约束名称。

⊘ logical_expression：检查约束的条件表达式。

【例4-10】 为"Employee"表中的 Sex 字段设置检查约束，该字段只能接收 ' 女 ' 为字段值，不能接收其他字段值，SQL 语句如下：

```
use db_mrkj
alter table [Employee]
add constraint Check_Sex check(Sex=' 女 ')
```

❑ **修改检查约束**

要修改表中某列的检查约束，必须先删除现有的检查约束，然后重新创建检查约束。

❑ **删除检查约束**

（1）以界面的方式删除检查约束的方法如下。

如果想将创建的检查约束删除，单击图 4.19 所示对话框中的 "删除" 按钮即可，然后单击 "关闭" 按钮，将 "CHECK 约束" 对话框关闭，最后单击 ∎ 按钮，将修改后的表保存。

（2）以 SQL 语句的方式删除检查约束的方法如下。

删除检查约束的语法如下：

```
ALTER TABLE table_name
DROP CONSTRAINT constraint_name[,…n]
```

删除 "Employee" 表中的检查约束 Check_Sex，SQL 语句如下：

```
use db_mrkj
alter table Employee
drop constraint Check_Sex
```

5. 默认约束

在创建或修改表时可通过定义默认约束来创建默认值。默认值可以是常量，例如计算结果为常量的内置函数或数学表达式。使用默认约束为每一列分配一个常量表达式作为默认值。

❑ **创建默认约束**

以界面的方式创建默认约束的操作步骤如下。

① 启动 SQL Server Management Studio，并连接到 SQL Server 中的数据库。

② 在 "对象资源管理器" 面板中展开 "数据库" — "db_mrkj" 节点。

③ 在 "Student" 表上单击鼠标右键，在弹出的快捷菜单中选择 "设计" 命令。

④ 选择该表中的 "Sex" 列，在 "列属性" 选项卡 "默认值或绑定" 后面的文本框中输入要设置的默认约束值，例如输入 "'男'"，表示该列的默认约束值为 '男'，如图 4.20 所示。

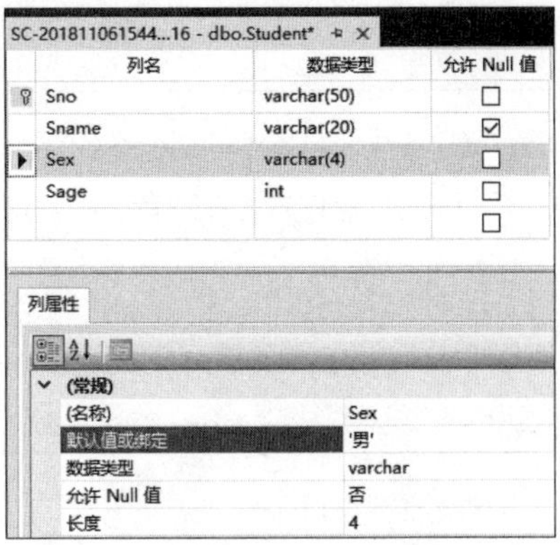

图 4.20 设置默认约束的值

⑤ 单击 ∎ 按钮，就可以将设置完默认约束的表保存。

（1）在创建表时创建默认约束。

【例4-11】 创建数据表 "Employee"，并为字段 Sex 设置默认约束，值为 '女'（提示：先删除数据库中已经存在的数据表 "Employee"），SQL 语句如下：

```
use db_mrkj
create table [dbo].[Employee](
 [ID] [int],
 [Name] [char](50) ,
 [Sex] [char](2) constraint Def_Sex default '女',
 [Age] [int]
 )
```

（2）在现有表中创建默认约束。

在现有表中以 SQL 语句的方式创建默认约束的语法如下：

```
ALTER TABLE table_name
ADD CONSTRAINT constraint_name
DEFAULT constant_expression [FOR column_name]
```

参数说明如下。

    ✅ table_name：要创建默认约束的表的名称。

    ✅ constraint_name：默认约束的名称。

    ✅ constant_expression：默认值。

【例4-12】 为"Employee"表中的 Sex 字段设置默认约束，值为'男'，SQL 语句如下：

```
alter table [Employee]
add constraint Default_Sex
default '男' for Sex
```

❑ **修改默认约束**

要修改表中某列的默认约束，必须先删除现有的默认约束，然后重新创建默认约束。

❑ **删除默认约束**

（1）以界面的方式删除默认约束的方法如下。

如果想删除默认约束，将"列属性"选项卡中"默认值或绑定"文本框中的内容清空即可，最后单击 🖫 按钮，将修改后的表保存。

（2）以 SQL 语句的方式删除默认约束的语法如下：

```
ALTER TABLE table_name
DROP CONSTRAINT constraint_name[,…n]
```

【例4-13】 删除"Employee"表中的默认约束 Default_Sex，SQL 语句如下：

```
use db_mrkj
alter table Employee
drop constraint Default_Sex
```

6. 外键约束

通过定义外键约束来创建外键。在外键引用中，当一个表的列被用作另一个表的主键时，两表之间就创建了链接。这个列就成为第二个表的外键。

❑ **创建外键约束**

以界面的方式创建外键约束的操作步骤如下。

① 启动 SQL Server Management Studio，并连接到 SQL Server 中的数据库。

② 在"对象资源管理器"面板中展开"数据库"—"db_mrkj"节点。

③ 在"EMP"表上单击鼠标右键，在弹出的快捷菜单中选择"设计"命令。

④ 用鼠标右键单击该表中要创建外键约束的列，在弹出的快捷菜单中选择"关系"命令，或者在工具栏中单击 按钮，弹出"外键关系"对话框，单击该对话框中的"添加"按钮，添加选中的关系，如图 4.21 所示。

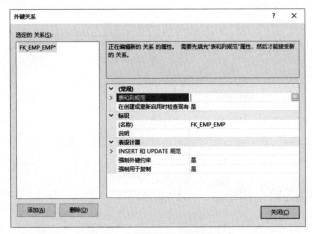

图 4.21　"外键关系"对话框（1）

⑤ 在"外键关系"对话框中，单击"表和列规范"右侧的 按钮，弹出"表和列"对话框，在其中选择要创建外键约束的主键表和外键表，以及要使用的字段，如图 4.22 所示。

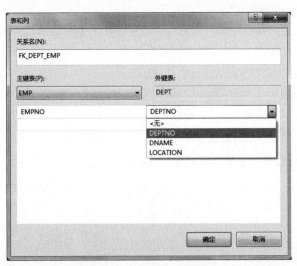

图 4.22　"表和列"对话框

⑥ 在"表和列"对话框中，设置关系名，然后单击"确定"按钮，回到"外键关系"对话框中，如图 4.23 所示。

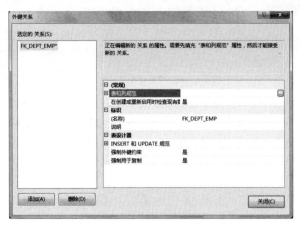

图 4.23　"外键关系"对话框（2）

⑦ 单击"关闭"按钮，将该对话框关闭，最后单击▣按钮，将设置外键约束后的表保存。

（1）在创建表时创建外键约束。

【例4-14】 创建表"Laborage"，并为其创建外键约束，该约束能把表"Laborage"中的 ID 字段和表"Employee"中的 ID 字段关联起来，且表"Laborage"中的 ID 字段的取值要参照表"Employee"中 ID 字段的值，SQL 语句如下：

```
use db_mrkj
create table Laborage
(
 ID int ,
 Wage money,
 constraint FKEY_ID
 foreign key (ID)
 references Employee(ID)
)
```

💡 说明

　　foreign key (ID) 中的 ID 表示"Laborage"表中的 ID 字段。

（2）在现有表中创建外键约束。

在现有表中用 SQL 语句的方式创建外键约束的语法如下：

```
ALTER TABLE table_name
ADD CONSTRAINT constraint_name
[FOREIGN KEY]{(column_name[,…n])}
  REFERENCES ref_table[(ref_column_name[,…n])]
```

创建外键约束语法中的参数及说明如表 4.3 所示。

表 4.3 创建外键约束语法中的参数及说明

参数	说明
table_name	要创建外键约束的表的名称
constraint_name	外键约束的名称
FOREIGN KEY...REFERENCES	为列中的数据提供引用完整性的约束，即外键约束。此约束要求列中的每个值在被引用表中对应的被引用列中都存在。此约束只能引用被引用表中为主键约束或检查约束的列、或被引用表中在唯一索引（UNIQUE INDEX）内引用的列
ref_table	外键约束引用的表名
(ref_column[,...n])	外键约束引用的表中的一列或多列

【例4-15】 将"Employee"表中的 ID 字段设置为"Laborage"表的外键，SQL 语句如下：

```
use db_mrkj
alter table Laborage
add constraint Fkey_ID
FOREIGN KEY (ID)
references Employee(ID)
```

□ 修改外键约束

要修改表的外键约束，必须先删除现有的外键约束，然后重新创建外键约束。

□ 删除默认约束

如果想修改外键约束，可重新设置图 4.23 所示对话框中的信息，如重新选择外键要参照的主键表及使用的字段、重新设置外键约束的名称等，然后单击"关闭"按钮，将该对话框关闭，最后单击 按钮，将修改后的表保存。也可使用 SQL 语句删除外键约束。删除外键约束的语法如下：

```
ALTER TABLE table_name
DROP CONSTRAINT constraint_name[,...n]
```

【例4-16】 删除"Laborage"表中的外键约束 FKEY_ID，SQL 语句如下：

```
use db_mrkj
alter table Laborage
drop  constraint FKEY_ID
```

4.1.6 使用 ALTER TABLE 语句修改表

使用 ALTER TABLE 语句可以修改表的结构，其语法如下：

```
ALTER TABLE [ database_name . [ schema_name ] . | schema_name . ] table_name
{
    ALTER COLUMN column_name
    {
        [ type_schema_name. ] type_name [ ( { precision [ , scale ]
            | max | xml_schema_collection } ) ]
[ COLLATE collation_name ]
        [ NULL | NOT NULL ]
| {ADD | DROP }
 { ROWGUIDCOL | PERSISTED| NOT FOR REPLICATION | SPARSE  }
    }
| [ WITH { CHECK | NOCHECK } ]
| ADD
    {
        <column_definition>
      | <computed_column_definition>
      | <table_constraint>
| <column_set_definition>
    } [ ,...n ]
    | DROP
    {
        [ CONSTRAINT ] constraint_name
        [ WITH ( <drop_clustered_constraint_option> [ ,...n ] ) ]
        | COLUMN column_name
    } [ ,...n ]
```

ALTER TABLE 语句的参数及说明如表 4.4 所示。

表 4.4 ALTER TABLE 语句的参数及说明

参数	说明
database_name	表所在的数据库的名称
schema_name	表所属架构的名称
table_name	要修改的表的名称
ALTER COLUMN	用于指定要更改的列
column_name	要更改、添加或删除的列的名称
[type_schema_name.] type_name	更改后的列的新数据类型或添加的列的数据类型
precision	数据类型的精度
scale	数据类型的小数位数
max	仅应用于 varchar、nvarchar（n）和 varbinary 数据类型

续表

参数	说明
xml_schema_collection	仅应用于 xml 数据类型
COLLATE collation_name	用于指定更改后的列的新排序规则
NULL | NOT NULL	用于指定列是否可接收空值
[{ADD | DROP} ROWGUIDCOL]	用于指定在指定列中添加或删除 ROWGUIDCOL 属性
[{ADD | DROP} PERSISTED]	用于指定在指定列中添加或删除 PERSISTED 属性
NOT FOR REPLICATION	用于指定当复制代理执行插入操作时，标识列中的值将增加
SPARSE	用于指示列为稀疏列。稀疏列已针对 NULL 进行了存储优化。不能将稀疏列指定为 NOT NULL
WITH CHECK | WITH NOCHECK	用于指定表中的数据是否用新添加的或重新启用的外键约束或检查约束进行验证
ADD	用于指定添加一个或多个列的定义、计算列的定义或者表约束
DROP	用于指定从表中删除列或约束。可以列出多个列或约束

【例4-17】 向"db_mrkj"数据库中的"tb_Student"表中添加 Sex 字段，SQL 语句如下：

```
use db_mrkj
alter table tb_Student
add  Sex char(2)
```

【例4-18】 删除"db_mrkj"数据库中"tb_Student"表中的 Sex 字段，SQL 语句如下：

```
use db_mrkj
alter table tb_Student
drop column Sex
```

4.1.7 使用 DROP TABLE 语句删除表

使用 DROP TABLE 语句可以删除数据表，其语法如下：

```
DROP TABLE [ database_name . [ schema_name ] . | schema_name . ]
      table_name [ ,...n ] [ ; ]
```

参数说明如下。

☑ database_name：要删除的表所在的数据库的名称。

☑ schema_name：表所属架构的名称。

☑ table_name：要删除的表的名称。

【例4-19】 删除 "db _mrkj" 数据库中的数据表 "tb_Student", SQL 语句如下:

```
use db_mrkj
drop table tb_Student
```

4.2　分区表

4.2.1　分区表概述

分区表用于将数据库按照某种标准划分成多个区域存储在不同的文件组中,使用分区表可以快速有效地管理和访问数据子集,从而使大型表或索引更易于管理。合理地使用分区表在很大程度上能提高数据库的性能。已分区表和已分区索引的数据划分为分布于一个数据库中的多个文件组的单元。数据是按水平方式分区的,因此多行映射到单个的分区。已分区表和已分区索引支持与设计和查询标准表、索引相关的所有属性和功能,包括约束、默认值、标识、时间戳值及触发器。因为分区表的本质是把符合不同标准的数据子集存储在同一数据库的一个或多个文件组中,通过元数据来描述数据存储的逻辑地址。

是否分区主要取决于表当前的大小或将来的大小、如何使用表及对表执行用户查询和维护操作的完善程度。通常,如果某个大型表同时满足下面的两个条件,则可能需要对其进行分区。

(1)表包含(或将包含)以多种不同方式使用的大量数据。

(2)不能按预期对表执行查询或更新操作,或维护开销超过了预定义的维护期。

4.2.2　以界面的方式创建分区表

以界面的方式创建分区表的步骤如下。

(1)启动 SQL Server Management Studio,并连接到 SQL Server 中的数据库。

(2)在"对象资源管理器"面板中展开"数据库"节点。

(3)在"db_mrkj"数据库上,单击鼠标右键,选择"属性"命令,如图 4.24 所示。在弹出的"数据库属性 –db_mrkj"窗口中,选择"选择页"—"文件"选项卡,然后单击"添加"按钮,添加逻辑名称,如 Group1、Goup2、Group3、Group4,添加完之后,单击"确定"按钮,如图 4.25 所示。

(4)选择"文件组"选项卡,单击"添加文件组"按钮,分别添加在第(3)步中添加的 4 个文件,接着选中"只读"列中的复选框,单击"确定"按钮,如图 4.26 所示。

图 4.24　选择"属性"命令

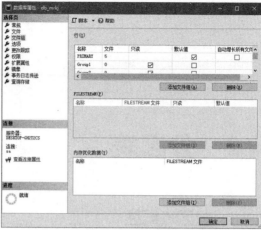

图 4.25　添加文件　　　　　　　　　　　　图 4.26　添加文件组

（5）在"dbo.Employee"选项上单击鼠标右键，选择"存储"—"创建分区"命令，如图4.27所示。进入"创建分区向导-Employee"窗口，如图4.28所示，单击"下一步"按钮。进入"选择分区列"界面，界面中会显示可用的分区列，选择"Age"列，如图4.29所示。

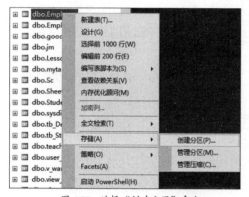

图 4.27　选择"创建分区"命令　　　　　　　图 4.28　"创建分区向导—Employee"窗口

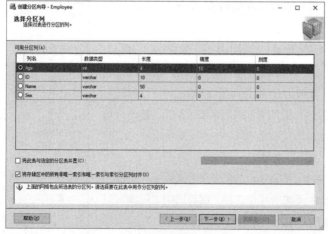

图 4.29　选择分区列

（6）单击"下一步"按钮，进入"选择分区函数"界面。在"选择分区函数"界面中，选中"新建分区函数"单选项，然后在其后的文本框中输入新建分区函数的名称，如 AgeOrderFunction，如图 4.30 所示，完成后单击"下一步"按钮。

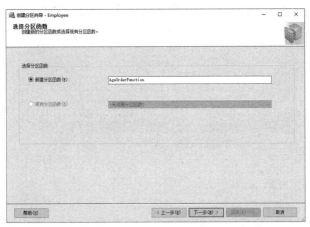

图 4.30　创建分区函数并设置其名称

（7）在"选择分区方案"界面中，选中"新建分区方案"单选项，然后在其后的文本框中输入新建分区方案的名称，如 AgeOrder，如图 4.31 所示，完成后单击"下一步"按钮。

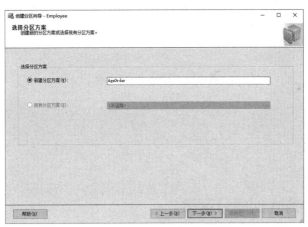

图 4.31　创建分区方案并设置其名称

（8）在"映射分区"界面中，选中"左边界"单选项，然后选择各个分区要映射到的文件组并指定边界值，如图 4.32 所示，完成后单击"下一步"按钮。

（9）在"选择输出选项"界面中，选中"立即运行"单选项，如图 4.33 所示，然后单击"下一步"按钮即可完成对"Employee"表的分区操作。

（10）单击"下一步"按钮之后，会出现图 4.34 所示的界面，单击"完成"按钮。

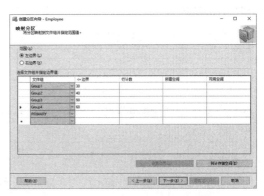

图 4.32　选择文件组并指定边界值

图 4.33 选择"立即运行"单选项

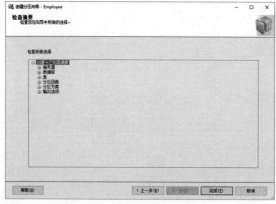

图 4.34 "检查摘要"界面

> **⚡注意**
>
> 分区虽然可以带来很多好处，但是也会增加对象管理操作的难度和复杂性。所以，通常不需要为较小的表或目前满足性能和维护要求的表分区。本书中涉及的表都是较小的表，不必为其分区。

4.2.3 以命令的方式创建分区表

1. 创建分区函数

创建分区函数的语法格式如下：

```
CREATE PARTITION FUNCTION partition_function_name ( input_parameter_type )
AS RANGE [ LEFT | RIGHT ]
FOR VALUES ([ boundary_value [,…n]])
[;]
```

参数说明如下。

    ⊘ partition_function_name：要创建的分区函数的名称。

    ⊘ input_parameter_type：用于分区的列的数据类型。

- LEFT | RIGHT：用于指定当间隔值由数据库引擎按升序从左到右排列时，boundary_value 的值属于每个边界值的哪一侧（左侧或者右侧）；如果未指定，则默认为 LEFT。
- boundary_value：用于为使用 partition_function_name 分区函数的已分区表或索引的每个分区指定边界值；如果该参数值为空，则使用 partition_function_name 分区函数将整个表或索引映射到单个分区。boundary_value 可以是引用变量的常量表达式；boundary_value 必须与 input_parameter_type 中提供的数据类型相匹配，或者可隐式转换为该数据类型；[,…n] 用于指定 boundary_value 提供的值的数目，不能超过 999；创建的分区数等于 n+1。

【例4-20】 为 int 类型的列创建一个名为 AgePF 的分区函数，该函数把 int 类型的列中的数据分成 6 个区，分别为小于或等于 10 的区、大于 10 且小于或等于 30 的区、大于 30 且小于或等于 50 的区、大于 50 且小于或等于 70 的区、大于 70 且小于或等于 80 的区、大于 80 的区。SQL 语句如下：

```
create partition function AgePF (int)
 as range left for values (10,30,50,70,80)
```

2. 创建分区方案

分区函数创建完后，使用 CREATE PARTITION SCHEME 语句创建分区方案。由于在创建分区方案时需要根据分区函数的参数定义映射分区的文件组，因此需要使用文件组来容纳分区数，文件组可以由一个或多个文件构成，而每个分区必须映射到一个文件组中。一个文件组可以被多个分区使用。通常情况下，文件组的数目最好与分区数目相同，并且文件组通常位于不同的磁盘上。一个分区方案只能使用一个分区函数，而一个分区函数可以用于多个分区方案中。

创建分区方案的语法格式如下：

```
CREATE PARTITION SCHEME partition_scheme_name
 AS PARTITION partition_function_name
[ALL] TO ({file_group_name | [PRIMARY]} [,…n])
[;]
```

参数说明如下。

- partition_scheme_name：创建的分区方案的名称，在创建表时使用分区方案可以创建分区表。
- partition_function_name：使用分区方案的分区函数的名称，该函数必须在数据库中存在，使用分区函数创建的分区将映射到分区方案中指定的文件组；单个分区不能同时包含文件流和非文件流文件组。
- ALL：用于指定所有分区都映射到 file_group_name 中提供的文件组，或映射到主文件组（如果指定了 PRIMARY）；如果指定了 ALL，则只能指定一个 file_group_name。
- file_group_name：用来指定持有由 partition_function_name 指定的分区的文件组的名称；分区分配到文件组是从分区 1 开始的，按文件组在[,...n]中列出的顺序进行分配。在[,...n]中，可以多次指定同一个 file_group_name。

【例4-21】 假如数据库"db_mrkj"中存在 FGroup1、FGroup2、FGroup3、FGroup4、FGoup5、FGroup6 这 6 个文件组，根据【例 4-20】中定义的分区函数创建一个分区方案，将分区函数中的 6 个分区分别存放在这 6 个文件组中。SQL 语句如下：

```
create partition scheme AgePS
 as partition AgePF
to (FGroup1、FGroup2、FGroup3、FGroup4、FGroup5、FGroup6)
go
```

3. 使用分区方案创建分区表

分区函数和分区方案创建完后就可以创建分区表了。创建分区表需使用 CREATE TABLE 语句，只要在 ON 关键字的后面指定分区方案和分区列即可。

【例4-22】 使用【例4-21】创建的分区方案，在数据库"db_mrkj"中创建分区表，表中包含"ID""姓名"和"年龄"字段（年龄的取值范围是1~100）。SQL 语句如下：

```
create table sample
(
 ID int not null,
 姓名 varchar(8) not null,
 年龄 int not null
)
on AgePS（年龄）
go
```

> **注意**
>
> 已分区表的分区列的数据类型、长度、精度与分区方案索引使用的分区函数的数据类型、长度、精度要一致。

4.3　数据表记录的操作

4.3.1　使用企业管理器添加记录

打开数据表后会发现，最后一条记录下面有一条所有字段值都为 NULL 的记录，可在此处添加新记录。向数据表（如"student"）中添加数据的具体操作步骤如下。

（1）启动 SQL Server Management Studio，并连接到 SQL Server 中的数据库。

（2）在"对象资源管理器"面板中展开相应的数据库节点。

（3）选择"dbo.student"表，单击鼠标右键，在弹出的快捷菜单中选择"编辑前 200 行"命令，如图 4.35 所示。

（4）进入数据表编辑界面，最后一条记录下面有一条所有字段值都为 NULL 的记录，如图 4.36 所示，在此处添加新记录。记录添加后数据将自动保存在数据表中。

图 4.35　选择"编辑前 200 行"命令

学号	姓名	性别
B001	李艳丽	女
B002	聂乐乐	女
B003	刘大伟	男
B004	王嘟嘟	女
B005	李羽凡	男
B006	刘月	女
*	NULL	NULL	NULL

图 4.36　数据表编辑界面

在新增记录时有以下几点需要注意。

☑ 不能在设置为标识规范的字段中输入内容。

☑ 主键值不能重复。

☑ 输入内容的数据类型和字段的数据类型一致，长度和精度等也要一致。

☑ 不允许为空的字段必须输入与字段类型相同的数据。

☑ 作为外键的字段的输入内容一定要符合外键要求。

☑ 如果字段存在其他约束，输入的内容必须满足约束要求。

☑ 如果字段设置了默认值，当不在字段内输入任何数据时会自动填入默认值。

4.3.2　使用 INSERT 语句插入记录

使用 INSERT 语句可以向数据表中插入记录，INSERT 语句可以在查询编辑器中执行。本小节将对 INSERT 语句进行讲解。

1.INSERT 语句的语法

T-SQL 中 INSERT 语句的基本语法如下：

```
INSERT INTO table_name[(column_name 1,column_name 2,column_name 3...)]
VALUES(value 1,value 2,value 3...)
```

或

```
INSERT INTO table_name[(column_name1, column_name2, column_name3...)]
SELECT 语句
```

2. 使用 INSERT 语句插入记录的实例

使用 INSERT 语句向"tb_basicMessage"表中插入记录，SQL 语句如下：

```
insert into tb_basicMessage values(' 小李 ',26,' 男 ',4,4)
```

语句执行后，数据表中的记录如图 4.37 所示。

	id	name	age	sex	dept	headship
1	7	小陈	27	男	1	1
2	8	小葛	29	男	1	1
3	16	张三	30	男	1	5
4	23	小开	30	男	4	4
5	24	金额	20	女	4	7
6	25	cdd	24	女	3	6
7	27	———	25	男	2	3
8	29	小李	26	男	4	4

图 4.37　插入记录后的数据表中的记录

4.3.3　使用企业管理器修改记录

使用 SQL Server Management Studio 打开数据表后，可以在需要修改的字段的单元格内修改字段内容。

可以对数据表中错误或过时的数据记录进行修改。修改数据表中记录的具体操作步骤如下。

（1）启动 SQL Server Management Studio，并连接到 SQL Server 中的数据库。

（2）在"对象资源管理器"面板中展开相应的数据库节点。

（3）选择"dbo.student"表，单击鼠标右键，在弹出的快捷菜单中选择"编辑前 200 行"命令。

（4）进入数据表编辑界面，如图 4.38 所示，直接单击需要修改的字段的单元格，并在其中输入新数据。

学号	姓名	性别
B005	李羽凡	男
B006	刘月	女
B007	高兴	男
NULL	NULL	NULL

图 4.38　在数据表编辑界面中修改数据

4.3.4　使用 UPDATE 语句修改记录

使用 UPDATE 语句可以修改数据表中的记录，UPDATE 语句可以在查询编辑器中执行。本小节将对 UPDATE 语句进行讲解。

1.UPDATE 语句的语法

T-SQL 中 UPDATE 语句的基本语法如下：

```
UPDATE table_name SET column_name 1= value 1 [,column_name 2=value 2,
column_name 3=value 3...] [WHERE 子句 ]
```

2. 使用 UPDATE 语句修改记录的实例

【例4-23】使用 UPDATE 语句修改所有记录。

使用 UPDATE 语句将数据表"tb_basicMessage"中所有数据的"sex"的字段值都改为' 男 '，SQL 语句如下：

```
update tb_basicMessage set sex=' 男 '
```

修改后的数据如图 4.39 所示。

	id	name	age	sex	dept	headship
1	7	小陈	27	男	1	1
2	8	小葛	29	男	1	1
3	16	张三	30	男	1	5
4	23	小开	30	男	4	4
5	24	金额	20	男	4	7
6	25	cdd	24	男	3	6
7	27	———	25	男	2	3
8	29	小李	26	男	4	4

图 4.39 修改后的数据

【例4-24】使用 UPDATE 语句修改符合条件的记录。

将"student"表中姓名为刘大伟的人的性别设置为男,SQL 语句如下:

```
update student set 性别 ='男' where 姓名 ='刘大伟'
```

语句执行后,数据表的记录如图 4.40 所示。

	学号	姓名	性别	年龄	出生日期	联系方式
1	B001	李艳丽	女	25	1985-03-03	13451
2	B002	聂乐乐	女	23	1984-03-10	23451
3	B003	刘大伟	男	23	1986-01-01	52345
4	B004	王嘟嘟	女	22	1984-03-10	62345

图 4.40 修改指定记录后的数据表

4.3.5 使用企业管理器删除记录

将数据表"student"中的记录删除,具体操作步骤如下。

(1)启动 SQL Server Management Studio,并连接到 SQL Server 数据库。

(2)在"对象资源管理器"面板中展开相应的数据库节点。

(3)选择"dbo.student"表,单击鼠标右键,在弹出的快捷菜单中选择"编辑前 200 行"命令。

(4)进入数据表编辑界面,选中要删除的记录,单击鼠标右键,在弹出的快捷菜单中选择"删除"命令,如图 4.41 所示。

(5)在弹出的提示对话框中,单击"是"按钮即可删除对应记录,如图 4.42 所示。

图 4.41 选择"删除"命令

图 4.42 提示删除对话框

4.3.6 使用 DELETE 语句删除记录

使用 DELETE 语句也可以删除表中的记录,本小节将对 DELETE 语句进行讲解。

1.DELETE 语句的语法

T-SQL 中 DELETE 语句的基本语法如下：

```
DELETE [FROM] 表名 [WHERE 子句]
```

2. 使用 DELETE 语句删除记录的实例

【例4-25】使用 DELETE 语句删除指定记录。

删除表"tb_basicMessage"中"name"为'小李'的记录，SQL 语句如下：

```
delete tb_basicMessage where name='小李'
```

删除记录前数据表中的记录如图 4.43 所示，删除记录后数据表中的记录如图 4.44 所示。

	id	name	age	sex	dept	headship
1	7	小陈	27	男	1	1
2	8	小葛	29	男	1	1
3	16	张三	30	男	1	5
4	23	小开	30	男	4	4
5	24	金额	20	男	4	7
6	25	cdd	24	男	3	6
7	27	-----	25	男	2	3
8	29	小李	26	男	4	4

图 4.43 删除记录前数据表中的记录

	id	name	age	sex	dept	headship
1	7	小陈	27	男	1	1
2	8	小葛	29	男	1	1
3	16	张三	30	男	1	5
4	23	小开	30	男	4	4
5	24	金额	20	男	4	7
6	25	cdd	24	男	3	6
7	27	-----	25	男	2	3

图 4.44 删除记录后数据表中的记录

如果 DELETE 语句中不包含 WHERE 子句，则将删除数据表中的全部记录，SQL 语句如下：

```
delete student
```

4.4 表与表之间的关系

关系是通过匹配键列中的数据而工作的，键列通常是两个表中具有相同名称的列，在数据表间创建关系可以将某个表中的列连接到另一个表中的列。表与表之间存在 3 种类型的关系，创建的关系类型取决于关联的列的定义。表与表之间存在的 3 种类型的关系如下。

- ☑ 一对一关系。
- ☑ 一对多关系。
- ☑ 多对多关系。

4.4.1 一对一关系

一对一关系是指表 A 中的行在表 B 中有且只有一个匹配的行。在一对一关系中，大部分相关信息都在一个表中。

如果两个相关列都是主键或具有唯一约束，那么这两个表具有一对一关系。

在学生管理系统中，"Course"表用于存放课程的基础信息，这里将其定义为主表；"teacher"

表用于存放教师信息，这里将其定义为从表，且一个教师只能讲授一门课程。下面介绍如何通过这两个表创建一对一关系。

> 💡 说明
>
> 在这里一个教师只能讲授一门课程，不考虑一个教师讲授多门课程的情况，如英语教师只能教英语。

操作步骤如下。

（1）启动 SQL Server Management Studio，并连接到 SQL Server 中的数据库。

（2）在"对象资源管理器"面板中展开"数据库"—"db_mrkj"节点。

（3）用鼠标右键单击"Course"表，在弹出的快捷菜单中选择"设计"命令。

（4）在表设计窗口中，用鼠标右键单击"Cno"字段，在弹出的快捷菜单中选择"关系"命令，打开"外键关系"对话框，如图 4.45 所示，在该对话框中单击"添加"按钮。

（5）在"外键关系"对话框中，单击"表和列规范"右侧的 ... 按钮，弹出"表和列"对话框，在该对话框中设置关系名、主键表、外键表及相应字段，如图 4.46 所示。

图 4.45　"外键关系"对话框

图 4.46　"表和列"对话框中的相关设置

（6）在"表和列"的对话框中，单击"确定"按钮，返回到"外键关系"对话框，在"外键关系"对话框中单击"关闭"按钮，完成一对一关系的创建。

> ⚡ 注意
>
> 在创建一对一关系之前，应将"tno""Cno"分别设置为"teacher"和"Course"这两个表的主键，且关联字段类型必须相同。

4.4.2　一对多关系

一对多关系是最常见的一种关系类型，是指表 A 中的行可以在表 B 中有许多匹配行，但是表 B 中的行只能在表 A 中有一个匹配行。

如果相关列中只有一列是主键或具有唯一约束，则两个表具有一对多关系。例如，"student"表用于存储学生的基础信息，这里将其定义为主表；"Course"表用于存储课程的基础信息，一个学生可以学多门课程，这里将其定义为从表。下面介绍如何通过这两个表创建一对多关系。

操作步骤如下。

（1）启动 SQL Server Management Studio，并连接到 SQL Server 中的数据库。

（2）在"对象资源管理器"面板中展开"数据库"—"db_mrkj"节点。

（3）用鼠标右键单击"Course"表，在弹出的快捷菜单中选择"设计"命令。

（4）在表设计窗口中，用鼠标右键单击"Cno"字段，在弹出的快捷菜单中选择"关系"命令，打开"外键关系"对话框，如图 4.47 所示，在该对话框中单击"添加"按钮。

（5）在"外键关系"对话框中，单击"表和列规范"右侧的 ⋯ 按钮，弹出"表和列"对话框，在该对话框中设置关系名、主键表、外键表及相应字段，如图 4.48 所示。

图 4.47 "外键关系"对话框   图 4.48 "表和列"对话框中的设置

（6）在"表和列"对话框中，单击"确定"按钮，返回到"外键关系"对话框，在"外键关系"对话框中单击"关闭"按钮，完成一对多关系的创建。

4.4.3 多对多关系

多对多关系是指关系中每个表的行在相关表中具有多个匹配行。在数据库中，多对多关系的建立是依靠第 3 个表（连接表）实现的。连接表包含相关的两个表的主键列，可通过两个相关表的主键列分别创建与连接表中匹配列的关系。

例如，通过"商品信息"表与"商品订单"表创建多对多关系。首先需要创建一个连接表（如"商品订单信息"表），该表中应该包含上述两个表的主键列，然后将"商品信息"表和"商品订单"表分别与连接表建立一对多关系，以此创建"商品信息"表和"商品订单"表的多对多关系。

4.5 小结

本章介绍了数据表的基础知识，数据表的创建、修改和删除，以及表的约束。在学习本章后，读者不仅可以通过 SQL Server 界面完成创建和管理数据表的工作，还可以使用 T-SQL 语句完成相应操作。

视图操作

视图是一种常用的数据库对象，可将查询的结果以虚拟表的形式存储在数据中。视图在数据库中并不是以存储数据集的形式存在的。视图的结构和内容建立在对表的查询基础之上，和表一样，视图也包括行和列，这些行和列数据都来源于其所引用的表，并且是在视图引用过程中动态生成的。

通过阅读本章，您可以：

- ☑ 了解视图的基本概念；
- ☑ 掌握创建和删除视图的方法；
- ☑ 掌握使用 SQL 语句或存储过程修改视图的方法；
- ☑ 掌握视图中的数据操作。

5.1 视图概述

视图中的内容是由查询定义的，并且视图和查询都是通过 SQL 语句定义的，但是它们也有不同之处，其不同之处如下。

- ☑ 存储。视图存储为数据库设计的一部分，而查询不是。使用视图可以禁止所有用户访问数据库中的基表，而且要求用户只能通过视图操作数据。使用这种方法可以保护用户和应用程序不受某些数据库修改的影响，同样也可以保证数据表的安全性。
- ☑ 排序。可以对任何查询结果进行排序，但是只有当视图包括 TOP 子句时才能对其进行排序。
- ☑ 加密。可以加密视图，但不能加密查询。

5.2 视图的操作

5.2.1 以界面的方式操作视图

1．视图的创建

下面在 SQL Server Management Studio 中创建视图"View_Stu"，具体操作步骤如下。

（1）启动 SQL Server Management Studio，并连接到 SQL Server 中的数据库。

（2）在"对象资源管理器"面板中展开"数据库"—"db_mrkj"节点。

（3）用鼠标右键单击"视图"选项，在弹出的快捷菜单中选择"新建视图"命令，如图 5.1 所示。

（4）进入"添加表"对话框，如图 5.2 所示。在"添加表"对话框中选择需要的表，然后单击"添加"按钮，重复多次，直至需要的表添加完毕后关闭对话框。这里添加了表"tb_student"。

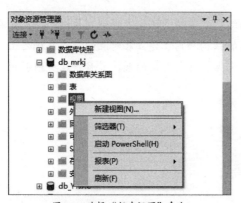

图 5.1 选择"新建视图"命令

图 5.2 "添加表"对话框

> ⚡注意
>
> 在添加数据表时，可以多选，能同时添加多个数据表。从图 5.2 中可以看出在创建视图的同时也可以添加视图和函数。

（5）表添加完成后，在关系图界面中即可看到添加的数据表。选中字段复选框，可以在视图中显示相应字段，视图设计器会在 SQL 语句界面自动创建相应的 SQL 语句，如图 5.3 所示。

在网格界面中可以编辑视图的字段规则。例如，想要利用视图查看学生的个人信息，在关系图界面中选中"tb_student"表中的"学生编号"和"学生姓名"复选框，可以看到在网格界面中自动列出了这两个字段并且也自动创建了相应的 SQL 语句。如果想要更改视图的字段规则，则在网格界面的"别名"属性列中输入要设置的别名，设置完成后，在 SQL 语句界面中将自动更新 SQL 语句。用鼠标右

图 5.3 视图设计器

键单击 SQL 语句界面的空白处，在快捷菜单中选择"执行 SQL"命令，执行 SQL 语句，在结果界面中就会看到视图的查询结果。

也可以直接在 SQL 语句界面中输入 SQL 语句来编辑视图，例如输入以下 SQL 语句：

```
SELECT      学生编号，学生姓名
FROM        dbo.tb_student
```

输出结果中只有学生编号和学生姓名信息。

通过以上介绍可知，视图设计器的使用方法非常灵活，用户可以使用自己喜欢的方法对表进行编辑，创建符合需求的视图。

（6）视图设计完成后，按 Ctrl+S 组合键保存视图，将视图命名为 View_student，如图 5.4 所示。

（7）视图保存之后，此视图名出现在"db_mrkj"数据库中的"视图"节点下，如图 5.5 所示。

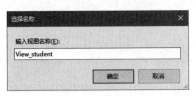

图 5.4　保存视图

图 5.5　新创建的视图在数据库中的位置

> 💡 **说明**
>
> 为了方便以后引用视图，应当尽量使视图名称具有可读性；另外，保存操作可以在设计视图的过程中进行，为了防止数据丢失，请养成随时保存的好习惯。

2. 视图的删除

用户可以删除视图。在删除视图时，底层数据表不受影响，但与该视图关联的权限会丢失。

下面介绍如何在 SQL Server Management Studio 中删除视图，具体操作步骤如下。

（1）启动 SQL Server Management Studio，并连接到 SQL Server 中的数据库。

（2）在"对象资源管理器"面板中展开"数据库"—"db_mrkj"—"视图"节点。

（3）用鼠标右键单击要删除的视图"dbo.View_student"，在弹出的快捷菜单中选择"删除"命令，如图 5.6 所示。

（4）在弹出的"删除对象"对话框中单击"确定"按钮即可删除该视图。

图 5.6　选择"删除"命令

5.2.2　使用 CREATE VIEW 语句创建视图

使用 CREATE VIEW 语句可以创建视图，语法如下：

```
CREATE VIEW [ schema_name . ] view_name [ (column [ ,...n ] ) ]
[ WITH <view_attribute> [ ,...n ] ]
AS select_statement [ ; ]
[ WITH CHECK OPTION ]
<view_attribute> ::=
{
  [ ENCRYPTION ]  [ SCHEMABINDING ]  [ VIEW_METADATA ]
}
```

CREATE VIEW 语句的参数及说明如表 5.1 所示。

表 5.1 CREATE VIEW 语句的参数及说明

参数	说明
schema_name	视图所属架构的名称
view_name	视图的名称。视图名称必须符合标识符的命令规范。可以选择是否指定视图所有者的名称
column	视图中的列使用的名称
AS	用于指定视图要执行的操作
select_statement	用于定义视图的 SELECT 语句
CHECK OPTION	用于强制针对视图执行的所有数据修改语句都必须符合 select_statement 中设置的条件
ENCRYPTION	用于对视图进行加密
SCHEMABINDING	用于将视图绑定到基础表的架构
VIEW_METADATA	指定为引用视图的查询请求浏览模式的元数据时，SQL Server 实例将向 DB-Library、开放式数据库互连（Open Database Connectivity,ODBC）和 OLE DB API 返回有关视图的元数据信息，而不返回基础表的元数据信息

【例5-1】 创建仓库入库表视图，SQL 语句如下：

```
create view view_1
as
select * from tb_joinDepot
```

5.2.3 使用 ALTER VIEW 语句修改视图

使用 ALTER VIEW 语句可以修改视图，语法如下：

```
ALTER VIEW  view_name [( column [,...n])]
[WITH ENCRYPTION]
AS
select_statement
[WITH CHECK OPTION]
```

参数说明如下。

- ✅ view_name：要更改的视图的名称。
- ✅ column：一列或多列的名称，用逗号分隔，它们会成为给定视图的一部分。
- ✅ n：占位符。
- ✅ WITH ENCRYPTION：用于加密"syscomments"表中包含 ALTER VIEW 语句文本的条目；使用 WITH ENCRYPTION 可防止将视图作为 SQL Server 复制的一部分发布。
- ✅ AS：用于指定视图要执行的操作。
- ✅ select_statement：用于定义视图的 SELECT 语句。
- ✅ WITH CHECK OPTION：强制视图中执行的所有数据的修改语句都必须符合由定义视图的 select_statement 参数设置的准则。

> 💡 说明
>
> 如果原来的视图是用 WITH ENCRYPTION 或 CHECK OPTION 创建的，那么只有在 ALTER VIEW 语句中也包含这些选项时，这些选项才有效。

【例5-2】 修改仓库入库表视图，其关键 SQL 语句如下：

```
alter view View_1(oid,wareName)
as
select oid,wareName
 from tb_joinDepot
where id=9
-- 查看视图定义
exec sp_helptext 'View_1'
```

5.2.4 使用 DROP VIEW 语句删除视图

使用 DROP VIEW 语句可以删除视图，语法如下：

```
DROP VIEW view_name [,...n]
```

参数说明如下。

- ✅ view_name：要删除的视图的名称；视图名称必须符合标识符规范。可以选择是否指定视图所有者的名称。若要查看当前创建的视图列表，可使用 sp_help。
- ✅ n：用于指定多个视图的占位符。

> ⚡ 注意
>
> 在"除去对象"对话框中单击"全部除去"按钮删除视图之前，可以单击"显示相关性"按钮，可查看该视图依附的对象，以确认该视图是否为想要删除的视图。

【例5-3】 使用 T-SQL 删除视图的过程如下。

（1）单击"新建查询"按钮。

（2）在代码编辑界面中输入以下语句，然后单击工具栏中的"执行"按钮。此时查询结果在窗口下方显示出来。关键的 SQL 语句如下：

```
use db_mrkj
drop view View_1
```

5.2.5　使用存储过程 sp_rename 修改视图

使用存储过程 sp_rename 可以对视图进行重命名，语法如下：

```
EXEC sp_rename old_view, new_view
```

将视图"view1"重命名为"view2"，SQL 语句如下：

```
exex sp_rename view1,view2
```

5.3　视图中的数据操作

5.3.1　在视图中浏览数据

下面在 SQL Server Management Studio 中查看视图"dbo.View_student"的信息，具体操作步骤如下。

（1）启动 SQL Server Management Studio，并连接到 SQL Server 中的数据库。

（2）在"对象资源管理器"面板中展开"数据库"—"db_mrkj"节点，展开指定的数据库"视图"节点。

（3）此时显示出当前数据库中所有的视图，用鼠标右键单击要查看信息的视图。

（4）如果想要查看视图的属性，在弹出的快捷菜单中选择"属性"命令，如图5.7所示，弹出"视图属性–View_student"对话框，如图5.8所示。

（5）如果想要查看视图中的内容，在图5.7所示的快捷菜单中选择"编辑前200行"命令即可，如图5.9所示。

图 5.7　选择"属性"命令

（6）如果想要重新设置视图，可在图5.7所示的快捷菜单中选择"设计"命令，进入视图设计界面，如图5.10所示。在此界面中可对视图进行重新设置。

图 5.8 "视图属性 – View_student" 对话框

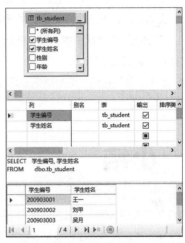

图 5.10 视图设计界面

	学生编号	学生姓名
▶	200903001	王一
	200903002	刘甲
	200903003	吴月
	200903004	赵四
*	NULL	NULL

图 5.9 显示视图中的内容

5.3.2 通过视图添加数据

使用视图可以添加新的数据,但应该注意的是,新添加的数据实际上存储在与视图相关的表中。

例如,通过视图 "dbo.View_student" 中插入数据 "201909001" "明日科技" 的步骤如下。

(1)用鼠标右键单击要插入数据的视图,在弹出的快捷菜单中选择 "设计" 命令,显示视图设计界面。

(2)在视图结果的最下面一行直接输入新数据即可,如图 5.11 所示。

(3)按 Enter 键,即可把新数据插入视图中,如图 5.12 所示。

学生编号	学生姓名
200903001	王一
200903002	刘甲
200903003	吴月
200903004	赵四
201909001 ❶	明日科技

图 5.11 使用视图插入新数据

学生编号	学生姓名
200903001	王一
200903002	刘甲
200903003	吴月
200903004	赵四
201909001	明日科技

图 5.12 插入数据后的视图

5.3.3　通过视图修改数据

使用视图可以修改数据，但是修改的是数据表中的数据。

例如，通过视图"dbo.View_student"，将"明日科技"修改为"明日"的步骤如下。

（1）用鼠标右键单击要修改数据的视图，在弹出的快捷菜单中选择"设计"命令，显示视图设计界面。

（2）在显示的视图结果中，选择要修改的内容，直接输入新内容即可。

（3）按 Enter 键，即可把信息保存到视图中。

5.3.4　通过视图删除数据

使用视图可以删除数据，但是删除的是数据表中的数据。

例如，通过视图"dbo.View_student"删除"明日科技"对应的记录的步骤如下。

（1）用鼠标右键单击要删除记录的视图，在弹出的快捷菜单中选择"设计"命令，显示视图设计界面。

（2）在显示的视图结果中，选择要删除的行"明日科技"，在弹出的快捷菜单中选择"删除"命令，弹出删除对话框，如图 5.13 所示。

（3）单击"是"按钮，可将该记录删除。

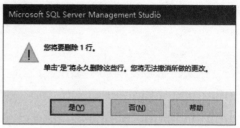

图 5.13　删除对话框

5.4　小结

本章介绍了创建视图、修改视图和删除视图的方法。在学习本章后，读者可以针对数据表创建视图并能够通过视图实现对表的操作及修改视图中的内容等。

SQL 的基础知识

本章主要介绍 SQL 的基础知识，包括常量、变量、运算符等。学习这些内容后读者可以掌握 SQL 语句的基础知识，为使用 SQL 语句编程打下良好的基础。

通过阅读本章，您可以：

☑ 了解 T-SQL 的基本概念；

☑ 掌握常量的使用方法；

☑ 掌握变量的使用方法；

☑ 熟悉注释符、运算符与通配符；

☑ 熟悉一些常用的语句。

6.1　T-SQL 概述

6.1.1　T-SQL 的组成

T-SQL 是具有强大查询功能的数据库语言，可以控制数据库管理系统为用户提供的所有功能，主要包括如下功能。

☑ 数据定义：允许用户定义存储数据的结构和组织，以及数据项之间的关系。

☑ 数据检索：允许用户或应用程序从数据库中检索存储的数据并使用它。

☑ 数据操纵：允许用户或应用程序通过添加新数据、删除旧数据和修改以前存储的数据对数据库进行更新。

☑ 数据控制：可以用来限制用户检索、添加和修改数据的功能，保护存储的数据不被未授权的用户访问。

☑ 数据共享：可以用来协调多个并发用户的共享数据，确保它们不会相互干扰。

☑ 数据完整性：可用来在数据库中定义完整性约束条件，使它不会因为不一致的更新或系统问题而遭到破坏。

T-SQL 是一种综合性语言，可用来与数据库管理系统进行交互。T-SQL 是数据库子语言，包含大约 40 条专用于数据库管理任务的语句。各类的 T-SQL 语句分别如表 6.1～表 6.5 所示。

数据操纵类的 T-SQL 语句如表 6.1 所示。

表 6.1　数据操纵类的 T-SQL 语句

语句	功能
SELECT	从数据库的表中检索数据
INSERT	把新的数据添加到数据库中
DELETE	从数据库中删除数据
UPDATE	修改现有数据库中的数据

数据定义类的 T-SQL 语句如表 6.2 所示。

表 6.2　数据定义类的 T-SQL 语句

语句	功能
CREATE TABLE	在一个数据库中创建一个数据表
DROP TABLE	从数据库中删除一个表
ALTER TABLE	修改一个现有表的结构
CREATE VIEW	把一个新的视图添加到数据库中
DROP VIEW	从数据库中删除视图
CREATE INDEX	为数据表中的一个字段构建索引
DROP INDEX	将数据表中的一个字段的索引删除
CREATE PROCEDURE	在一个数据库中创建一个存储过程
DROP PROCEDURE	从数据库中删除存储过程
CREATE TRIGGER	创建一个触发器
DROP TRIGGER	从数据库中删除触发器
CREATE SCHEMA	向数据库中添加一个新模式
DROP SCHEMA	从数据库中删除一个模式
CREATE DOMAIN	创建一个数据值域
ALTER DOMAIN	改变域定义
DROP DOMAIN	从数据库中删除一个域

数据控制类的 T-SQL 语句如表 6.3 所示。

表 6.3　数据控制类的 T-SQL 语句

语句	功能
GRANT	授予用户访问权限
DENY	拒绝用户访问
REVOKE	删除用户访问权限

事务控制类的 T-SQL 语句如表 6.4 所示。

表 6.4　事务控制类的 T-SQL 语句

语句	功能
COMMIT	结束当前事务
ROLLBACK	中止当前事务
SET TRAN	定义当前事务的数据访问特征

程序化的 T-SQL 语句如表 6.5 所示。

表 6.5　程序化的 T-SQL 语句

语句	功能
DECLARE	定义查询游标
EXPLAIN	描述查询和数据访问计划
OPEN	打开游标
FETCH	检索查询结果中的一条记录
CLOSE	关闭游标
PREPARE	为动态执行准备 T-SQL 语句
EXECUTE	动态执行 T-SQL 语句
DESCRIBE	描述准备好的 SQL 语句

6.1.2　T-SQL 语句的结构

每条 T-SQL 语句均以一个谓词（Verb）开始，该谓词用于描述语句要进行的动作，例如 SELECT、UPDATE 关键字。谓词后紧接着一条或多条子句，子句提供谓词作用的数据或谓词动作的详细信息。每一条子句都以一个关键字开始。下面以 SELECT 语句为例介绍 T-SQL 语句的结构，其语法格式如下：

```
SELECT  子句
[INTO 子句]
FROM  子句
[WHERE 子句]
```

```
[GROUP  BY 子句]
[HAVING  子句]
[ORDER BY 子句]
```

【例6-1】在"student"数据库中查询"course"表的信息。

SQL 语句如下：

```
use student
select *  from course where 课程类别 ='艺术类'
order by 课程内容
```

结果如图 6.1 所示。

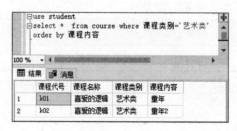

图 6.1 查询结果

6.2 常量

常量也叫常数，是指在程序运行过程中值不发生改变的量。常量可以是任何数据类型的，本节将对常量进行详细讲解。

1. 字符串常量

字符串常量定义在单引号内。字符串常量包括字母（a~z、A~Z）、数字（0~9）及特殊字符（如 #、!、@）。

例如，以下为字符串常量：

```
'Hello World'
'Microsoft Windows'
'Good Morning '
```

2. 二进制常量

在 T-SQL 中定义二进制常量，需要使用"0x"，并采用十六进制来表示，不需要使用圆括号。

例如，以下为二进制常量：

```
0xB0A1
0xB0C4
0xB0C5
```

3. bit 常量

在 T-SQL 中，bit 常量使用数字 0 或 1 表示，并且不包括在单引号中。如果使用一个大于 1 的数字，则该数字将转换为 1。

4. 日期时间常量

定义日期时间常量需要使用特定格式的字符和日期值，并且需要使用单引号。

例如，以下为日期时间常量：

```
'2020年1月9日'
'15:39:15'
'01/09/2020'
'06:59  AM'
```

6.3 变量

存储在内存中的可以变化的量叫变量。为了在内存中存储信息，用户必须指定存储信息的单元，并为该存储单元命名，以方便获取信息，这也是变量的功能。T-SQL 可以使用两种变量：一种是局部变量，另外一种是全局变量。局部变量和全局变量的主要区别在于存储的数据的作用范围不一样，本节将对变量进行详细讲解。

6.3.1 局部变量

局部变量是可以由用户自定义的变量，它的作用范围仅在程序内部。局部变量的名称是用户自定义的，要符合 SQL Server 标识符命名规范，必须以 @ 开头。

1. 声明局部变量

局部变量的声明需要使用 DECLARE 语句，其语法格式如下：

```
DECLARE
{
@varaible_name    datatype   [ ,… n ]
}
```

参数说明如下。

- ☑ @varaible_name: 局部变量名；它必须以@开头，且必须符合SQL Server标识符的命名规范。
- ☑ datatype: 局部变量的数据类型；局部变量使用的数据类型可以是除 text 、ntext(n)、image 类型外的所有系统数据类型和用户自定义数据类型；一般来说，如果没有特殊的用途，建议尽量使用系统数据类型，这样做可以减少维护应用程序的工作量。

例如，声明局部变量 @songname 的 SQL 语句如下：

```
declare  @songname   char(10)
```

2. 为局部变量赋值

为局部变量赋值的方式一般有两种：一种是使用 SELECT 语句；另一种是使用 SET 语句。使用 SELECT 语句为局部变量赋值的语法如下：

```
SELECT    @varible_name   =  expression
[FROM    table_name [ ,... n ]
WHERE    clause   ]
```

上面的 SELECT 语句的作用是给局部变量赋值，而不是从表中查询数据。在使用 SELECT 语句进行赋值时，并不一定要使用 FROM 关键字和 WHERE 子句。

【例6-2】 在"student"数据库的"course"表中，把"课程类别"是"艺术类"的"课程内容"信息赋值给局部变量 @songname，并把它的值用 PRINT 关键字输出。结果如图 6.2 所示。

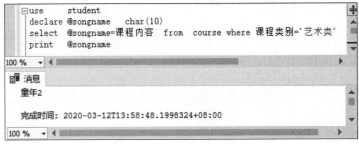

图 6.2　查询结果

SQL 语句如下：

```
use      student
declare @songname   char(10)
select  @songname=课程内容  from  course where 课程类别 ='艺术类'
print   @songname
```

不能将 SELECT 赋值语句和查询语句混淆，例如，声明一个名为 @b 的局部变量并为其赋值的 SQL 语句如下：

```
declare  @b  int
select  @b=1
```

使用 SET 语句对变量进行赋值的常用语法如下:

```
{ SET  @varible_name = ecpression } [ ,... n ]
```

下面是一个简单的 SET 赋值语句:

```
declare  @song  char(20)
set  @song = 'I  love  flower'
```

还可以同时为多个变量赋值,相应的 SQL 语句如下:

```
declare  @b  int, @c  char(10),@a  int
select @b=1, @c='love',@a=2
```

> **⚡注意**
>
> 数据库语言和编程语言中有一些关键字,它们是在某一环境下能够促使某一操作进行的字符组。为避免冲突和产生错误,在命名表、列、变量及其他对象时应避免使用关键字。

6.3.2　全局变量

全局变量是 SQL Server 系统内部事先定义好的变量,不需要用户定义,对于用户而言,其作用范围并不局限于某一程序,在任何程序中均可随时调用。全局变量通常用于存储 SQL Server 的配置设定值和效能统计数据。

SQL Server 一共提供了 30 多个全局变量,本小节只对一些常用全局变量的功能和使用方法进行介绍。全局变量的名称都是以 @@ 开头的。

(1)@@CONNECTIONS。

此全局变量用于记录自最后一次服务器启动以来,所有针对这台服务器进行的连接次数,包括没有连接成功的次数。

使用 @@CONNECTIONS 可以让系统管理员很容易地获取今天所有试图连接本服务器的次数。

(2)@@CUP_BUSY。

此全局变量用于记录自上次服务器启动以来尝试的连接数,无论连接成功还是失败,其结果都以 ms 为单位的 CPU 工作时间来表示。

(3)@@CURSOR_ROWS。

此全局变量用于返回在本次服务器连接中,打开游标取出数据行的数目。

(4)@@DBTS。

此全局变量用于返回当前数据库中 timestamp 数据类型的当前值。

(5)@@ERROR。

此全局变量用于返回执行上一条 T-SQL 语句返回的错误编号。

在 SQL Server 服务器执行完一条语句后,如果该语句执行成功,@@ERROR 的返回值为 0,如果该语句的执行过程中发生错误,则 @@ERROR 将返回相应的错误编号,该编号将一直保存,直到下一条语句执行完为止。

由于 @@ERROR 的值在每一条语句执行后被清除并且重置，应在语句执行完后立即检查它的值，或将其保存到一个局部变量中以备事后查看。

（6）@@FETCH_STATUS。

此全局变量用于返回上一次使用游标 FETCH 语句返回的状态值，且返回值为整型。

@@FETCH_STATUS 的返回值及其描述如表 6.6 所示。

表 6.6　@@FETCH_STATUS 的返回值及其描述

返回值	描述
0	FETCH 语句执行成功
- 1	FETCH 语句执行失败或要提取的行不在结果集中
- 2	要提取的行不存在

例如，在提取完最后一行数据后，还要接着提取下一行数据，那么 @@FETCH_STATUS 的返回值为 –2，表示要提取的行不存在。

（7）@@IDENTITY。

此全局变量用于返回最近一次插入的 IDENTITY 列的数值，返回值类型是 numeric。

（8）@@IDLE。

此全局变量用于返回以 ms 为单位的 SQL Server 服务器自最近一次启动以来处于停顿状态的时间。

（9）@@IO_BUSY。

此全局变量用于返回以 ms 为单位的 SQL Server 服务器自最近一次启动以来花在输入和输出上的时间。

（10）@@LOCK_TIMEOUT。

此全局变量用于返回当前对数据锁定的超时设置。

（11）@@PACK_RECEIVED。

此全局变量用于返回 SQL Server 服务器自最近一次启动以来一共从网络上接收数据分组的数目。

（12）@@PACK_SENT。

此全局变量用于返回 SQL Server 服务器自最近一次启动以来一共向网络发送数据分组的数目。

（13）@@PROCID。

此全局变量用于返回当前存储过程的 ID。

（14）@@REMSERVER。

此全局变量用于返回在登录记录中记载的远程 SQL Server 服务器的名字。

（15）@@ROWCOUNT。

此全局变量用于返回上一条 T-SQL 语句影响的数据行的数目。对于所有不影响数据库中数据的 T-SQL 语句，这个全局变量的值是 0。在进行数据库编程时，经常要检测 @@ROWCOUNT 的返回值，以便明确执行的操作是否达到了目标。

（16）@@SPID。

此全局变量用于返回当前服务器进程的 ID。

（17）@@TOTAL_ERRORS。

此全局变量用于返回自 SQL Server 服务器启动以来，读写错误的总数。

（18）@@TOTAL_READ。

此全局变量用于返回自 SQL Server 服务器启动以来，读磁盘的次数。

（19）@@TOTAL_WRITE。

此全局变量用于返回自 SQL Server 服务器启动以来，写磁盘的次数。

（20）@@TRANCOUNT。

此全局变量用于返回当前连接中，处于活动状态的事务的数目。

（21）@@VERSION。

此全局变量用于返回当前 SQL Server 服务器的安装日期、版本，以及处理器的类型。

6.4 注释符、运算符与通配符

6.4.1 注释符

注释语句不是可执行语句，不参与程序的编译，通常是一些说明性的文字，对代码的功能或者实现方式给出简要的解释和提示。

在 T-SQL 中，可使用以下两类注释符（Annotation）。

☑ ANSI 标准的注释符（--）用于单行注释。例如下面所加的注释：

```
use   pubs      -- 打开数据表
```

☑ 与 C 语言相同的程序注释符号，即"/*""*/"，其中"/*"用于注释文字的开头，"*/"用于
   注释文字的结尾，可在程序中标识多行文字为注释。例如，有多行注释的 SQL 语句如下：

```
use       student
declare   @songname   char(10)
select    @songname= 课程内容   from   course where 课程类别 =' 艺术类 '
print     @songname
/* 打开 "student" 数据库，定义一个变量
把查询结果赋给定义的变量 */
```

把所选的行都标识为注释的组合键是 Shift+Ctrl+C。一次取消多行注释的组合键是
Shift+Ctrl+R。

6.4.2 运算符

运算符（Operator）是一种符号，用来进行常量、变量或者列之间的数学运算和比较操作，是 T-SQL
中很重要的组成部分。运算符有几种类型，分别为算术运算符、赋值运算符、比较运算符、逻辑运算符、
位运算符、连接运算符。

1. 算术运算符

算术运算符用于对两个表达式执行数学运算，这两个表达式可以是整数数据类型和浮点数据类型分类中的任何数据类型。算术运算符包括 +（加）、−（减）、×（乘）、/（除）、%（取余）。

例如，求 2 对 5 取余的值。

SQL 语句如下：

```
declare @x int,@y int,@z int
select @x=2,@y=5
set @z=@x%@y
print @z
```

代码执行结果如图 6.3 所示。

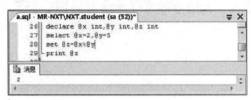

图 6.3　代码执行结果

> ⚡注意
>
> % 两边的表达式必须是整数数据类型的。

2. 赋值运算符

T-SQL 中有一个赋值运算符，即等号（=）。下面创建 @songname 变量，然后利用赋值运算符将一个由表达式返回的值赋给 @songname。SQL 语句如下：

```
declare @songname  char(20)
set @songname='loving'
```

还可以使用 SELECT 语句进行赋值，并输出该值，SQL 语句如下：

```
declare @songname  char(20)
select @songname ='loving'
print @songname
```

3. 比较运算符

比较运算符用于测试两个表达式是否相同。除了 text、ntext(n) 和 image 数据类型的表达式外，比较运算符可以用于比较其余所有数据类型的表达式。比较运算符包括 >（大于）、<（小于）、=（等于）、>=（大于或等于）、<=（小于或等于）、!=（不等于）、!>（不大于）、!<（不小于），其中 !=、!>、!< 不是 ANSI 标准的运算符。

比较运算符的运算结果是布尔数据类型的，它有 3 种值：TRUE、FALSE 及 UNKNOWN。返回值为布尔数据类型的表达式被称为布尔表达式。

和其他 SQL Server 数据类型不同，布尔数据类型不能指定为列或变量的数据类型，也不能在结果集中返回布尔数据类型的数据。

例如 3>5 的返回值为 FALSE，6!=9 的返回值为 TRUE。

4. 逻辑运算符

逻辑运算符用于对某个条件进行测试，以获得其真实情况。逻辑运算符和比较运算符一样，返回值是布尔数据类型的。SQL 支持的逻辑运算符及作用如表 6.7 所示。

表 6.7 SQL 支持的逻辑运算符及作用

运算符	作用
ALL	如果一个比较集中的数据全部都是 TRUE，则值为 TRUE
AND	如果两个布尔表达式的值均为 TRUE，则值为 TRUE
ANY	如果一个比较集中的任何一个数据为 TRUE，则值为 TRUE
BETWEEN	如果操作数在指定范围内，则值为 TRUE
EXISTS	如果子查询包含任何指定行，则值为 TRUE
IN	如果操作数与指定表达式列表中的某个数据相等，则值为 TRUE
LIKE	如果操作数匹配某个模式，则值为 TRUE
NOT	用于对布尔表达式的值取反
OR	如果任何一个布尔表达式的值是 TRUE，则值为 TRUE
SOME	如果一个比较集中的某些数据为 TRUE，则值为 TRUE

例如 8>5 AND 3>2 的返回值为 TRUE。

【例6-3】在 "student" 表中，查询女生中年龄大于 21 岁的学生信息。查询结果如图 6.4 所示。

图 6.4　查询结果

SQL 语句如下：

```
use student
select *
from student
where 性别 =' 女 ' and 年龄 >21
```

当 NOT、AND 和 OR 出现在同一表达中，运算顺序是 NOT、AND、OR。

例如 3>5 OR 6>3 AND NOT 6>4 的返回值 FALSE。

先计算 NOT 6>4 的值，此值为 FALSE；然后计算 6>3 AND FALSE 的值，此值为 FALSE；最后计算 3>5 OR FALSE 的值，此值为 FALSE。

5. 位运算符

位运算符的操作数可以是整数数据类型、二进制数据类型、图像和文本数据类型（image 数据类型除外）。SQL 支持的位运算符及其说明如表 6.8 所示。

表 6.8 SQL 支持的位运算符及其说明

运算符	说明
&	按位与
|	按位或
^	按位异或
~	按位取反

6. 连接运算符

连接运算符（+）用于连接两个或两个以上的字符或二进制串、列名或者串和列的混合体，即将一个串添加到另一个串的末尾。

使用连接运算符的语法如下：

```
<expression1>+<expression2>
```

【例6-4】 用连接运算符（+）连接两个字符串。连接结果如图 6.5 所示。

图 6.5 连接结果

SQL 语句如下：

```
declare   @name    char(20)
set @name=' 舞 '
print ' 我喜爱的专辑是 '+@name
```

7. 运算符优先级

当一个复杂表达式中包含多个运算符时，运算符的优先级决定了表达式计算和比较操作的先后顺序。运算符的优先级由高到低排列，如下所示。

（1）+（正）、-（负）、~（按位取反）。

（2）*（乘）、/（除）、%（取余）。

（3）+（加）、+（连接运算符）、-（减）。

（4）=、>、<、>=、<=、<>、!=、!>、!<（比较运算符）。

（5）^（按位异或）、&（按位与）、|（按位或）。

（6）NOT。

（7）AND。

（8）ALL、ANY、BETWEEN、IN、LIKE、OR、SOME（逻辑运算符）。

（9）=（赋值）。

若表达式中含有相同优先级的运算符，则从左向右依次运算。可以使用圆括号来提高运算的优先级，圆括号中的表达式优先级最高。如果表达式中有嵌套的圆括号，那么先对嵌套最内层的表达式求值。

例如以下 SQL 语句：

```
declare  @num  int
set @num = 2 * (4 + (5 - 3) )
```

在上述 SQL 语句中，先计算 5-3 的值，然后计算加 4 的值，最后计算与 2 相乘的值。

6.4.3 通配符

在 SQL 中通常用 LIKE 关键字与通配符（Wildcard）结合来实现模式查询。其中 SQL 支持的通配符及其描述和示例如表 6.9 所示。

表 6.9 SQL 支持的通配符及其描述和示例

通配符	描述	示例
%	用于匹配包含零个或更多字符的任意字符串	"loving%" 可以匹配 "loving" "loving you" "loving?"
_（下画线）	用于匹配任何单个字符	"loving_" 可以匹配 "loving"
[]	用于匹配指定范围或集合中的任何单个字符	[0～9]123 可以匹配以 0～9 范围内任意一个字符开头，以 "123" 结尾的字符串
[^]	用于匹配不属于指定范围或集合的任何单个字符	[^ 0～5]123 可以匹配不以 0～5 范围内任意一个字符开头，以 "123" 结尾的字符串

6.5 常用语句

本节介绍 SQL Server 中常用的语句，如常见的输出语句、数据备份语句、数据还原语句等，应用这些语句可以增强数据库的完整性和安全性。

6.5.1　DBCC 语句

DBCC（Database Base Consistency Checker，数据库一致性检查程序）语句用于验证数据库完整性、查找错误和分析系统使用情况等。

DBCC 语句后必须加上子语句，系统才知道要做什么。

1. DBCC CHECKALLOC 语句

DBCC CHECKALLOC 语句用于检测指定数据库的磁盘空间分配结构的一致性。

【例6-5】 执行 DBCC CHECKALLOC 语句，检测"db_Test"数据库磁盘空间分配结构。检测结果如图 6.6 所示。

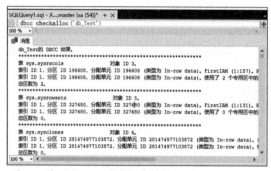

图 6.6　检测"db_Test"数据库磁盘空间分配结构的结果

SQL 语句如下：

```
dbcc checkalloc ('db_Test')
```

2. DBCC SHOWCONTIG 语句

DBCC SHOWCONTIG 语句用于显示指定表的数据和索引的碎片信息。

【例6-6】 使用 OBJECT_ID（）函数获得表的 ID，使用 sys.indexes 获得索引的 ID，使用 DBCC SHOWCONTIG（）显示指定表的数据和索引的碎片信息。结果如图 6.7 所示。

图 6.7　获得表的数据和索引的碎片信息

SQL 语句如下：

```
declare @id int, @indid int
set @id = OBJECT_ID('tb_Course')
select @indid = index_id
from sys.indexes
where object_id  = @id
      and name = 'PK_tb_Course'
dbcc showcontig(@id, @indid)
```

6.5.2 CHECKPOINT 语句

CHECKPOINT 语句用于检查当前工作的数据库中被更改过的数据页或日志页，并将这些数据从数据缓冲器中强制写入硬盘。

此语句的语法如下：

```
CHECKPOINT [ checkpoint_duration ]
```

参数 checkpoint_duration 表示指定检查点完成所需的时间（以秒为单位）。如果指定了参数 checkpoint_duration，则 SQL Server 数据库引擎会在请求的持续时间内尝试执行检查点。checkpoint_duration 的值必须是一个数据类型为 int 的表达式，并且必须大于零。如果省略该参数，SQL Server 数据库引擎将自动调整执行检查点的持续时间，以便最大程度地降低对数据库应用程序性能的影响。

CHECKPOINT 权限默认授予 sysadmin 固定服务器角色、db_owner 和 db_backupoperator 固定数据库角色的成员且不可转让。

【例6-7】 使用 CHECKPOINT 语句检查"db_Test"数据库中被更改过的数据页或日志页。检查结果如图 6.8 所示。

SQL 语句如下：

```
use db_Test
checkpoint
```

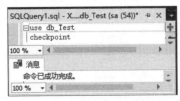

图 6.8 使用 CHECKPOINT 语句检查"db_Test"数据库的结果

6.5.3 DECLARE 语句

DECLARE 语句用于声明一个或多个局部变量、游标变量或表变量。

此语句的语法如下：

```
DECLARE
    {
{{ @local_variable [AS] data_type } | [ = value ] }
    | { @cursor_variable_name CURSOR }
} [,...n]
    | { @table_variable_name [AS] <table_type_definition> | <user-
defined table type> }
<table_type_definition> ::=
    TABLE ( { <column_definition> | <table_constraint> } [ ,... ]
     )
<column_definition> ::=
        column_name { scalar_data_type | AS computed_column_expression }
    [ COLLATE collation_name ]
    [ [ DEFAULT constant_expression ] | IDENTITY [ ( seed ,increment ) ]    ]
    [ ROWGUIDCOL ]
    [ <column_constraint> ]
<column_constraint> ::=
    { [ NULL | NOT NULL ]
    | [ PRIMARY KEY | UNIQUE ]
    | CHECK ( logical_expression )
    }
```

DECLARE 语句的参数及说明如表 6.10 所示。

表 6.10　DECLARE 语句的参数及说明

参数	说明
@ local_variable	变量的名称。变量名称必须以"@"符号开头。局部变量名称必须符合标识符命名规范
data_type	用户自定义表类型或别名数据类型。变量的数据类型不能是 text、ntext（n）或 image
= value	以内联方式为变量赋值。值可以是常量或表达式，但它必须与变量的类型匹配，或者可隐式地转换为变量的数据类型
@cursor_variable_name	游标变量的名称
CURSOR	用于指定变量是局部游标变量
@table_variable_name	table 类型的变量的名称
<table_type_definition>	用于定义 table 数据类型，包括列定义、名称、数据类型和约束
n	表示可以指定多个变量并对变量赋值的占位符
column_name	表中的列的名称
scalar_data_type	用于指定列是标量数据类型

参数	说明
computed_column_expression	用于定义计算列值的表达式
[COLLATE collation_name]	用于指定列的排序规则
DEFAULT	如果在插入过程中未显式提供值，则使用列的默认值
constant_expression	用于指定用作列的默认值的常量、NULL 或系统函数
IDENTITY	用于指示新列是标识列
Seed	表的第一行使用的值
Increment	添加到以前装载的列标识值上的增量值
ROWGUIDCOL	用于指示新列是行的全局唯一标识列
NULL | NOT NULL	用于指定在列中是否允许存在 NULL
PRIMARY KEY	通过唯一索引对给定的一列或多列强制实现实体完整性的约束
UNIQUE	通过唯一索引为给定的一列或多列提供实体完整性的约束
CHECK	检查约束，该约束通过限制可输入一列或多列中的值来强制实现域完整性
logical_expression	返回 TRUE 或 FALSE 的逻辑表达式

【例6-8】使用 DECLARE 语句定义一个整型变量，SQL 语句如下：

```
declare  @x  int
```

如果定义的变量是字符型的，则应该使用 data_type 指定其最大长度，否则系统认为其长度为 1。

【例6-9】使用 DECLARE 语句定义一个字符变量，SQL 语句如下：

```
declare  @c  char(8)
```

【例6-10】使用 DECLARE 语句定义多个变量，变量用逗号分隔，SQL 语句如下：

```
declare  @x  int ,@y  char(8),@z  datetime
```

6.5.4 PRINT 语句

PRINT 语句用于向客户端返回一个用户自定义的信息，即显示一个字符串（最长为 255 个字符）、局部变量或全局变量的内容。

此语句的语法如下：

```
PRINT msg_str | @local_variable | string_expr
```

参数说明如下。

✓ msg_str：字符串或 Unicode 字符串常量。

✓ @local_variable：任何有效的字符数据类型变量；其数据类型必须为 char 或 varchar，或者是能够隐式转换为 char、varchar 的数据类型。

✅ string_expr：返回的字符串的表达式，包括串联的文字值、
函数和变量。

【例6-11】定义一个变量，为其赋值。用 PRINT 语句输出变量和字
符串。输出结果如图 6.9 所示。

SQL 语句如下：

图 6.9　用 PRINT 语句输出的信息

```
declare  @x  char(20)
set @x='不再让你孤单'
print @x
print '最喜爱的电影'+
    @x
```

6.5.5　RAISERROR 语句

RAISERROR 语句用于在 SQL Server 系统中返回错误信息时返回用户指定的信息。

此语句的语法如下：

```
RAISERROR ( { msg_id | msg_str | @local_variable }
  { , severity , state }
  [ , argument [ ,...n ] ] )
[ WITH OPTION [ ,...n ] ]
```

RAISERROR 语句的参数及说明如表 6.11 所示。

表 6.11　RAISERROR 语句的参数及说明

参数	说明
msg_id	存储于"sysmessages"表中的用户定义的错误信息。用户定义的错误信息的编号应大于 50000。由特殊消息产生的错误是第 50000 号
msg_str	用户定义的消息，最多可包含 2047 个字符。如果该消息包含的字符数等于或超过 2048 个，则只能显示前 2044 个字符，并添加一个省略号以表示该消息已被截断
@local_variable	一个字符数据类型的变量，其中包含的字符串的格式化方式与 msg_str 的相同。@local_variable 的数据类型必须为 char 或 varchar，或者是能够隐式转换为 char 或 varchar 的数据类型
severity	用户定义的、与消息关联的严重级别。用户可以使用 0 ~ 18 的严重级别。19 ~ 25 的严重级别只能由 sysadmin 固定服务器角色成员使用。若要使用 19 ~ 25 的严重级别，必须将 WITH OPTION 设置为 WTHLOG
state	其值为 1 ~ 127 的任意整数，表示有关错误调用状态的信息。state 的默认值为 1

续表

参数	说明
argument	用于取代在 msg_str 中定义的变量或对应于 msg_id 的消息的参数。可以有 0 个或更多的替代参数，然而，替代参数的总数不能超过 20 个。替代参数可以是局部变量，也可以是 int1、int2、int4、char、varchar、binary 或 varbinary 数据类型。不支持其他数据类型
WITH OPTION	错误的自定义选项

6.5.6 READTEXT 语句

READTEXT 语句用于读取 text、ntext（n）或 image 类型的列中的值，并且从指定的位置开始读取指定数量的字符。

此语句的语法如下：

```
READTEXT { table.column  text_ptr offset  size } [ HOLDLOCK ]
```

READTEXT 语句的参数及说明如表 6.12 所示。

表 6.12 READTEXT 语句的参数及说明

参数	说明
table.column	从中读取数据的表和列的名称。表名和列名必须符合标识符命名规范。必须指定表名和列名，不过可以选择是否指定数据库名称和所有者名称
text_ptr	有效文本指针。text_ptr 的数据类型必须是 binary(16)
offset	读取 text、image 或 ntext(n) 数据之前跳过的字节数（text 或 image 数据）或字符数 [ntext（n）数据]
size	要读取数据的字节数（text 或 image 数据）或字符数 [ntext（n）数据]。如果 size 是 0，则表示读取了 4KB 的数据
HOLDLOCK	使文本值一直锁定到事务结束。其他用户可以读取该值，但是不能对其进行修改

6.5.7 BACKUP 语句

在操作过程中难免会出现意外，为了保证用户数据的安全性，防止数据库中的数据意外丢失，应及时对数据库进行备份。BACKUP 语句用于将数据库的内容或事务处理日志备份到存储介质（硬盘或磁带等）上。

BACKUP 语句的语法如下：

```
BACKUP DATABASE { database_name | @database_name_var }
TO < backup_device > [ ,...n ]
[ <MIRROR TO clause>][ next-mirror-to ]
[ WITH { DIFFERENTIAL | <general_WITH_options> [ ,...n ] }]
[ ; ]
```

BACKUP 语句的参数及说明如表 6.13 所示。

表 6.13 BACKUP 语句的参数及说明

参数	说明
BACKUP DATABASE	关键字
{ database_name | @database_ name_var }	备份事务日志、部分数据库或完整的数据库时所用的源数据库。如果作为变量（@database_name_var）提供，则可以将该参数指定为字符串常量（@database_name_var = database name）或字符串数据类型 [ntext（n）或 text 数据类型除外] 的变量
TO	关键字，用于指定备份设备
<backup_device>	一个备份设备，用于存储备份数据，它的值可以是 Disk 和 Tape，其中 Disk 表示在磁盘上存储备份数据，Tape 表示在磁带设备上存储备份数据
n	占位符，表示可以在用逗号分隔的列表中指定多个文件和文件组，其数目没有限制
[next-mirror-to]	占位符，表示一个 BACKUP 语句，除了包含一个 TO 子句外，最多还可包含 3 个 MIRROR TO 子句
DIFFERENTIAL	只能与 BACKUP DATABASE 关键字一起使用，用于指定数据库备份或文件备份只包含上次完整备份后更改的数据库或文件部分，即表示差异备份。差异备份一般会比完整备份占用更少的空间。对于上一次完整备份后执行的所有单个日志备份，使用该参数可以不必再进行备份

【例6-12】 把 "db_Test" 数据库备份到 "backup.bak" 备份文件中。备份结果如图 6.10 所示。

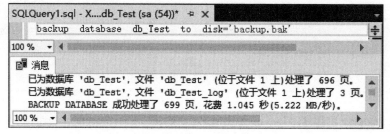

图 6.10 备份 "db_Test" 数据库的结果

SQL 语句如下：

```
backup  database  db_Test  to  disk='backup.bak'
```

6.5.8 RESTORE 语句

如果数据库中的数据丢失或被破坏，操作人员应该及时还原数据库，尽可能地减小损失。RESTORE 语句用来将数据库的内容或事务处理日志备份文件由存储介质还原到 SQL Server 系统中。

通过 RESTORE 语句还原数据库的方案有以下几种。

☑ 基于完整数据库备份文件还原整个数据库（完整还原）。

☑ 还原数据库的一部分（部分还原）。

☑ 将特定文件或文件组还原到数据库（文件还原）。

☑ 将特定页面还原到数据库（页面还原）。

☑ 将事务日志还原到数据库（事务日志还原）。

☑ 将数据库恢复到数据库快照捕获的时间点。

还原数据库的语法如下：

```
RESTORE DATABASE { database_name | @database_name_var }
 [ FROM <backup_device> [ ,...n ] ]
 [ WITH
   {
        [ RECOVERY | NORECOVERY | STANDBY =
        {standby_file_name | @standby_file_name_var }
      ]
   | ,  <general_WITH_options> [ ,...n ]
     | , <replication_WITH_option>
   | , <change_data_capture_WITH_option>
     | , <service_broker_WITH options>
     | , <point_in_time_WITH_options—RESTORE_DATABASE>
     } [ ,...n ]
 ]
[;]
```

RESTORE 语句的参数及说明如表 6.14 所示。

表 6.14　RESTORE 语句的参数及说明

参数	说明
RESTORE DATABASE	用于指定目标数据库
{ database_name | @database_name_var}	将日志或数据库还原到的数据库
FROM { <backup_device> [,...n]}	通常用于指定要从哪些备份设备还原备份
RECOVERY	用于指示还原操作回滚任何未提交的事务。在恢复进程后即可随时使用数据库。如果既没有指定 NORECOVERY 和 RECOVERY，也没有指定 STANDBY，则默认使用 RECOVERY
NORECOVERY	用于指示还原操作不回滚任何未提交的事务。如果稍后必须应用另一个事务日志，则应指定 NORECOVERY 或 STANDBY。如果既没有指定 NORECOVERY 和 RECOVERY，也没有指定 STANDBY，则默认使用 RECOVERY

续表

参数	说明
STANDBY = standby_file_name	用于指定一个允许撤销恢复效果的备用文件。STANDBY 可以用于脱机还原（包括部分还原），但不能用于联机还原。要尝试联机还原操作，指定 STANDBY 将会导致还原操作失败。如果必须升级数据库，那么也不允许使用 STANDBY
<general_WITH_options> [,...n]	RESTORE DATABASE 和 RESTORE LOG 语句均支持常规 WITH 选项。辅助语句也支持其中的某些选项
replication_WITH_option>	只适用于在创建备份时对数据库进行了复制的情况

【例6-13】 通过【例 6-12】中备份的 "db_Test" 数据库的备份文件 "backup.bak" 还原 "db_Test" 数据库。还原结果如图 6.11 所示。

SQL 语句如下：

```
restore database  db_Test  from disk='backup.bak'  with  replace
```

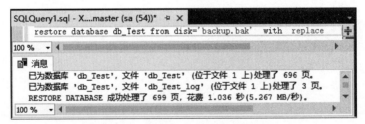

图 6.11 还原 "db_Test" 数据库的结果

💡 说明

在执行还原操作时，需要将使用的数据库更改为 "master" 数据库。

6.5.9 SELECT 语句

SELECT 语句除了有强大的查询功能外，还可用于给变量赋值。此语句的语法如下：

```
SELECT { @local_variable { = | += | -= | *= | /= | %= | &= | ^= | |= } exp
ression } [ ,...n ] [ ; ]
```

参数说明如下。

☑ @local_variable：要赋值的变量。

☑ =：用于将右边的值赋给左边的变量。

➤ { += | -= | *= | /= | %= | &= | ^= | |= }：复合赋值运算符。

➤ +=：用于相加并赋值。

➤ -=：用于相减并赋值。

- *=: 用于相乘并赋值。
- /=: 用于相除并赋值。
- %=: 用于取余并赋值。
- &=: 用于按位与并赋值。
- ^=: 用于按位异或并赋值。
- |=: 用于按位或并赋值。

expression: 任何有效的表达式，包含一个标量子查询。

> **说明**
>
> SELECT @local_variable 通常用于将单个值返回变量中。但是，如果 expression 是列的名称，则可返回多个值。如果 SELECT 语句返回多个值，则将返回的最后一个值赋给变量。如果 SELECT 语句没有返回值，则变量保留当前值。如果 expression 是无返回值的标量子查询，则变量值为 NULL。

【例6-14】 使用 SELECT 语句给一个变量赋值的 SQL 语句如下：

```
declare  @x int
select @x=1
print @x
```

一个 SELECT 语句可以用于初始化多个局部变量。

【例6-15】 使用 SELECT 语句给多个变量赋值的 SQL 语句如下：

```
declare  @x int,@y char(20),@z datetime
select @x=1,@y='LOVING',@z='2001/01/01'
print @x
print @y
print @z
```

【例6-16】 对"tb_Grade"表中的 Subject 的值进行查询，并将该值赋给变量 @courses。结果如图 6.12 所示。

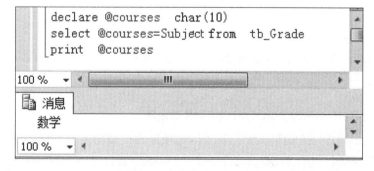

图 6.12　将查询的 Subject 的值赋给变量 @courses

SQL 语句如下：

```
use  db_Test
declare @courses  char(10)
select @courses= Subject
from  tb_Grade
print  @courses
```

6.5.10 SET 语句

SET 语句有两种用法，具体如下。

1. 用于给局部变量赋值

在用 DECLARE 声明变量之后，所有的变量都被赋予初始值 NULL。这时可用 SET 语句来给变量重新赋值。

SET 语句的语法如下：

```
SET{{ @ local_variable=expression}
   |{ @ cursor_variable={@ cursor_variable|cursor_name
        |{CURSOR[FORWARD_ONLY|SCROLL]
            [STATIC|KEYSET|DYNAMIC|FAST_FORWARD]
            [READ_ONLY|SCROLL_LOCKS|OPTIMISTIC]
            [TYPE_VARNING]
        FOR select_statement
            [FOR {READ ONLY|UPDATE[OF column_name[,…n]]}
            ]
        }
   }}
   }
```

例如定义一个变量，为该变量赋值后将其输出，SQL 语句如下：

```
declare  @x  int
set  @x=1
print @x
```

使用 SET 语句与使用 SELECT 语句赋值的不同是，使用 SET 语句一次只能给一个变量赋值。不过由于 SET 语句的功能更强，因此，推荐使用 SET 语句来给变量赋值。

2. 用于设置执行 SQL 语句时 SQL Server 的处理选项

如果要对列或索引视图创建和操作索引，则必须使用 SET 语句将 ARITHABORT、CONCAT_NULL_YIELDS_NULL、QUOTED_IDENTIFIER、ANSI_NULLS、ANSI_PADDING 和 ANSI_WARNINGS 设置为 ON，并将 NUMERIC_ROUNDABORT 设置为 OFF。

当批处理或其他存储过程执行某个存储过程时，使用的参数值就是当前包含该存储过程的数据库中设置的参数值。

6.5.11 SHUTDOWN 语句

SHUTDOWN 语句用于立即停止 SQL Server 的运行。

此语句的语法如下：

```
SHUTDOWN[WITH  NOWAIT]
```

WITH NOWAIT 表示当使用 NOWAIT 参数时，SHUTDOWN 语句立即终止所有的用户过程，并在每一行的事务发生回滚后退出 SQL Server。当没有用 NOWAIT 参数时，SHUTDOWN 语句将按以下步骤执行操作。

（1）禁止任何用户登录 SQL Server。

（2）等待尚未执行完成的 SQL 语句或存储过程执行完毕。

（3）在每个数据库中执行 CHECKPOINT 语句。

（4）停止 SQL Server 的运行。

【例6-17】 使用 SHUTDOWN 语句停止运行 SQL Server 服务器。结果如图 6.13 所示。

SQL 语句如下：

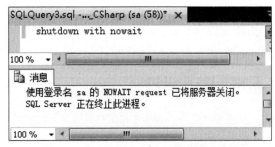

图 6.13　停止运行 SQL Server 服务器的结果

```
shutdown  with nowait
```

6.5.12 WRITETEXT 语句

WRITETEXT 语句允许对数据类型为 text、ntext（n）或 image 的列进行交互式更新。WRITETEXT 语句不能用于视图中的 text、ntext（n）和 image 类型的列上。

此语句的语法如下：

```
WRITETEXT { table.column text_ptr }
[ WITH LOG ] { data }
```

参数说明如下。

- ✓ table.column：要更新的表和 text、ntext（n）或 image 类型的列的名称；表名和列名必须符合标识符的命名规范；数据库名和所有者名是可选的。
- ✓ text_ptr：指向 text、ntext（n）或 image 类型的数据的指针值；text_ptr 的数据类型必须为 binary(16)；若要创建文本指针，可对 text、ntext（n）或 image 类型的列用非 NULL 的数据执行 INSERT 或 UPDATE 语句。
- ✓ WITH LOG：在 SQL Server 2012 中可忽略此参数，日志记录由数据库的实际恢复模型决定。
- ✓ data：要存储的实际 text、ntext（n）或 image 类型的数据，可以是常量，也可以是变量。text、ntext（n）和 image 类型的数据，可以用 WRITETEXT 语句进行交互插入，文本的最大长度约为 120KB。

【例6-18】将文本指针存储在局部变量 @val 中，使用 WRITETEXT 语句将新的文本字符串存储在 @val 指向的行中，SQL 语句如下：

```
use pubs
exec sp_dboption 'pubs', 'select into/bulkcopy', 'true'
declare @val binary(16)
select @val = TEXTPTR(pr_info)
from pub_info p1, publishers p2
where p2.pub_id = p1.pub_id
    and p2.pub_name = 'new moon books'
writetext pub_info.pr_info @val 'new moon books (nmb) has just released another
 top ten publication. With the latest publication this makes NMB the hottest
new
publisher of the year!'
exec sp_dboption 'pubs', 'select into/bulkcopy', 'false'
```

6.5.13 USE 语句

USE 语句用于在当前工作区打开或关闭数据库。

此语句的语法如下：

```
USE { 数据库 }
```

其中，数据库指用户上下文要切换到的数据库的名称，数据库名称必须符合标识符的命名规范。

要使用某一数据库，可在工具栏上的数据库名称下拉列表中选择对应数据库；也可以使用 USE 语句将其打开。

【例6-19】查询"Student"数据表中的全部信息，SQL 语句如下：

```
USE db_Test
select *from Student
```

如果没有在工具栏的数据库名称下拉列表中选择相应数据库，也没有使用 USE 语句打开相应数据库，就会提示图 6.14 所示的错误信息。

图 6.14 提示的错误信息

6.6 小结

本章介绍了 SQL 的基础知识，其中包括常量、变量、注释符、运算符与通配符的运用方法。在学习本章后，读者能更好地理解 SQL。

提 高 篇

第 **7** 章

数据的查询

本章主要介绍对数据表记录的常用查询，包括使用 SELECT 语句检索数据、使用 UNION 语句将多个查询结果合并等。通过对本章的学习，读者可以应用多种查询对数据表中的记录进行访问。

通过阅读本章，您可以：

- ⊙ 熟练掌握 SELECT 语句的使用方法；
- ⊙ 掌握对查询结果进行分组、排序的方法；
- ⊙ 熟悉嵌套查询的基本概念；
- ⊙ 掌握进行嵌套查询的方法；
- ⊙ 熟悉 UNION 语句的使用方法；
- ⊙ 掌握常见的几种合并查询。

7.1　创建查询和测试查询

1. 编写 SQL 语句

在 SQL Server 的 Microsoft SQL Server Manager Studio 中，可以编写 SQL 语句操作数据库。例如，查询 "course" 表中的所有记录的操作步骤如下。

（1）选择 "开始" —"Microsoft SQL Server 2019" —"Microsoft SQL Server Management Studio 18" 命令，打开 SQL Server Manager Studio。

（2）使用 Windows 身份验证模式建立连接。

（3）单击工具栏中的 "新建查询" 按钮。

（4）输入如下 SQL 语句：

```
use student
select *
from course
```

2. 测试 SQL 语句

在输入 SQL 语句之后，为了查看语句是否有语法错误，需要对 SQL 语句进行测试。单击工具栏中的 ✔ 按钮或直接按 Ctrl+F5 组合键，可以对当前的 SQL 语句进行测试，如果 SQL 语句准确无误，在"消息"选项卡中会显示"命令已成功完成"，否则会显示错误提示信息。

3. 执行 SQL 语句

只有执行 SQL 语句才能实现相应的操作。单击工具栏中的"执行"按钮或直接按 F5 键可以执行 SQL 语句。上面输入的 SQL 语句的执行结果如图 7.1 所示。

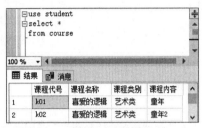

图 7.1　执行结果

7.2　选择查询

7.2.1　简单的 SELECT 查询

SELECT 语句用于从数据库中查询数据，并将查询结果以表格的形式返回。

SELECT 语句的基本语法如下：

```
SELECT select_list
[ INTO new_table ]
FROM table_source
[ WHERE search_condition ]
[ GROUP BY group_by_expression ]
[ HAVING search_condition ]
[ ORDER BY order_expression [ASC| DESC ]]
```

SELECT 语句的参数及说明如表 7.1 所示。

表 7.1　SELECT 语句的参数及说明

参数	说明
select_list	用于指定由查询操作返回的字段，它是一个由逗号分隔的表达式列表
INTO new_table	用于创建新表并将查询结果插入新表中。new_table 用于指定新表的名称
FROM table_source	用于指定要进行查询的表，可能是基表、视图和链接表；FROM 子句还可包含连接说明；FROM 子句用在 UPDATE 语句中，可以定义要修改的表

续表

参数	说明
WHERE search_condition	WHERE 子句用于指定限制返回的记录的查询条件。WHERE 子句用在 DELETE 和 UPDATE 语句中，可以定义目标表中要删除或修改的记录
GROUP BY group_by_expression	GROUP BY 子句根据 group_by_expression 字段中的值将结果集分组，每组对应“group_by_expression”列的一个值
HAVING search_condition	HAVING 子句用于指定组或聚合的查询条件
ORDER BY order_expression [ASC | DESC]	ORDER BY 子句用于定义结果集中的记录排列的顺序。order_expression 用于指定组成排序列表的结果集的字段。ASC 和 DESC 关键字用于指定记录是按升序还是按降序排列

1. 选择所有字段

SELECT 语句的第一个子句，即以 SELECT 关键字开头的子句，用于选择显示的字段。如果要显示数据表中所有字段的值，在 SELECT 关键字后添加星号（*）。

【例7-1】 查询包含所有字段的记录。

在“student”数据库中，查询“grade”表的所有记录，查询结果如图 7.2 所示。

	学号	课程代号	课程成绩	学期
1	B003	k03	90.3	1
2	B005	K02	93.2	2
3	NULL	NULL	NULL	NULL
4	B003	K03	98.3	1
5	B004	K04	87.9	2
6	B002	K02	88.4	2

图 7.2 “grade”表的所有记录

SQL 语句如下:

```
use student
select *
from grade
```

2. 选择部分字段

在查询表时，很多时候只需要显示部分字段。这时在 SELECT 关键字后分别列出各个字段名即可。

【例7-2】 查询包含部分字段的记录。

在“grade”表中，查询学号、课程成绩字段的信息，查询结果如图 7.3 所示。

	学号	课程成绩
1	B003	90.3
2	B005	93.2
3	NULL	NULL
4	B003	98.3
5	B004	87.9
6	B002	88.4

图 7.3 查询结果

SQL 语句如下:

```
use student
select 学号，课程成绩
from grade
```

注意

各个字段用逗号隔开，并且逗号是半角的。不要混淆 SELECT 子句和 SELECT 语句。

7.2.2 重新对字段排序

如果表格中的数据比较少，不需要用 ORDER BY 子句对其进行重新排序，查询结果会按照它们在表格中的顺序排列。但如果表格中的数据比较多，则需要使用 ORDER BY 子句对其进行重新排序，以方便查看查询结果。

ORDER BY 子句由关键字 ORDER BY 和一个用逗号分开的排序列表组成，语法如下：

```
[ ORDER BY { order_by_expression [ ASC | DESC ] }  [ ,...n ] ]
```

ORDER BY 子句的参数及说明如表 7.2 所示。

表 7.2　ORDER BY 子句的参数及说明

参数	说明
order_by_expression	用于指定要排序的字段。可以将排序字段指定为字段名或字段的别名（可由表名或视图名限定）和表达式，也可将其指定为代表选择列表内的字段的名称、别名或表达式的位置的负整数。可指定多个排序字段。ORDER BY 子句中的排序字段序列用于定义排序结果集的结构
ORDER BY	可包括未出现在选择列表中的字段。然而，如果指定 SELECT DISTINCT，或者 SELECT 语句包含 UNION 关键字，则排序字段必定要在选择列表中。此外，当 SELECT 语句包含 UNION 关键字时，字段名或字段的别名必须是在第一选择列表内指定的字段名或字段的别名
ASC	指定按递增顺序对指定字段中的值进行排序。默认为递增顺序
DESC	指定按递减顺序对指定字段中的值进行排序

1. 单级排序

用于排序的关键字是 ORDER BY，默认状态下进行升序排列，其关键字是 ASC。可以按照某一个字段进行排序，排序的字段可以是数值型的，也可以是字符型、日期时间型的。

【例7-3】 按照某一个字段进行排序。

在“tb_basicMessage”表中，按照“age”字段进行升序排列，排序结果如图 7.4 所示。

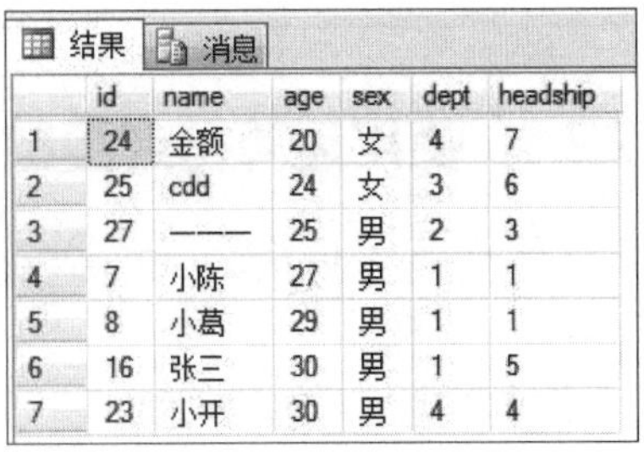

	id	name	age	sex	dept	headship
1	24	金额	20	女	4	7
2	25	cdd	24	女	3	6
3	27	———	25	男	2	3
4	7	小陈	27	男	1	1
5	8	小葛	29	男	1	1
6	16	张三	30	男	1	5
7	23	小开	30	男	4	4

图 7.4　单级排序结果

SQL 语句如下：

```
use  db_supermarket
select *
from tb_basicMessage
order by age
```

要对查询结果进行降序排列，必须在字段名后指定关键字 DESC。

例如，在"tb_basicMessage"表中按照"age"字段进行降序排列，SQL 语句如下：

```
use student
select  *  from tb_basicMessage  order by age desc
```

2．多级排序

在按照一个字段进行排序后，如果该字段有重复的值，则重复值这部分就没有进行有效的排序，此时需要附加一个字段，作为第二次排序的标准，对没有进行有效排序的记录进行再排序。

【例7-4】 按照多个字段进行排序。

在"grade"表中，按照"学期"字段进行降序排列，然后按照"课程成绩"字段进行升序排列，排序结果如图 7.5 所示。

SQL 语句如下：

	学号	课程代号	课程成绩	学期
1	B004	K04	87.9	2
2	B002	K02	88.4	2
3	B005	K02	93.2	2
4	B003	k03	90.3	1
5	B001	K01	96.7	1
6	B003	K03	98.3	1

图 7.5　多级排序结果

```
use   student
select  *
from   grade
order  by  学期 desc, 课程成绩
```

当排序字段是字符类型时，将按照字符数据中的字母或汉字的拼音在字典中的排列顺序进行排列，以字母为例，先比较第 1 个字母在字典中的排列顺序，位置靠前的字母小于位置靠后的字母，若第 1 个字母相同，则继续比较第 2 个字母，直至得出比较结果。

例如，在"course"表中先按照"课程类别"字段进行升序排列，再按照"课程内容"字段进行降序排列。SQL 语句如下：

```
use student
select * from course ordery by 课程类别 asc ,课程内容 desc
```

7.2.3　使用运算符或函数进行字段计算

某些查询要求对字段使用表达式进行查询，关于表达式中运算符和函数的知识请参考 T-SQL 语法部分。

使用表达式查询的语法如下：

```
SELECT 表达式1,表达式2,字段1,字段2,...from 数据表名
```

【例7-5】 使用运算符进行字段计算。

新的一年学生都长了一岁，将"tb_stu"表中学生的年龄字段值都加1，SQL 语句如下：

```
select 学号,姓名,年龄=年龄+1 from tb_stu
```

查询结果如图 7.6 所示。

	学号	姓名	年龄
1	2	张二	24
2	3	张三	24
3	4	张四	24
4	5	张五	22
5	1	张一	21

图 7.6　使用表达式查询的结果

7.2.4　利用 WHERE 子句过滤数据

WHERE 子句用来选取需要查询的记录。因为一个表中通常有数千条记录，用户仅需其中的一部分记录，这时需要使用 WHERE 子句指定一系列的查询条件。

WHERE 子句的语法如下：

```
SELECT< 字段列表 >
FROM< 表名 >
WHERE< 条件表达式 >
```

为了实现许多不同种类的查询，WHERE 子句提供了丰富的查询条件，下面总结了 5 个基本的查询条件。

（1）比较查询条件。

（2）范围查询条件。

（3）列表查询条件。

（4）模糊查询条件。

（5）复合查询条件，即上述条件的逻辑组合。

1. 比较查询条件

比较查询条件由比较运算符连接的表达式组成，系统将根据查询条件的真假来判断某一条记录是否满足查询条件，只有满足查询条件的记录才会出现在最终的结果集中。SQL Server 的比较运算符及说明如表 7.3 所示。

表 7.3　比较运算符及说明

运算符	说明
=	等于
>	大于
<	小于
>=	大于或等于
<=	小于或等于
!>	不大于
!<	不小于
<> 或 !=	不等于

【例7-6】 使用比较运算符进行查询。

在"grade"表中，查询课程成绩大于 90 分的记录，查询结果如图 7.7 所示。

	学号	课程代号	课程成绩	学期
1	B003	k03	90.3	1
2	B005	K02	93.2	2
3	B003	K03	98.3	1
4	B001	K01	96.7	1

图 7.7 "grade"表中课程成绩大于 90 分的记录

SQL 语句如下：

```
use student
select   *
from  grade
where  课程成绩 >90
```

例如，在"grade"表中查询课程成绩小于或等于 90 分的记录，SQL 语句如下：

```
use   student
select   *   from   grade where   课程成绩 <=90
```

例如，在"student"表中查询年龄在 20 ~ 22 岁范围内（包括 20 岁和 22 岁）的所有学生的记录，SQL 语句如下：

```
use   student
select   *   from   student   where 年龄 >=20 and 年龄 <=22
```

例如，在"student"表中查询年龄不在 20 ~ 22 岁范围内（包括 20 岁和 22 岁）的所有学生的记录，SQL 语句如下：

```
use   student
select   *   from   student   where   年龄 <20 or 年龄 >22
```

例如，在"student"表中查询年龄不小于 20 岁的所有学生的记录，SQL 语句如下：

```
use   student
select   *   from   student   where 年龄 !<20
```

上述 SQL 语句也可写成如下形式：

```
use   student
select   *   from   student   where 年龄 >=20
```

例如，在"student"表中查询年龄不等于 20 岁的所有学生的记录，SQL 语句如下：

```
use   student
```

```
select  *  from  student  where  年龄 !=20
```

通常查询满足条件的记录，要比查询所有不满足条件的记录快得多，所以，将否定的 WHERE 查询条件改写为肯定的查询条件能提高查询效率。

2. 范围查询条件

当需要返回位于两个给定值之间的某一个数据值时，可使用范围查询条件进行查询，通常使用 BETWEEN...AND 和 NOT...BETWEEN...AND 来指定范围查询条件。

使用 BETWEEN...AND 查询条件时，指定的第 1 个值必须小于第 2 个值。因为 BETWEEN...AND 实质上是查询条件"大于或等于第 1 个值，并且小于或等于第 2 个值"的简写形式，即 BETWEEN...AND 包括两端的指定值，等价于比较运算符（$>=...<=$）。

【例7-7】 使用 BETWEEN...AND 语句进行范围查询。

在"grade"表中查询年龄在 20 ~ 21 岁范围内（包括 20 岁和 21 岁）的学生的信息，查询结果如图 7.8 所示。

	Sno	Sname	Sex	年龄
1	201109001	李羽凡	男	20

图 7.8 "grade"表中年龄在 20 ~ 21 岁范围内的学生的信息

SQL 语句如下：

```
use student
select  *
from  student
where 年龄 between 20 and 21
```

上述 SQL 语句也可以改写成如下形式：

```
use student
select  *  from  student  where  年龄 >=20 and 年龄 <=21
```

NOT...BETWEEN...AND 语句用于返回在两个指定值的范围以外的某个数据值，但并不包括两个指定值。

【例7-8】 使用 NOT...BETWEEN...AND 语句进行范围查询。

在"student"表中查询年龄不在 20 ~ 21 岁范围内（包括 20 岁和 21 岁）的学生的信息，查询结果如图 7.9 所示。

	Sno	Sname	Sex	年龄
1	201109008	李艳丽	女	25
2	201109003	聂乐乐	女	23
3	201109018	触发器	男	23
4	201109002	王嘟嘟	女	22

图 7.9 "grade"表中年龄不在 20 ~ 21 岁范围内的学生的信息

SQL 语句如下：

```
use student
select  *
from  student
where 年龄  not between 20 and 21
```

3. 列表查询条件

当测试一个数据值是否与一组目标值中的某一个匹配时，通常使用 IN 关键字来指定列表查询条件。

IN 关键字的语法格式如下：

```
IN(目标值1,目标值2,目标值3,...)
```

目标值必须使用逗号分隔，并且括在圆括号中。

【例7-9】 使用 IN 关键字进行列表查询。

在"course"表中，查询课程代号是 k01、k03、k04 的课程信息，查询结果如图 7.10 所示。

SQL 语句如下：

	课程代号	课程名称	课程类别	课程内容
1	k01	喜爱的逻辑	艺术类	童年
2	k03	个人单曲	歌曲类	舞
3	k04	经典歌曲	歌曲类	冬天快乐

图 7.10 课程代号是 k01、k03、k04 的课程信息

```
use student
select  *
from  course
where  课程代号 in ('k01','k03','k04')
```

IN 关键字可以与 NOT 配合使用，以排除特定的记录，即测试一个数据值是否不匹配任何一个目标值。

【例7-10】 使用 NOT IN 关键字进行列表查询。

在"course"表中查询课程代号不是 k01、k03 和 k04 的课程信息，查询结果如图 7.11 所示。

	课程代号	课程名称	课程类别	课程内容
1	k02	喜爱的逻辑	艺术类	童年2

图 7.11 课程代号不是 k01、k03、k04 的课程信息

SQL 语句如下：

```
use student
select *
from  course
where  课程代号 not in  ('k01','k03','k04')
```

4. 模糊查询条件

有时我们对数据表中的数据了解得不全面，如：不能确定要查询的人的姓名，只知道他姓李；不能确定某个人的电话号码，只知道是以"3451"结尾的。这时需要使用 LIKE 关键字进行模糊查询。LIKE 关键字需要与通配符结合使用，所以读者需要了解通配符及其含义。通配符及其含义如表 7.4 所示。

表 7.4 通配符及其含义

通配符	含义
%	用于匹配由零个或更多字符组成的任意字符串
_	用于匹配任意单个字符
[]	用于指定范围，例如 [A～F]，用于匹配 A～F 范围内的任何单个字符
[^]	用于匹配指定范围之外的任何单个字符，例如 [^A～F] 用于匹配 A～F 范围以外的任何单个字符

（1）"%"通配符能匹配有零个或更多个字符的字符串。

【例7-11】使用"%"通配符进行模糊查询。

在"student"表中查询姓李的学生的信息，查询结果如图7.12
所示。

SQL 语句如下：

	学号	姓名	性别	年龄
1	201109008	李艳丽	女	25
2	201109001	李羽凡	男	20

图 7.12　"student"表中姓李的学生的信息

```
use student
select *
from  student
where 姓名  like '李%'
```

在 SQL 语句中，可以在查询条件的任意位置使用一个"%"符号来表示任意长度的字符串。在设置查询条件时，也可以使用两个"%"，但不建议连续使用两个"%"符号。

例如，在"student"表中查询姓李并且"联系方式"是以"2"开头的学生的信息，SQL 语句如下：

```
use student
select * from student  where 姓名 like '李%'  and  联系方式 like '2%'
```

（2）"_"符号表示任意单个字符，所以"_"通配符只能匹配一个字符，可以组成匹配模式进行查询。

【例7-12】使用"_"通配符进行模糊查询。

在"student"表中查询姓刘并且名字只有两个字的学生的信息，查询结果如图 7.13 所示。

	学号	姓名	性别	年龄	出生日期	联系方式
1	201109004	刘月	女	20	2003-03-16	82345

图 7.13　"student"表中姓刘并且名字只有两个字的学生的信息

SQL 语句如下：

```
use student
select *
from  student
where 姓名  like '刘_'
```

"_"通配符可以放在查询条件的任意位置，但只能用于匹配一个字符。

例如，在"student"表中查询姓李并且名字末尾字是"丽"的学生的信息，SQL 语句如下：

```
use student
select *  from student  where 姓名 like '李_丽'
```

（3）在模糊查询中可以使用"[ ]"通配符来查询指定范围内的数据。"[ ]"表示指定范围内的任意单个字符，包括两端的数据。

【例7-13】使用"[ ]"通配符进行模糊查询。

在"student"表中查询联系方式以"3451"结尾并且开头数字位于 1～5 范围内（包括1和5）的学生的信息，查询结果如图 7.14 所示。

	学号	姓名	性别	年龄	出生日期	联系方式
1	201109008	李艳丽	女	25	1998-02-25	13451
2	201109003	聂乐乐	女	23	2000-04-12	23451
3	201109001	李羽凡	男	20	2003-02-08	23451

图 7.14 查询结果

SQL 语句如下：

```
use student
select *
from   student
where 联系方式    like    '[1-5]3451'
```

例如，在"grade"表中查询学号在 B001 ~ B003 范围内（包括 B001 和 B003）的学生的成绩信息，SQL 语句如下：

```
use student
select *  from   grade   where 学号  like 'B00[1-3]'
```

（4）在模糊查询中可以使用"[^]"通配符来查询不在指定范围内的数据。"[^]"符号表示不在某范围内的任意单个字符，包括两端的数据。

【例7-14】使用"[^]"通配符进行模糊查询。

在"student"表中查询联系方式以"3451"结尾，但不以"2"开头的学生的信息，查询结果如图 7.15 所示。

	学号	姓名	性别	年龄	出生日期	联系方式
1	201109008	李艳丽	女	25	1998-02-25	13451

图 7.15 "student"表中联系方式以"3451"结尾但不以"2"开头的学生的信息

SQL 语句如下：

```
use student
select *
from   student
where   联系方式    like    '[^2]3451'
```

NOT LIKE 关键字的作用与 LIKE 关键字的正好相反，用于返回不符合匹配模式的记录。

例如，查询不姓李的学生的信息，SQL 语句如下：

```
select  *  from  student  where  姓名   not like '李%'
```

例如，查询除了名字是两个字并且姓李的学生以外的其他学生的信息，SQL 语句如下：

```
select  *  from  student  where 姓名  not like '李_'
```

例如，查询除了联系方式以"3451"结尾并且开头数字位于 1 ~ 5 范围内（包括 1 和 5）的学生以外的其他学生的信息，SQL 语句如下：

```
select * from  student  where 联系方式  not  like  '[1-5]3451'
```

例如，查询"联系方式"不符合"以'3451'结尾，但不以'2'开头"的学生的信息，SQL 语句如下：

```
select * from  student  where  联系方式  not  like  '[^2]3451'
```

5．复合查询条件

在很多情况下，在 WHERE 子句中仅使用一个条件不能准确地从表中检索到需要的数据，这时就需要使用逻辑运算符 AND、OR 和 NOT。使用逻辑运算符时应遵循的原则如下。

（1）使用 AND 返回满足所有条件的记录。

（2）使用 OR 返回满足任一条件的记录。

（3）使用 NOT 返回不满足条件的记录。

例如，用 OR 进行查询。查询学号是 B001 或者 B003 的学生的信息，SQL 语句如下：

```
use student
select  *  from  student  where 学号 ='B001' or 学号 ='B003'
```

例如，用 AND 进行查询。根据姓名和密码查询用户信息，SQL 语句如下：

```
use db_supermarket
select  *  from  tb_users  where userName='mr'  and  password='mrsoft'
```

就像算术运算符一样，逻辑运算符之间也是具有优先级顺序的：NOT 的优先级最高，AND 次之，OR 的优先级最低。下面结合使用 AND 和 OR 进行查询。

【例7-15】 结合使用 AND 和 OR 进行查询。

在"student"表中查询年龄大于 21 岁的女生或者年龄大于或等于 19 岁的男生的信息，查询结果如图 7.16 所示。

	学号	姓名	性别	年龄	出生日期	联系方式
1	201109008	李艳丽	女	25	1998-02-25	13451
2	201109003	聂乐乐	女	23	2000-04-12	23451
3	201109018	触发器	男	23	2000-03-10	52345
4	201109002	王嘟嘟	女	22	2001-05-08	62345
5	201109001	李羽凡	男	20	2003-02-08	23451

图 7.16 结合使用 AND 和 OR 的查询结果

SQL 语句如下：

```
use  student
select *
from student
where 年龄 > 21 and 性别 ='女' or 年龄 >=19 and 性别 ='男'
```

使用逻辑运算符 AND、OR、NOT 和圆括号把查询条件分组，可以构建非常复杂的查询条件。

例如，在"student"表中查询年龄大于 20 岁的女生或者年龄大于 22 岁的男生，并且联系方式都是"23451"的学生的信息，SQL 语句如下：

```
use student
select * from student where (年龄>20 and 性别='女' or 年龄>22 and 性别=
'男') and 联系方式 = '23451'
```

7.2.5 消除重复记录

DISTINCT 关键字主要用于从 SELECT 语句的查询结果集中去掉重复的记录。如果没有指定 DISTINCT 关键字，那么系统将返回由所有符合条件的记录组成的结果集，其中包括重复的记录。

【例7-16】使用 DISTINCT 关键字消除重复记录。

在"course"表中查询课程类别信息，查询结果如图 7.17 所示。

SQL 语句如下：

	课程类别
1	歌曲类
2	计算机类
3	艺术类

图 7.17 "course"表中的课程类别信息查询结果

```
use student
select distinct 课程类别
from course
```

在使用 DISTINCT 关键字进行查询时，查询结果中只显示每个字段有效组合的一条记录，即结果中没有完全相同的两条记录。

例如，在"grade"表中查询学号和课程代号的不同值，SQL 语句如下：

```
use student
select  distinct 学号,课程代号
from grade
```

7.2.6 TOP 关键字

TOP 关键字可以用于限制查询结果显示的记录数，不仅可以显示查询结果集中的前几条记录，还可以显示查询结果集中的后几条记录。

TOP 关键字的语法如下：

```
SELECT TOP n [PERCENT]
FROM table
WHERE
ORDER BY…
```

参数说明如下。

✓ [PERCENT]：返回记录数的百分之 n，而不是 n 条记录。

✓ n：如果 SELECT 语句中没有 ORDER BY 子句，则 TOP n 用于返回满足 WHERE 子句中查

询条件的前 n 条记录；如果满足查询条件的记录少于 n 条，那么返回所有满足查询条件的记录。

【例7-17】 查询 "Employee" 表中前 5 名员工的所有信息，查询结果如图 7.18 所示。

图 7.18　"Employee" 表中前 5 名员工的所有信息

SQL 语句如下：

```
select top 5 * from Employee
```

【例7-18】 查询 "Employee" 表中 Name、Sex、Age 字段的
前 3 条记录，查询结果如图 7.19 所示。

SQL 语句如下：

```
select top 3 Name,Sex,Age from Employee
```

图 7.19　"Employee" 表中 3 个字段的
前 3 条记录

7.3　数据汇总

7.3.1　使用聚合函数

SQL 提供了一组聚合函数，使用它们能够对整个数据集进行计算，将一组原始数据转换为有用的信息，以便用户使用。例如求成绩表中的总成绩、学生表中的学生平均年龄等。

SQL 的聚合函数及相关介绍如表 7.5 所示。

表 7.5　SQL 的聚合函数及相关介绍

聚合函数	支持的数据类型	功能描述
SUM()	数字	用于对指定字段中的所有非空值求和
AVG()	数字	用于对指定字段中的所有非空值求平均值
MIN()	数字、字符、日期	用于返回指定字段中的最小数字、最小的字符串和最早的日期时间
MAX()	数字、字符、日期	用于返回指定字段中的最大数字、最大的字符串和最近的日期时间
COUNT([DISTINCT] *)	任意基于记录的数据类型	用于统计结果集中全部记录的数量。最多可达 2147483647 条记录
COUNT_BIG([DISTINCT] *)	任意基于记录的数据类型	类似于 COUNT() 函数，但因其返回值为 bigint 数据类型，所以最多可以统计 $2^{63}-1$ 条记录

下面分别举例对部分聚合函数进行介绍。

例如，在"grade"表中求所有课程成绩的总和，SQL 语句如下：

```
use student
select  sum(课程成绩)   from  grade
```

例如，在"student"表中求所有学生的平均年龄，SQL 语句如下：

```
use student
select avg(年龄) from student
```

例如，在"student"表中查询最早出生的学生的信息，SQL 语句如下：

```
use student
select  min(出生日期)   from  student
```

例如，在"grade"表中查询课程成绩最高的学生的信息，SQL 语句如下：

```
use student
select max(课程成绩) from grade
```

例如，在"student"表中求女生的总人数，SQL 语句如下：

```
use student
select count(学生编号) from student where 性别='女'
```

使用 COUNT(*) 可以求整个表中所有的记录数。

例如，求"student"表中所有的记录数，SQL 语句如下：

```
use student
select  count(*)  from  student
```

7.3.2 使用 GROUP BY 子句

使用 GROUP BY 子句可以将表中的数据划分为不同的组，这样就可以控制想要查看的详细信息。例如，按照学生的性别、学期分组查看信息。

使用 GROUP BY 子句的注意事项如下。

（1）在 SELECT 子句（除了聚合函数）的字段列表中出现的字段一定要在 GROUP BY 子句中定义。如现有"GROUP BY A,B"语句，那么"SELECT SUM(A),C"语句就有问题，因为 C 未在 GROUP BY 子句中定义，但是"SUM(A)"语句是正确的。

（2）SELECT 子句的字段列表中不一定要有聚合函数，但至少要用到 GROUP BY 子句中的一个字段。如对于"GROUP BY A,B,C"语句来说，"SELECT A"语句是正确的。

（3）在 SQL Server 中，text、ntext（n）和 image 数据类型的字段不能作为 GROUP BY 子句的分组字段。

（4）GROUP BY 子句不能使用字段别名。

1. 按单个字段分组

使用 GROUP BY 子句可以基于指定的某一个字段的值将数据集划分为多个组，同一组内所有记录的分组属性具有相同值。

【例7-19】 使用 GROUP BY 子句按单个字段分组。

把 "student" 表按照 "性别" 字段进行分组，分组结果如图 7.20 所示。

SQL 语句如下：

图 7.20 "student" 表按照 "性别" 字段分组的结果

```
use student
select  性别
from  student
group  by 性别
```

2. 按多个字段分组

使用 GROUP BY 子句可以基于指定的多个字段的值将数据集划分为多个组。

【例7-20】 使用 GROUP BY 子句按多个字段分组。

在 "student" 表中按照 "性别" 和 "年龄" 字段进行分组，分组结果如图 7.21 所示。

SQL 语句如下：

	性别	年龄
1	男	20
2	男	23
3	女	20
4	女	22
5	女	23
6	女	25

图 7.21 "student" 表按多个字段分组的结果

```
use student
select 性别 , 年龄
from student
group by 性别 , 年龄
```

在 "student" 表中首先按照 "性别" 字段分组，然后按照 "年龄" 字段分组。

7.3.3 使用 HAVING 子句

分组之前的条件要用 WHERE 子句，而分组之后的条件要使用 HAVING 子句。

【例7-21】 使用 HAVING 子句进行分组查询。

在 "student" 表中先按 "性别" 字段分组求出平均年龄，然后筛选出平均年龄大于20岁的学生的信息。

SQL 语句如下：

```
use student
select  avg( 年龄 ), 性别
from student
group  by 性别
having avg( 年龄 )>20
```

分组查询结果如图 7.22 所示。

	[无列名]	性别
1	21	男
2	22	女

图 7.22　分组查询结果

7.4　基于多表的连接查询

7.4.1　连接谓词

JOIN 是一种将两个表连接在一起的连接谓词。连接条件可在 FROM 或 WHERE 子句中指定，但建议在 FROM 子句中指定连接条件。

7.4.2　以 JOIN 关键字指定的连接

使用 JOIN 关键字可以进行交叉连接、内连接和外连接。

1. 交叉连接

交叉连接是两个表的笛卡儿积的另一个名称。笛卡儿积就是两个表的交叉乘积，即两个表的记录进行交叉组合，如图 7.23 所示。

交叉连接的语法如下：

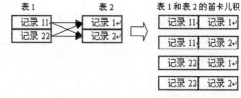

图 7.23　两个表的笛卡儿积示意图

```
SELECT fieldlist
FROM table1
cross JOIN table2
```

上述语法采用忽略 ON 条件的方法来创建交叉连接。

2. 内连接

内连接也叫连接，还被称为普通连接或自然连接。内连接用于从结果中删除被连接表中没有匹配记录的所有记录，所以内连接可能会造成信息丢失。

内连接的语法如下：

```
SELECT fieldlist
FROM table1 [INNER] JOIN table2
ON table1.column=table2.column
```

内连接用于将一个表中的记录和另外一个表中的记录进行匹配连接。表中的数据决定了如何对这些记录进行组合。从每一个表中选取一条记录。

3. 外连接

外连接扩充了内连接的功能，可以把内连接中会删除的原表中的一些记录保留下来。由于保留下来的记录不同，可以把外连接分为左外连接、右外连接和全外连接3种。

（1）左外连接。

使用左外连接可保留第1个表的所有记录，但只保留第2个表中与第1个表中的记录匹配的记录。第2个表中相应的空记录被设置为NULL。

左外连接的语法如下：

```
USE student
SELECT fieldlist
FROM table1 LEFT JOIN table2
ON table1.column= table2.column
```

【例7-22】使用LEFT JOIN...ON关键字进行左外连接。

对"student"表和"grade"表进行左外连接。表"student"中有不满足连接条件的记录。连接结果如图7.24所示。

	学号	姓名	性别	年龄	出生日期	联系方式	学号	课程代号	课程成绩	学期
1	B001	李艳丽	女	25	1998-02-25	13451	B001	K01	96.7	1
2	B002	聂乐乐	女	23	2000-04-12	23451	B002	K02	88.4	2
3	B003	触发器	男	23	2000-03-10	52345	B003	k03	90.3	1
4	B003	触发器	男	23	2000-01-08	52345	B003	K03	98.3	1
5	B004	王嘟嘟	女	22	2001-05-08	62345	B004	K04	87.9	2
6	B005	李羽凡	男	20	2003-02-08	23451	B005	K02	93.2	2
7	B006	刘月	女	20	2003-03-16	82345	NULL	NULL	NULL	NULL

图 7.24　"student"表和"grade"表进行左外连接的结果

SQL语句如下：

```
use  student
select  *
from student
left join  grade
on   student.学号 =grade.学号
```

（2）右外连接。

使用右外连接可保留第2个表的所有记录，但只保留第1个表中与第2个表中的记录匹配的记录。第1个表中相应的空记录被设置为NULL。

右外连接的语法如下：

```
USE student
SELECT fieldlist
```

```
FROM table1 RIGHT JOIN table2
ON table1.column=table2.column
```

【例7-23】 使用 RIGHT JOIN...ON 关键字进行右外连接。

对"grade"表和"course"表进行右外连接。第2个表("course"表)中有不满足连接条件的记录。连接结果如图 7.25 所示。

	学号	课程代号	课程成绩	学期	课程代号	课程名称	课程类别	课程内容
1	B001	K01	96.7	1	k01	喜爱的逻辑	艺术类	童年
2	B005	K02	93.2	2	k02	喜爱的逻辑	艺术类	童年2
3	B002	K02	88.4	2	k02	喜爱的逻辑	艺术类	童年2
4	B003	k03	90.3	1	k03	个人单曲	歌曲类	舞
5	B003	K03	98.3	1	k03	个人单曲	歌曲类	舞
6	B004	K04	87.9	2	k04	经典歌曲	歌曲类	冬天快乐
7	NULL	NULL	NULL	NULL	k06	数据结构	计算机类	查询

图 7.25　"grade"表和"course"表进行右外连接的结果

SQL 语句如下:

```
use student
select   *
from grade
right join  course
on  course. 课程代号 =grade. 课程代号
```

（3）全外连接。

使用全外连接可把两个表中的所有记录都显示在结果表中，并尽可能多地匹配数据和连接条件。

全外连接的语法如下:

```
USE student
SELECT fieldlist
FROM table1 FULL JOIN table2
ON table1.column=table2.column
```

【例7-24】 使用 JOIN 关键字进行全外连接。

对"grade"表和"course"表进行全外连接。两个表中都有不满足连接条件的记录。连接结果如图7.26所示。

	学号	课程代号	课程成绩	学期	课程代号	课程名称	课程类别	课程内容
1	B003	k03	90.3	1	k03	个人单曲	歌曲类	舞
2	B005	K02	93.2	2	k02	喜爱的逻辑	艺术类	童年2
3	NULL	NULL	NULL	NULL	NULL	NULL	NULL	NULL
4	B003	K03	98.3	1	k03	个人单曲	歌曲类	舞
5	B004	K04	87.9	2	k04	经典歌曲	歌曲类	冬天快乐
6	B002	K02	88.4	2	k02	喜爱的逻辑	艺术类	童年2
7	B001	K01	96.7	1	k01	喜爱的逻辑	艺术类	童年
8	NULL	NULL	NULL	NULL	k06	数据结构	计算机类	查询

图 7.26　"grade"表和"course"表进行全外连接的结果

SQL 语句如下：

```
use student
select  *  from
grade  full
join  course
on  course.课程代号 =grade.课程代号
```

7.5 嵌套查询

7.5.1 带 IN 或 NOT IN 的嵌套查询

1. 带 IN 的嵌套查询

带 IN 的嵌套查询的语法格式如下：

```
WHERE  查询表达式  IN( 子查询 )
```

一些嵌套在内层的子查询会返回一个值，也有一些子查询会返回一列值，即子查询不能返回几行几列的数据表。原因在于子查询的结果必须适合主查询的语句。当子查询会产生一系列值时，适合用带 IN 的嵌套查询。

把查询表达式中的数据和由子查询产生的一系列数据比较，如果查询表达式中的数据与子查询产生的一系列数据中的一个匹配，则返回 TRUE。

【例7-25】 使用带 IN 的嵌套查询来查询员工信息。查询结果如图 7.27 所示。

SQL 语句如下：

```
use db_supermarket
select  *
from  tb_basicMessage
where  id  in (select  hid  from  tb_contact )
```

子查询 "select hid from tb_contact" 的结果如图 7.28 所示。

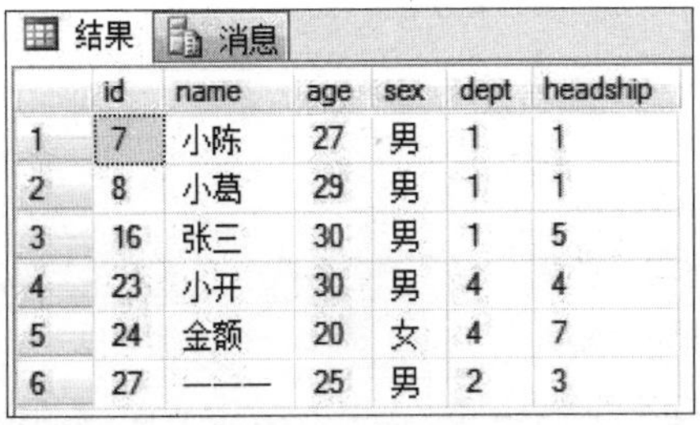

	id	name	age	sex	dept	headship
1	7	小陈	27	男	1	1
2	8	小葛	29	男	1	1
3	16	张三	30	男	1	5
4	23	小开	30	男	4	4
5	24	金额	20	女	4	7
6	27	——	25	男	2	3

图 7.27 查询到的员工信息

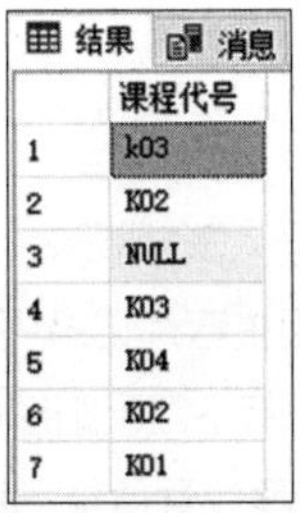

	课程代号
1	K03
2	K02
3	NULL
4	K03
5	K04
6	K02
7	K01

图 7.28 子查询的结果

143

通过子查询生成"tb_contact"表中"hid"字段的数值,WHERE 子句用于检查主查询记录中的值是否与子查询结果中的数值匹配,若匹配则返回 TRUE。

带 IN 的嵌套查询还可以是多个值的列表。

例如,查询年龄是 19 岁、21 岁、24 岁的学生的信息,SQL 语句如下:

```
use student
select *
from student
where  年龄  in(19,22,24)
```

2. 带 NOT IN 的嵌套查询

带 NOT IN 和带 IN 的嵌套查询类似,带 NOT IN 的嵌套查询的语法格式如下:

```
WHERE  查询表达式  NOT  IN(子查询)
```

当子查询结果中存在 NULL 时,应避免使用 NOT IN。因为当子查询的结果是包括 NULL 的列表时,系统会把 NULL 当成一个未知数据,不会存在查询值,也不在列表中的情况。

【例7-26】 使用带 NOT IN 的嵌套查询。

在"course"表和"grade"表中查询没有学生参加考试的课程的信息。查询结果如图 7.29 所示。

SQL 语句如下:

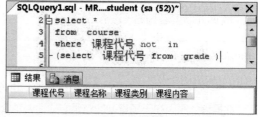

图 7.29　查询没有学生参加考试的课程的信息

```
use student
select *
from  course
where  课程代号 not  in
(select  课程代号 from  grade )
```

由于子查询的结果包括 NULL,NULL 是未知数据,与任何数据都匹配,所以最终的查询结果只有 NULL。正确的查询的 SQL 语句如下:

```
use student
select  *
from  course
where  课程代号  not  in
(select  课程代号  from  grade  where 课程代号 is not null )
```

查询结果如图 7.30 所示。

查询过程:用主查询记录中课程代号的值与子查询结果中的值比较,若不匹配则返回 TRUE;因为主查询记录中"k06"的课程代号值与子查询结果的数据不匹配,

	课程代号	课程名称	课程类别	课程内容
1	k06	数据结构	计算机类	查询

图 7.30　查询结果

返回 TRUE，所以查询结果显示课程代号为"k06"的课程信息。

7.5.2 带比较运算符的嵌套查询

嵌套在内层的子查询通常作为查询条件的一部分呈现在 WHERE 子句或 HAVING 子句中。例如，把一个表达式的值和由子查询生成的值相比较，类似于简单的比较测试。

子查询中常用的比较运算符：=、< >、<、>、<=、>=。在子查询比较测试中，把一个表达式的值和由子查询产生的值进行比较，这时子查询只能返回一个值，否则错误。最后返回比较结果为 TRUE 的记录。

【例7-27】 使用比较运算符进行嵌套查询。

在"student"表中，查询课程成绩大于 98 分的学生的信息。查询结果如图 7.31 所示。

	学号	姓名	性别	年龄	出生日期	联系方式
1	B003	刘大伟	男	23	1986-01-01	52345

图 7.31 课程成绩大于 98 分的学生的信息

SQL 语句如下：

```
use  student
select  *
from  student
where 学号 = ( select 学号 from  grade where 课程成绩 >98 )
```

子查询"select 学号 from grade where 课程成绩 >98"的查询结果是"B003"，仅有这一个值。

子查询的执行过程如下。

（1）执行子查询语句，从"grade"表中查询出课程成绩大于 98 的学生的学号为"B003"。

（2）把子查询的结果和主查询的学号值进行比较，从"student"表中查询出学号是"B003"的学生的信息。

7.5.3 带 SOME 的嵌套查询

SQL 支持 3 种定量比较谓词：SOME、ANY 和 ALL。它们可用于判断是否有部分返回值或全部返回值满足查询条件。其中，SOME 和 ANY 谓词只注重是否有返回值满足查询条件。这两种谓词含义相同，可以替换使用。

【例7-28】 在"Student"表中查询年龄小于平均年龄的所有学生的信息。

SQL 语句如下：

```
select * from Student
where Sage < some
(select AVG(Sage) from Student)
```

查询结果如图 7.32 所示。

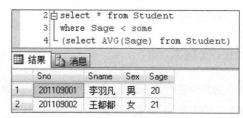

图 7.32　查询结果

7.5.4　带 ANY 的嵌套查询

ANY 属于 SQL 支持的比较谓词，且和 SOME 完全等价，即能用 SOME 的地方也可以使用 ANY。

【例7-29】 在"Student"表中查询年龄大于平均年龄的学生的信息，查询结果如图 7.33 所示。

SQL 语句如下：

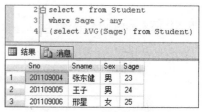

图 7.33　年龄大于平均年龄的学生的信息

```
select * from Student
where Sage > any
(select AVG(Sage) from Student)
```

【例7-30】 在"Student"表中查询年龄不等于平均年龄的学生的信息，查询结果如图 7.34 所示。

SQL 语句如下：

```
select * from Student
where Sage <> any
(select AVG(Sage) from Student)
```

图 7.34　年龄不等于平均年龄的学生的信息

7.5.5　带 ALL 的嵌套查询

ALL 比较谓词的使用方法和 ANY、SOME 比较谓词的一样，也是把字段值与子查询结果中的值进行比较，但是它不要求任意结果值的字段值为真，而是要求所有字段的查询结果都为真，否则就不返回记录。

【例7-31】 在"SC"表中，查询 Grade 值没有大于 90 的 Cno 的详细信息，查询结果如图 7.35 所示。

SQL 语句如下：

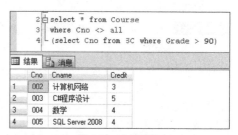

```
select * from Course
where Cno <> all
(select Cno from SC where Grade > 90)
```

图 7.35　查询结果

7.5.6 带 EXISTS 的嵌套查询

EXISTS 谓词只注重子查询是否返回记录。如果子查询返回一条或多条记录，则谓词评价为"真"，否则为"假"。EXISTS 查询条件并不真正地使用子查询的结果，它仅仅测试子查询是否产生了结果。

【例7-32】使用带 EXISTS 的嵌套查询进行员工信息查询。

在"tb_basicMessage"和"tb_contact"表中，查询员工信息。用 EXISTS 完成嵌套查询，查询结果如图 7.36 所示。

	id	name	age	sex	dept	headship
1	7	小陈	27	男	1	1
2	8	小葛	29	男	1	1
3	16	张三	30	男	1	5
4	23	小开	30	男	4	4
5	24	金额	20	女	4	7
6	27	——	25	男	2	3

图 7.36　员工信息查询结果

SQL 语句如下：

```
use db_supermarket
select *
from tb_basicMessage
where  exists
(select  contact  from  tb_contact where tb_basicMessage.id=tb_contact.hid )
```

子查询的 SELECT 子句中可使用单个字段名，也可使用多个字段名。EXISTS 谓词只注重是否返回记录，而不注重记录的内容。用户可以指定任何字段名或者只使用一个星号。

例如，上述 SQL 语句和下面的 SQL 语句是等价的。

```
use db_supermarket
select * from tb_basicMessage where exists (select * from tb_
contact where tb_basicMessage.id=tb_contact.hid )
```

NOT EXISTS 的作用与 EXISTS 的相反。如果子查询没有返回记录，则满足 NOT EXISTS 中的 WHERE 子句。

【例7-33】使用 NOT EXISTS 进行查询。

查询没参加考试的学生的信息。查询结果如图 7.37 所示。

	学号	姓名	性别	年龄	出生日期	联系方式
1	B006	刘月	女	20	1986-01-03	82345

图 7.37　没参加考试的学生的信息

SQL 语句如下：

```
use student
select  *
from  student
where  not exists
(select  *  from  grade  where  student.学号=grade.学号 )
```

7.6 使用 UNION 合并多个查询结果

表的合并操作是指将两个表的行合并到一个表中，且不需要对这些行做任何更改。

在进行合并查询时必须遵循以下几条规则。

（1）两个 SELECT 语句中选择列表中的列的数目必须一样，而且对应位置上的列的数据类型必须相同或者可兼容。

（2）列的名字或者别名是由第一个 SELECT 语句的选择列表决定的。

（3）可以为每个 SELECT 语句都增加一个表示行的数据来源的表达式。

（4）可以将合并操作语句作为 SELECT INTO 语句的一部分使用，但是 INTO 关键字必须放在第一个 SELECT 语句中。

（5）SELECT 语句在默认情况下不会去掉重复行，除非明确地为它指定 DISTINCT 关键字，合并操作却与之相反。在默认情况下，合并操作会去掉重复的行；如果希望返回重复的行，就必须明确地指定 ALL 关键字。

（6）用于对所有合并操作结果进行排序的 ORDER BY 语句，必须放到最后一个 SELECT 语句后面，但它使用的排序列名必须是第一个 SELECT 语句中选择列表中的列名。

7.6.1 合并与连接的区别

合并操作与连接操作相似，因为它们都可以将两个表合并起来形成另一个表。然而，它们有本质上的不同，两个操作的结果表的结构如图 7.38 所示。

在图 7.38 中，A 和 B 分别代表两个数据源表。

合并和连接的具体区别如下。

（1）在合并操作中，两个表中列的数量与数据类型必须相同；在连接操作中，一个表的行可能与另一个表的行有很大区别，结果表的列可能来自第一个表、第二个表或两个表。

（2）在合并操作中，行的最大数量是两个表中行的数量的和；在连接操作中，行的最大数量是两个表中行的数量的乘积。

【例7-34】 把"select Cno,Cname from Course"和"select Sname,Sex from Student"的查询结果合并。SQL 合并结果如图 7.39 所示。

SQL 语句如下：

```
select Cno,Cname  from  Course
union
select  Sname,Sex  from  Student
```

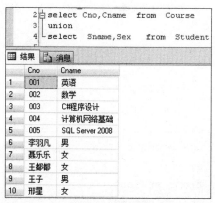

图 7.39　合并结果

7.6.2 使用 UNION ALL 合并表

使用 UNION 加上关键字 ALL，能实现不删除重复行也不对行进行自动排序。ALL 关键字需要的计算资源少，所以应尽可能使用它，尤其是在处理大型表的时候。在下列情况中应该使用 UNION ALL。

（1）知道有重复行并想保留这些行。

（2）知道不可能有任何重复的行。

（3）不在乎是否有任何重复的行。

【例7-35】 用 UNION ALL 把 "select *from Student where Sage > 20" 和 "select *from Student where Sex ='男'" 的查询结果合并。合并结果如图 7.40 所示。

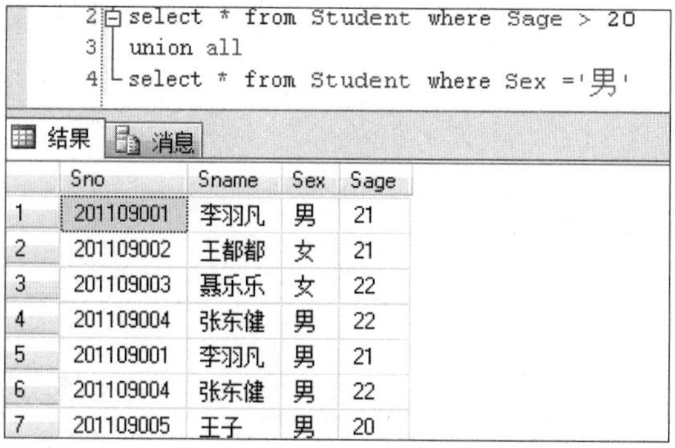

图 7.40　用 UNION ALL 合并查询结果

SQL 语句如下：

```
select *from Student where Sage > 20
union all
select *from Student where Sex ='男'
```

7.6.3 合并表中的 ORDER BY 子句

在合并表时只能使用一个 ORDER BY 子句，并且必须将它放置在语句的末尾。它在两个 SELECT 语句中都提供了用于合并所有行的排序。下面列出了 ORDER BY 子句可以使用的排序依据。

（1）来自第一个 SELECT 语句的列别名。

（2）合并表中列的位置的编号。

> 💡 说明
> 这两种排序依据更常用、更容易理解。

【例7-36】 把 "select Sname,Sage from Student where Sex = '男'" 和 "select Cname,Credit from Course order by Sage asc" 的查询结果合并。合并结果如图 7.41 所示。

```
2  select Sname,Sage from Student
3  where Sex = '男'
4  union all
5  select Cname,Credit from Course
6  order by Sage asc
```

	Sname	Sage
1	数学	3
2	计算机网络基础	4
3	SQL Server 2008	4
4	C#程序设计	5
5	英语	5
6	王子	20
7	李羽凡	21
8	张东健	22

图 7.41　合并结果 1

SQL 语句如下：

```
select Sname,Sage from Student
where Sex = '男'
union all
select Cname,Credit from Course
order by Sage asc
```

7.6.4　合并表中的自动数据类型转换

在合并表时，两个表中对应的每个列的数据类型不是必须相同的，只要数据类型兼容就可以。

假设要合并的两个表中第一列的数据类型都是文本类型，但长度不一致。当合并表时，使字符长度较短的列的长度等于字符长度较长的列的长度，这样长度较长的列不会丢失任何数据。

假设要合并的两个表中第一列的数据类型都是数值类型，但长度不同，当合并表时，所有数字都保持其允许的长度来消除它们数据类型的差别。

因为上述都是自动数据类型转换，所以任何两个文本列都是兼容的，任何两个数字列也都是兼容的。

【例7-37】 把 "select Sno,Sage from Student" 和 "select Cno,Grade from Sc" 的查询结果合并。其中，"Sage"列的数据类型是整型，"Grade"列的数据类型是单精度浮点型。合并结果如图 7.42 所示。

SQL 语句如下：

```
select Sno,Sage from Student
union all
select Cno,Grade from Sc
```

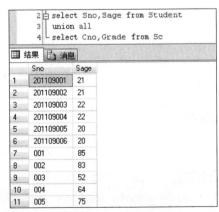

```
2  select Sno,Sage from Student
3  union all
4  select Cno,Grade from Sc
```

	Sno	Sage
1	201109001	21
2	201109002	21
3	201109003	22
4	201109004	22
5	201109005	20
6	201109006	20
7	001	85
8	002	83
9	003	52
10	004	64
11	005	75

图 7.42　合并结果 2

7.6.5 使用 UNION 合并不同数据类型的数据

当合并表时，两个表中对应的列即使数据类型不一致也能合并，这时需要借助数据类型转换函数。

当要合并的两个表中对应的列的数据类型不一致时，例如，一个是数值型，另一个是字符型，如果将数值型转换成字符型，就可以合并这两个表。

【例7-38】 把 "select Sname,Sex from Student" 和 "select Cname,str(Credit) from Course" 的查询结果合并，并把整型的 Grade 列转换成字符型的。合并结果如图 7.43 所示。

SQL 语句如下：

图 7.43　不同数据类型的数据的合并结果

```
select Sname,Sex from Student
union all
select Cname,str(Credit) from Course
```

在上面的语句中，STR（）函数用于返回由整型数据转换来的字符型数据。

STR（）函数的语法如下：

```
STR( float_expression [ , length [ , decimal ] ] )
```

参数说明如下。

- ⊘ float_expression：float 类型（浮点型）的表达式。
- ⊘ length：float 数据的总长度，包括小数点、符号、数字及空格；默认值为 10。
- ⊘ decimal：小数点后的位数；decimal 必须小于或等于 16，如果 decimal 大于 16，则会截断超出的部分，使小数点后具有 16 位数字。

7.6.6 使用 UNION 合并有不同列数的两个表

当要合并的两个表的列数不同时，只要向其中一个表中添加列，使两个表的列数相同即可。

【例7-39】 把 "select Sname,Sex,Sage from Student" 和 "select Cno,Cname,NULL from Course" 的查询结果合并，并将 NULL 添加到 "Course" 表中，合并结果如图 7.44 所示。

SQL 语句如下：

图 7.44　具有不同列数的两个表的合并结果

```
select  Sname,Sex,Sage from Student
union all
select  Cno,Cname,NULL from Course
```

7.6.7 使用 UNION 进行多表合并

可以对很多表进行合并，参与合并的表可达 10 多个。在合并时仍要遵循合并表的规则。

【例7-40】合并"Student""Course""SC"这3个表，从"Student"表中查询 Sname、Sex 的数据，从"Course"表中查询 Cno、Cname 的数据，从"SC"表中查询 Sno、Cno 的数据，并把所有的查询结果合并，合并结果如图 7.45 所示。

SQL 语句如下：

```
select Sname,Sex from Student
union
select Cno,Cname  from Course
union
select Sno,Cno from SC
```

图 7.45 多表合并结果

7.7 使用 CASE 语句进行查询

CASE 语句用于计算条件表达式的值并返回相应的结果。

CASE 语句具有以下两种格式。

☑ 简单 CASE 语句用于将某个表达式与一组简单表达式进行比较以确定结果。

☑ CASE 搜索语句用于计算一组布尔表达式以确定结果。

两种格式都支持可选的 ELSE 子句。

简单 CASE 语句的语法如下：

```
CASE input_expression
    WHEN when_expression THEN result_expression
    [ ...n ]
    [
    ELSE else_result_expression
    ]
END
```

CASE 搜索语句的语法如下：

```
CASE
    WHEN Boolean_expression THEN result_expression
    [ ...n ]
    [
```

```
    ELSE else_result_expression
        ]
END
```

CASE 语句的参数及说明如表 7.6 所示。

表 7.6 CASE 语句的参数及说明

参数	说明
input_expression	使用简单 CASE 语句时要计算的表达式，是任何有效的 SQL Server 表达式
WHEN when_expression	when_expression 是使用简单 CASE 语句时与 input_expression 进行比较的简单表达式，是任意有效的 SQL Server 表达式。input_expression 和 when_expression 的数据类型必须相同，或者两者的数据类型可隐式转换
n	占位符，表明可以使用多个 WHEN when_expression THEN result_expression 子句或 WHEN Boolean_expression THEN result_expression 子句
THEN result_expression	当 input_expression = when_expression 的值为 TRUE，或者 Boolean_expression 的值为 TRUE 时返回的表达式。result_expression 是任意有效的 SQL Server 表达式
ELSE else_result_ expression	当比较运算的值不为 TRUE 时返回的表达式。如果省略此参数并且比较运算的值不为 TRUE，CASE 语句将返回 NULL。else_result_expression 是任意有效的 SQL Server 表达式。else_result_expression 和 result_expression 的数据类型必须相同，或者两者的数据类型可隐式转换
WHEN Boolean_ expression	使用 CASE 搜索语句时要计算的布尔表达式。Boolean_expression 是任意有效的布尔表达式

在 SELECT 语句中，简单 CASE 语句仅用于检查给定列的数据是否等于 WHEN 中的值，而不进行其他比较。下面使用 CASE 语句更改产品系列类别的显示，以使这些类别更易理解，SQL 语句如下：

```
select   ProductNumber, Category =
    case ProductLine
        when 'R' then 'Road'
        when 'M' then 'Mountain'
        when 'T' then 'Touring'
        when 'S' then 'Other sale items'
        else 'Not for sale'
    end,
    Name
from Production.Product
order by ProductNumber;
```

【例7-41】 在"SC"表中，查询每个学生的 Sno 和 Cno 数据，如果 Grade 的值大于或等于 90 显示"优秀"，大于或等于 80 且小于 90 显示"良好"，大于或等于 70 且小于 80 显示"中等"，大于或等于 60 且小

于 70 显示"及格",否则显示"不及格",代码执行结果
如图 7.46 所示。

SQL 语句如下:

```
select Sno,Cno,
等级 =case
when Grade >= 90 then '优秀'
when Grade >= 80 and Grade < 90 then '良好'
when Grade >= 70 and Grade < 80 then '中等'
when Grade >= 60 and Grade < 70 then '及格'
else '不及格'
end
from SC
```

图 7.46　代码执行结果

【例7-42】 使用 CASE 语句更新"Student"表中的学生
信息,将所有男生的年龄减 1,所有女生的年龄加 1。

SQL 语句如下:

```
update Student
set Sage=
case when Sex= '男' then Sage - 1
when Sex = '女' then Sage + 1
end
```

7.8　小结

本章介绍了如何在 SQL Server 中编写、测试和执行 SQL 语句。在学习本章后,读者应熟练掌握
选择查询、分组查询、嵌套查询的使用方法,能根据实际的要求编写 SQL 查询语句。

索引与数据完整性

本章主要介绍索引与数据完整性，主要包括索引的概念、索引的创建、索引的删除、索引的分析与维护、实体完整性、域完整性和引用完整性等相关内容。通过对本章的学习，读者应掌握创建和删除索引的方法，能够使用索引优化数据库查询功能，了解数据完整性。

通过阅读本章，您可以：

- ⊘ 熟悉索引的基本概念及分类；
- ⊘ 了解索引的优缺点；
- ⊘ 掌握如何创建、删除索引；
- ⊘ 掌握索引的分析与维护方法；
- ⊘ 掌握如何使用数据库进行全文索引；
- ⊘ 熟悉全文目录的创建与删除方法；
- ⊘ 熟悉数据完整性。

8.1 索引

8.1.1 索引的概念

索引是对数据库表中一个或多个列的值进行排序的结构。索引是数据库中一个非常有用的对象，具有在表中快速查询特定行的能力。在表中索引的支持下，SQL Server 查询优化器可以找出并使用正确的索引来优化对数据的访问。如果没有索引，查询优化器只能对表中的数据进行全部扫描以找出需要的数据行。

8.1.2　索引的优缺点

索引是与表或视图关联的磁盘上的结构，可以加快从表或视图中检索行的速度。下面将介绍索引的优缺点。

1. 索引的优点

索引具有以下优点。

- ☑ 创建唯一索引可保证数据表中每一行数据的唯一性。
- ☑ 可大大加快数据的检索速度，这也是创建索引的最主要的目的之一。
- ☑ 可加速表与表之间的连接，在实现数据的参考完整性方面特别有意义。
- ☑ 在使用分组和排序子句进行数据检索时，可以减少分组和排序的时间。
- ☑ 通过索引可以在查询的过程中使用优化隐藏器，从而提高系统的性能。

2. 索引的缺点

索引具有以下缺点。

- ☑ 创建索引和维护索引要耗费时间，耗费的时间随着数据量的增加而增加。
- ☑ 索引需要占用物理空间，如果要创建聚集索引，那么需要的空间就会更大。
- ☑ 当对表中的数据进行增加、删除和修改时，也要对索引进行动态维护，这样降低了数据的维护速度。

8.1.3　索引的分类

SQL Server 中提供的索引主要有以下几类：聚集索引、非聚集索引、唯一索引、包含性列索引、索引视图、全文索引、空间索引、筛选索引和 XML 索引。

按照存储结构的不同，可以将索引分为两类：聚集索引和非聚集索引。

1. 聚集索引

聚集索引根据数据行的键值在表或视图中对这些数据行进行对排序和存储。索引定义中包含聚集索引列。每个表只能有一个聚集索引，因为数据行本身只能按一种顺序排列。

只有当表包含聚集索引时，表中的数据行才能按排序顺序存储。如果表具有聚集索引，则该表称为聚集表。如果表没有聚集索引，则表中的数据行存储在一个称为堆的无序结构中。

除了个别表之外，每个表都应该有聚集索引。聚集索引除了可以提高查询性能之外，还可以按需重新生成或重新组织来控制表碎片。

聚集索引可按下列方式实现。

- ☑ 使用主键约束或唯一约束。在创建主键约束时，如果表中不存在聚集索引且未指定唯一非聚集索引，则将自动对一列或多列创建唯一聚集索引。主键列不允许出现空值。在创建唯一约束时，默认情况下将创建唯一非聚集索引，以便强制唯一约束。如果表中不存在聚集索引，则可以指定唯一聚集索引。
- ☑ 使用独立于约束的索引。在指定非聚集主键约束后，可以对非主键列创建聚集索引。
- ☑ 使用索引视图。若要创建索引视图，需对一个或多个视图列定义唯一聚集索引。视图将具体化，并且结果集存储在该索引的页级别中，其存储方式与表数据在聚集索引中的存储方式相同。

2. 非聚集索引

非聚集索引具有独立于数据行的结构。非聚集索引包含非聚集索引键值，并且每个键值项都有指向包含该键值的数据行的指针。

从非聚集索引中的索引行指向数据行的指针称为行定位器。行定位器的结构取决于数据页是存储在堆中还是存储在聚集表中。对于堆，行定位器是指向行的指针。对于聚集表，行定位器是聚集索引键。

下面以图 8.1 所示为例对非聚集索引的结构进行详细说明。图 8.1（a）中的数据是图 8.1（b）中的数据按顺序存储的。为图 8.1（a）中的"地址代码"列创建索引，"指针地址"列表示每条记录在表中的存储位置，当查询地址代码为"01"的信息时，先在索引表中查找地址代码"01"，然后根据索引表中的指针地址（在这里指针地址为"2"）找到相应的（第 2 条）记录，这样就加快了查询速度。

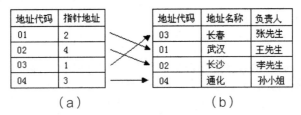

图 8.1 非聚集索引结构

8.1.4 索引的创建

1. 使用企业管理器创建索引

使用企业管理器创建索引的操作步骤如下。

（1）启动 SQL Server Management Studio，并连接到 SQL Server 数据库。

（2）在"对象资源管理器"面板中展开"db_mrkj"—"dbo.Employee"节点，用鼠标右键单击"索引"选项，在弹出的快捷菜单中选择"新建索引"—"非聚集索引"命令，如图 8.2 所示。弹出"新建索引"窗口，如图 8.3 所示。

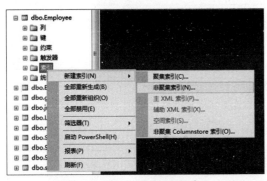

图 8.2 选择"非聚集索引"命令

图 8.3 "新建索引"窗口

（3）在"新建索引"窗口中单击"添加"按钮，弹出"从'dbo.Employee'中选择列"窗口，在该窗口中选择要添加到索引中的列，如图 8.4 所示。

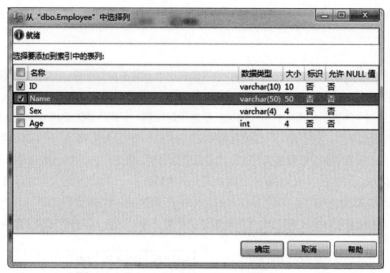

图 8.4　选择要添加到索引中的列

（4）单击"确定"按钮，返回到"新建索引"窗口。在"新建索引"窗口中，单击"确定"按钮，便完成了索引的创建，如图 8.5 所示。

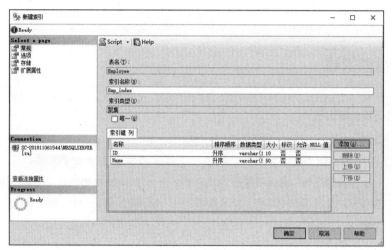

图 8.5　单击"确定"按钮

2. 使用 T-SQL 语句创建索引

使用 CREATE INDEX 语句可以为给定表或视图创建一个改变物理顺序的聚集索引，也可以创建一个具有查询功能的非聚集索引。

CREATE INDEX 语句的语法如下：

```
CREATE [ UNIQUE ] [ CLUSTERED | NONCLUSTERED ] INDEX index_name
    ON { table | view } ( column [ ASC | DESC ] [ ,...n ] )
[ WITH < index_option > [ ,...n] ]
[ ON filegroup ]
< index_option > ::=
```

```
{ PAD_INDEX |
    FILLFACTOR = fillfactor |
    IGNORE_DUP_KEY |
    DROP_EXISTING |
  STATISTICS_NORECOMPUTE |
  SORT_IN_TEMPDB
}
```

CREATE INDEX 语句的参数及说明如表 8.1 所示。

表 8.1　CREATE INDEX 语句的参数及说明

参数	说明
[UNIQUE][CLUSTERED|NONCLUSTERED]	用于指定要创建的索引的类型，参数依次为唯一索引、聚集索引和非聚集索引。当省略 UNIQUE 参数时，创建非唯一索引；省略 CLUSTERED|NONCLUSTERED 参数时，创建聚集索引；省略 NONCLUSTERED 参数时，创建唯一聚集索引
index_name	索引名。索引名在表或视图中必须是唯一的，但在数据库中不必是唯一的。索引名必须遵循标识符命名规范
table	包含要创建索引的列的表。可以选择是否指定数据库和表所有者
column	要应用索引的列。指定两个或多个列名，可为指定列的组合值创建组合索引
[ASC | DESC]	用于确定具体某个索引列的升序或降序排列方向。默认设置为 ASC（升序）
ON filegroup	用于在给定的文件组上创建指定的索引。该文件组必须已创建
PAD_INDEX	用于指定索引中间级中每个页（节点）上保持开放的空间
FILLFACTOR	用于指定在 SQL Server 创建索引的过程中，各索引页的填充程度
IGNORE_DUP_KEY	用于控制向唯一聚集索引的列插入重复的键值时发生的情况。如果为索引指定了 IGNORE_DUP_KEY，并且执行了创建重复键值的 INSERT 语句，SQL Server 将发出警告消息并忽略重复的行
DROP_EXISTING	用于指定应删除并重建已命名的先前存在的聚集索引或非聚集索引
SORT_IN_TEMPDB	用来指定用于生成索引的中间排序结果存储在"tempdb"数据库中

【例8-1】 为"tb_basicMessage"表创建非聚集索引。SQL 语句如下：

```
use db_supermarket
create  index IX_sup_id
on tb_basicMessage (id)
```

【例8-2】 为"Student"表的"Sno"列创建唯一聚集索引。SQL 语句如下：

```
use db_mrkj
create unique clustered inedx  IX_Stu_Sno1
on Student (Sno)
```

【例8-3】 在【例8-2】基础上再为"Student"表的"Sno"列创建一个索引。SQL 语句如下：

```
use db_mrkj
create index IX_Stu_Sno2
on Student (Sno,Sname DESC)
```

虽然使用索引可以提高系统的性能，加快数据的检索速度，但索引需要占用大量的物理存储空间。创建索引的一般原则如下。

（1）只有表的所有者可以在表中创建索引。

（2）每个表中只能创建一个聚集索引。

（3）每个表中最多可以创建 249 个非聚集索引。

（4）可为经常查询的字段上创建索引。

（5）不要为 text、image 和 bit 数据类型的列创建索引。

（6）可为外键列创建索引。

（7）一定要为主键列创建索引。

（8）不要为重复值比较多、查询较少的列创建索引。

8.1.5　索引的删除

删除不需要的索引，可以回收索引当前使用的磁盘空间，避免不必要的浪费。下面分别介绍使用 SQL Server Management Studio 和 T-SQL 语句删除索引的方法。

1. 使用 SQL Server Management Studio 删除索引

使用 SQL Server Management Studio 删除索引非常简单，只需在 SQL Server Management Studio 中使用鼠标右键单击想要删除的索引，在弹出的快捷菜单中选择"删除"命令即可，如图 8.6 所示。

图 8.6 选择"删除"命令

> ⚡注意
>
> 在删除视图或表时，将自动删除为视图或表创建的索引。

2. 使用 T-SQL 语句删除索引

使用 T-SQL 中的 DROP INDEX 语句可删除索引，其语法如下：

```
DROP INDEX <table_name>.<index_name>
```

参数说明如下。

- ☑ table_name：要删除索引的表的名称。
- ☑ ndex_name：要删除的索引的名称。

【例8-4】删除"tb_basicMessage"表中的"IX_sup_id"索引，SQL 语句如下：

```
use db_supermarket
-- 判断表中是否有要删除的索引
if exists (select * from sysindexes where name=' IX_sup_id ')
drop Index tb_basicMessage.IX_sup_id
```

8.1.6 索引的分析与维护

1. 索引的分析

（1）使用 SHOWPLAN 语句可显示查询语句的执行信息，包含查询过程中连接表时的每个步骤及选择的索引。

SHOWPLAN 语句的语法如下：

```
SET SHOWPLAN_ALL { ON | OFF }
SET SHOWPLAN_TEXT { ON | OFF }
```

参数说明如下。

✅ ON：用于显示查询语句的执行信息。

✅ OFF：用于不显示查询语句的执行信息（系统默认值）。

【例8-5】 在"db_mrkj"数据库中的"Student"表中查询所有性别为男且年龄大于23岁的学生的信息，SQL 语句如下：

```
use db_mrkj
go
set showplan_all on
go
select Sname,Sex,Sage from Student where Sex='男' and Sage >23
go
set showplan_all off
go
```

（2）使用 STATISTICS IO 语句可显示执行查询语句所花费的磁盘活动量信息，可以利用这些信息来确定是否需要重新设计索引。

STATISTICS IO 语句的语法如下：

```
SET STATISTICS IO  {ON|OFF}
```

参数说明如下。

✅ ON：用于显示信息。

✅ OFF：用于不显示信息（系统默认值）。

【例8-6】 在"db_mrkj"数据库中的"Student"表中查询所有性别为男且年龄大于20岁的学生的信息，并显示查询处理过程中磁盘活动的统计信息，SQL 语句如下：

```
use db_mrkj
go
set statistics io on
go
select Sname,Sex,Sage from Student where Sex='男' and Sage >20
go
set statistics io off
go
```

2. 索引的维护

（1）使用 DBCC SHOWCONTIG 语句可显示指定表的数据和索引的碎片信息。当对表进行大量的修改或添加数据的操作后，应该执行此语句来查看有无碎片。

DBCC SHOWCONTIG 语句的语法如下：

```
DBCC SHOWCONTIG  [{ table_name | table_id | view_name |
    view_id }, index_name | index_id ] ) ]
```

参数说明如下。

- ✅ table_name | table_id | view_name | view_id：要对碎片信息进行检查的表或视图。如果未指定任何名称，则对当前数据库中的所有表和视图进行检查。当执行 DBCC SHOWCONTIG 语句后，可以重点看扫描密度，其理想值为 100%，如果小于 100%，则表示已有碎片。
- ✅ index_name | index_id：要对碎片信息进行检查的索引。如果未指定该参数，则 DBCC SHOWCONTIG 语句对指定表或视图的基索引进行处理。

【例8-7】显示"db_mrkj"数据库中"Student"表的碎片信息，SQL 语句如下：

```
use db_mrkj
go
dbcc showcontig(Student) with fast
go
```

运行结果如图 8.7 所示。

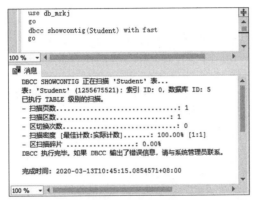

图 8.7　运行结果

💡 说明

当扫描密度为 100% 时，说明无碎片信息。

（2）使用 DBCC DBREINDEX 语句可重建指定数据库中的表的一个或多个索引。

DBCC DBREINDEX 语句的语法如下：

```
DBCC DBREINDEX
    (    [ 'database.owner.table_name'
    [ , index_name
        [ , fillfactor ]
    ]
        ]
    )    [ WITH NO_INFOMSGS ]
```

参数说明如下。

- ✅ database.owner.table_name：要重新创建索引的表名。数据库、所有者和表名必须符合标识符的命名规范。如果提供 database（数据库名）或 owner（所有者）部分，则必须使用半角的单引号（'）将整个 database.owner.table_name 引起来。如果只指定 table_name，则不需要使用单引号。

- ⊘ index_name：要重建的索引名。索引名必须符合标识符的命名规范。如果未指定 index_name 或指定 index_name 为空（''），就会对表的所有索引进行重建。

- ⊘ fillfactor：创建索引时每个索引页上要用于存储数据的空间百分比。fillfactor 替换起始填充因子以作为索引或任何其他重建的非聚集索引（因为已重建聚集索引）的新默认值。如果 fillfactor 的值为 0，在使用 DBCC DBREINDEX 语句创建索引时将使用指定的起始 fillfactor。

- ⊘ WITH NO_INFOMSGS：用于禁止显示所有信息性消息（级别为 0 ~ 10）。

【例8-8】使用填充因子100重建"db_mrkj"数据库中"Student"表的"MR_Stu_Sno"聚集索引，SQL 语句如下：

```
use db_mrkj
go
dbcc dbreindex('db_mrkj.dbo.Student',MR_Stu_Sno, 100)
go
```

（3）使用 DBCC INDEXDEFRAG 语句可整理指定的表或视图的聚集索引和辅助索引碎片。

DBCC INDEXDEFRAG 语句的语法如下：

```
DBCC INDEXDEFRAG
    ( { database_name | database_id | 0 }
        , { table_name | table_id | 'view_name' | view_id }
        , { index_name | index_id }
    )       [ WITH NO_INFOMSGS ]
```

参数说明如下。

- ⊘ database_name | database_id | 0：要对索引进行碎片整理的数据库。如果将该参数指定为 0，则对当前数据库的索引进行碎片整理。

- ⊘ table_name | table_id | 'view_name' | view_id：要对索引进行碎片整理的表或视图。

- ⊘ index_name | index_id：要进行碎片整理的索引。

- ⊘ WITH NO_INFOMSGS：用于禁止显示所有信息性消息（级别为 0 ~ 10）。

【例8-9】清除数据库"db_mrkj"中"Student"表的"MR_Stu_Sno"索引的碎片，SQL 语句如下：

```
use db_mrkj
go
dbcc indexdefrag (db_mrkj,Student,MR_Stu_Sno)
go
```

8.2 全文索引

全文索引是一种特殊类型的、基于标记的功能性索引，它是由 SQL Server 全文引擎生成和维护的。生成全文索引的过程不同于生成其他类型的索引的过程。全文引擎并非基于特定行中存储的值来构造 B 树结构，而是基于要创建索引的文本中的各个标记来生成倒排、堆积且压缩的索引结构。

8.2.1 使用可视化管理工具启用全文索引

使用可视化管理工具启用全文索引的操作步骤如下。

（1）启动 SQL Server Management Studio，并连接到 SQL Server 数据库服务器。

（2）在"对象资源管理器"面板中用鼠标右键单击要创建索引的表，在弹出的快捷菜单中选择"全文索引"—"定义全文索引"命令，如图 8.8 所示。

图 8.8 选择"定义全文索引"命令

（3）打开"全文索引向导"窗口，如图 8.9 所示。

图 8.9 "全文索引向导"窗口

（4）单击"下一步"按钮，在"选择索引"界面的"唯一索引"下拉列表中选择"PK_Student"，如图 8.10 所示。

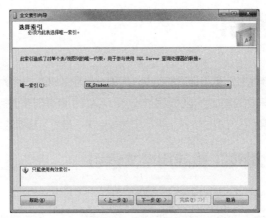

图 8.10　选择唯一索引

（5）单击"下一步"按钮，在"选择表列"界面中选中需要的列对应的复选框，如图 8.11 所示。

图 8.11　选择表列

（6）单击"下一步"按钮，在"选择更改跟踪"界面选中"自动"单选项，如图 8.12 所示。

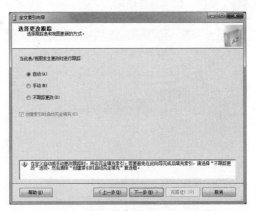

图 8.12　选择跟踪表和视图更新的方式

（7）单击"下一步"按钮，在"选择目录、索引文件组和非索引字表"界面中选中"创建新目录"复选框，在"名称"文本框中输入新建目录的名称，如图 8.13 所示。

图 8.13 "选择目录、索引文件组和非索引字表"界面的设置

（8）单击"下一步"按钮，进入"定义填充计划（可选）"界面，如图 8.14 所示。此界面用来创建或修改全文目录的填充计划（此操作是可选的）。在该界面中单击"新建表计划"或"新建目录计划"按钮，弹出新建计划的对话框，在其中输入计划的名称，设置执行的日期和时间，单击"确定"按钮即可。

图 8.14 "定义填充计划（可选）"界面

（9）单击"下一步"按钮，进入"全文索引向导说明"界面，如图 8.15 所示。

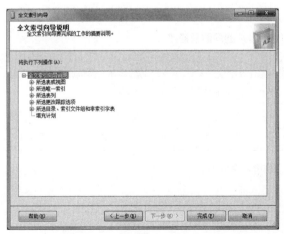

图 8.15 "全文索引向导说明"界面

（10）单击"完成"按钮，进入"全文索引向导进度"界面，如图 8.16 所示。

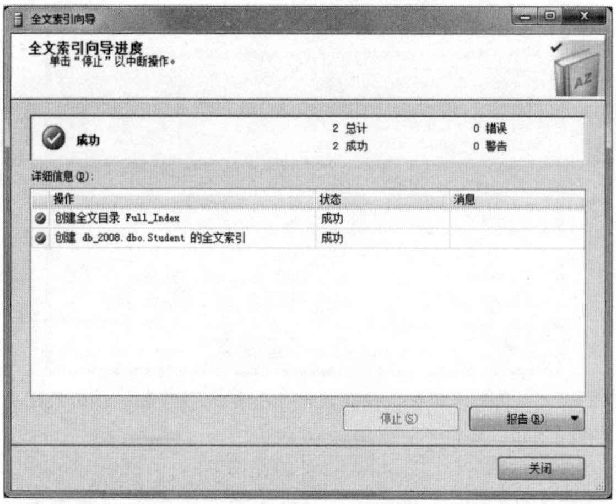

图 8.16 "全文索引向导进度"界面

（11）单击"关闭"按钮。

8.2.2 使用 T-SQL 语句启用全文索引

1. 使用数据库启用全文索引

sp_fulltext_database 用于初始化全文索引，或者从当前数据库中删除所有的全文目录。使用 sp_fulltext_database 不能使给定数据库禁用全文引擎。在 SQL Server 中，所有由用户创建的数据库始终启用全文索引。

sp_fulltext_database 的语法如下：

```
sp_fulltext_database [@action=] 'action'
```

参数 [@action=] 'action' 表示要执行的操作。action 的数据类型为 varchar(20)，该参数的取值及描述如表 8.2 所示。

表 8.2 [@action =] 'action' 参数的取值及描述

取值	描述
enable	用于在当前数据库中启用全文索引
disable	对于当前数据库，删除文件系统中所有的全文目录，并且将该数据库标记为已经禁用全文索引。这个动作并不在全文目录或表上更改任何全文索引元数据

【例8-10】 启用当前数据库的全文索引。

SQL 语句如下：

```
use db_Test
exec sp_fulltext_database 'enable'
```

运行结果如图 8.17 所示。

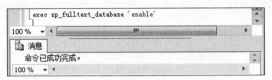

图 8.17　启用当前数据库的全文索引

【例8-11】 从当前数据库中删除全文目录并禁用全文索引。

SQL 语句如下：

```
use db_Test
exec sp_fulltext_database 'disable'
```

运行结果如图 8.18 所示。

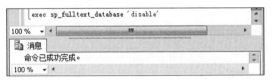

图 8.18　删除当前数据库的全文目录并禁用全文索引

2. 使用表启用全文索引

sp_fulltext_table 用于标记或取消标记要创建全文索引的表。其语法如下：

```
sp_fulltext_table [ @tabname = ] 'qualified_table_name'
  , [ @action = ] 'action'
  [ , [ @ftcat = ] 'fulltext_catalog_name'
  , [ @keyname = ] 'unique_index_name' ]
```

参数说明如下。

- ⊘ [@tabname =] 'qualified_table_name' 为表名，无默认值。指定的表必须存在于当前的数据库中。其数据类型为 nvarchar(517)。
- ⊘ [@action =] 'action' 表示要执行的动作。action 的数据类型为 varchar(20)，无默认值，其取值及描述如表 8.3 所示。

表 8.3　[@action =] 'action' 参数的取值及描述

取值	描述
Create	用于为 qualified_table_name 引用的表创建全文索引的元数据，并且指定该表的全文索引数据驻留在 fulltext_catalog_name 中
Drop	用于除去全文索引的元数据。如果全文索引是活动的，那么在除去它之前会自动停用它

续表

取值	描述
Activate	用于停用全文索引后，激活为 qualified_table_name 聚集全文索引的数据。在激活全文索引之前，应该至少有一列参与这个全文索引
Deactivate	用于使停用的全文索引，无法再为 qualified_table_name 聚集全文索引数据。全文索引元数据依然保留，并且表还可以被重新激活
start_change_tracking	用于启动全文索引的增量填充。如果表没有时间戳，那么就启动全文索引的完全填充，开始跟踪表发生的变化
stop_change_tracking	用于停止跟踪表发生的变化
update_index	用了将当前一系列跟踪的变化传播到全文索引
Start_background_updateindex	在变化发生时，开始将跟踪的变化传播到全文索引
Stop_background_updateindex	在变化发生时，停止将跟踪的变化传播到全文索引
start_full	用于启动表的全文索引的完全填充
start_incremental	用于启动表的全文索引的增量填充

☑ [@ftcat =] 'fulltext_catalog_name' 表示 create 动作有效的全文目录名。对于除 create 动作外的动作来说，该参数值必须为 NULL。fulltext_catalog_name 的数据类型为 sysname，默认值为 NULL。

☑ [@keyname =] 'unique_index_name' 表示有效的单键列，create 动作在 qualified_table_name 中唯一的非空索引。对于除 create 动作外的动作来说，该参数值必须为 NULL。unique_index_name 的数据类型为 sysname，默认值为 NULL。

使用表启用全文索引的操作步骤如下。

（1）为要启用全文索引的表创建一个唯一的非空索引（在【例 8-12】中该非空索引名为"MR_Emp_ID_ FIND"）。

（2）用表所在的数据库启用全文索引。

（3）在该数据库中创建全文索引目录（在【例 8-12】中全文索引目录名为"ML_Employ"）。

（4）用表启用全文索引标记。

（5）向表中添加全文索引字段。

（6）激活全文索引。

（7）启动表的全文索引的完全填充。

【例8-12】 创建一个全文索引标记，并在全文索引中添加字段。

SQL 语句如下：

```
-- 为"Employee"表创建唯一非空索引
create unique clustered index MR_Emp_ID_FIND on Employee (ID)
with ignore_dup_key
-- 判断"b_Test"数据库是否可以创建全文索引
if (select DatabaseProperty('db_Test','IsFulltextEnabled'))=0
```

```
exec sp_fulltext_database 'enable'       -- 使用数据库启用全文索引
exec sp_fulltext_catalog 'ML_Employ','create'    -- 创建全文索引目录"ML_Employ"
exec sp_fulltext_table 'Employee','create','ML_Employ','MR_Emp_ID_FIND'
-- 使用表启用全文索引标记
exec sp_fulltext_column 'Employee','Name','add'    -- 添加全文索引字段
exec sp_fulltext_table 'Employee','activate'          -- 激活全文索引
exec sp_fulltext_catalog 'ML_Employ','start_full' -- 启动表的全文索引的完全填充
```

8.2.3 使用 T-SQL 语句删除全文索引

DROP FULLTEXT INDEX 语句用于从指定的表或视图中删除全文索引。其语法如下：

```
DROP FULLTEXT INDEX ON table_name
```

参数 table_name 表示包含要删除的全文索引的表或视图的名称。

【例8-13】 删除"Employee"数据表的全文索引。

SQL 语句如下：

```
use db_Test
drop pulltext index on Employee
```

8.2.4 全文目录

对于 SQL Server 数据库来说，全文目录为虚拟对象，并不属于任何文件组。它是一个表示一组全文索引的逻辑概念。

1. 全文目录的创建、删除和重创建

sp_fulltext_catalog 用于创建和删除全文目录，以及启动和停止目录的索引操作。可为每个数据库创建多个全文目录。

> ⚡注意
>
> 在以后的 SQL Server 中，可能会删除 sp_fulltext_catalog 存储过程。所以应避免在新的开发工作中使用该存储过程，并计划修改当前使用该存储过程的应用程序。

```
sp_fulltext_catalog [ @ftcat = ] 'fulltext_catalog_name' ,
    [ @action = ] 'action'
    [ , [ @path = ] 'root_directory' ]
```

参数说明如下。

- ☑ [@ftcat =] 'fulltext_catalog_name' 为全文目录的名称。对于每个数据库，全文目录名称必须是唯一的，其数据类型为 sysname。
- ☑ [@action =] 'action' 表示要执行的动作。action 的数据类型为 varchar(20)，其取值及描述如表 8.4 所示。

表 8.4　[@action =] 'action' 参数的取值及描述

取值	描述
Create	用于在文件系统中创建一个空的新全文目录，并向"sysfulltextcatalogs"中添加一行
Drop	用于将全文目录从文件系统中删除，并且删除"sysfulltextcatalogs"中相关的行
start_incremental	用于启动全文目录的增量填充。如果全文目录不存在，就会显示错误
start_full	用于启动全文目录的完全填充。即使与全文目录关联的每一个表的每一行都进行过索引，也会对其检索全文索引
Stop	用于停止全文目录的索引填充。如果全文目录不存在，就会显示错误。如果已经停止了索引填充，那么并不会显示警告
Rebuild	用于重建全文目录，方法是从文件系统中删除现有的全文目录，然后重建全文目录，并使该全文目录与所有带有全文索引引用的表重新建立关联

【例8-14】创建一个空的全文目录"QWML"。

SQL 语句如下：

```
use db_Test
go
exec sp_fulltext_database 'enable'    -- 使用数据库启用全文索引
exec sp_fulltext_catalog 'QWML','create'
```

【例8-15】重新创建一个已有的全文目录"QWML"。

SQL 语句如下：

```
use db_Test
go
exec sp_fulltext_database 'enable'    -- 使用数据库启用全文索引
exec sp_fulltext_catalog 'QWML','rebuild'
```

运行结果如图 8.19 所示。

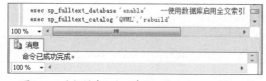

图 8.19　重新创建一个已有的全文目录"QWML"

【例8-16】删除全文目录"QWML"。

SQL 语句如下：

```
use db_Test
go
exec sp_fulltext_catalog 'QWML','drop'
```

2. 向全文目录中增加、删除列

sp_fulltext_column 用于指定表的某个列是否参与全文索引。

> ⚡注意
>
> 　　后续版本的 SQL Server 可能会删除该存储过程。请避免在新的开发工作中使用该存储过程，并着手修改当前还在使用该存储过程的应用程序。

sp_fulltext_column 的语法如下：

```
sp_fulltext_column [ @tabname= ] 'qualified_table_name' ,
    [ @colname= ] 'column_name' ,
    [ @action= ] 'action'
    [ , [ @language= ] 'language_term' ]
    [ , [ @type_colname= ] 'type_column_name' ]
```

参数说明如下。

- ⊘ [@tabname=] 'qualified_table_name' 表示由一部分或两部分组成的表的名称。表必须在当前数据库中，且必须有全文索引。qualified_table_name 的数据类型为 nvarchar(517)，无默认值。
- ⊘ [@colname=] 'column_name' 表示 qualified_table_name 中列的名称。列必须为字符、varbinary (max) 或 image 类型的列，不能是计算列。column_name 的数据类型为 sysname，无默认值。

> ⚡注意
>
> 　　使用 SQL Server 可以为存储在数据类型为 varbinary(max) 或 image 的列中的文本数据创建全文索引，不能对图像和图片进行索引。

- ⊘ [@action=] 'action' 表示要执行的操作。action 的数据类型为 varchar(20)，无默认值，其取值及描述如表 8.5 所示。

表 8.5　[@action =] 'action' 参数的取值及描述

取值	描述
add	用于将 qualified_table_name 的 column_name 添加到表的非活动全文索引中。该动作可启用全文索引的列
drop	用于从表的非活动全文索引中删除 qualified_table_name 的 column_name

- ⊘ [@language=] 'language_term' 表示存储在列中的数据的语言。

○ [@type_colname =] 'type_column_name' 表示 qualified_table_name 中列的名称，用于保存 column_ name 的类型。此列必须是 char、nchar、varchar 或 nvarchar 类型的。仅当 column_name 的数据类型为 varbinary(max) 或 image 时才使用该列。type_column_name 的数据类型为 sysname，无默认值。

【例8-17】将"Student"表的"Sex"列添加到表的全文索引。

SQL 语句如下：

```
use db_Test
exec sp_fulltext_column Student, Sex, 'add'
```

运行结果如图 8.20 所示。

【例8-18】将"Student"表的"Sex"列从全文索引中删除。

SQL 语句如下：

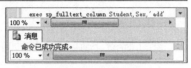

图 8.20　运行结果

```
use db_Test
exec sp_fulltext_column Student, Sex, 'drop'
```

3. 激活全文目录

要激活表"Student"的全文目录，先要在表中创建全文索引。

【例8-19】激活"Employee"表中的全文目录。

SQL 语句如下：

```
use db_Test
exec sp_fulltext_table 'Employee','activate'
```

这样就完成了对全文目录的定义。如果要对创建的全文目录进行初始化填充，可以使用如下 SQL 语句：

```
use db_Test
exec sp_fulltext_table 'Employee','start_full'
```

填充（也称为爬网）是指创建和维护全文索引的过程。

8.2.5　全文目录的维护

1. 用可视化管理工具来维护全文目录

用可视化管理工具来维护全文目录的操作步骤如下。

（1）启动 SQL Server Management Studio，并连接到 SQL Server 数据库服务器。

（2）在"对象资源管理器"面板中选择指定数据库中的数据表（这里以"db_Test"数据库中的"Employee"表为例，该表已经创建全文索引）。

（3）在"dbo.Employee"表上单击鼠标右键，在弹出的快捷菜单中选择"全文索引"命令，如图 8.21 所示。

图 8.21 选择"全文索引"命令

（4）利用"全文索引"子菜单中的命令可以对全文目录进行修改，部分子命令的功能如表 8.6 所示。

表 8.6 "全文索引"子菜单的部分子命令的功能

子命令	功能
删除全文索引	用于将选定的表从它的全文目录中删除
启动完全填充	使用选定表中的全部行对全文目录进行初始的数据填充
启动增量填充	用于识别选定的表从最后一次填充后发生的数据变化，并利用最后一次添加、删除或修改的行对全文索引进行填充
停止填充	用于终止当前正在运行的全文索引填充任务
手动跟踪更改	以手动的方式使应用程序可以仅获取对用户表所做的更改以及与这些更改有关的信息
自动跟踪更改	自动使应用程序可以仅获取对用户表所做的更改以及与这些更改有关的信息
禁用跟踪更改	不让应用程序获取对用户表所做的更改以及与这些更改有关的信息
应用跟踪的更改	使应用程序获取对用户表所做的更改及与这些更改有关的信息

2. 使用 T-SQL 语句维护全文目录

下面以"Employee"表为例，介绍如何使用 T-SQL 语句维护全文目录，"Employee"表为已经创建全文索引的数据表。

（1）进行完全填充的 SQL 语句如下：

```
exec sp_fulltext_table 'Employee','start_full'
```

（2）进行增量填充的 SQL 语句如下：

```
exec sp_fulltext_table 'Employee','start_incremental'
```

（3）更改跟踪的 SQL 语句如下：

```
exec sp_fulltext_table ' Employee ','start_change_tracking'
```

（4）进行后台更新的 SQL 语句如下：

```
exec sp_fulltext_table ' Employee ','start_background_updateindex'
```

（5）清除无用的全文目录的 SQL 语句如下：

```
exec sp_fulltext_service 'clean_up'
```

（6）sp_help_fulltext_catalogs 用于返回指定的全文目录的 ID（ftcatid）、名称（NAME）、根目录（PATH）、状态（STATUS）以及全文索引表的数量（NUMBER_FULLTEXT_TABLES）。

【例8-20】返回全文目录"QWML"的相关信息。

SQL 语句如下：

```
use db_Test
go
exec sp_help_fulltext_catalogs 'QWML' ;
go
```

运行结果如图 8.22 所示。

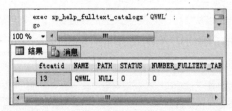

图 8.22 返回全文目录"QWML"的相关信息

STATUS 列的值表示全文目录的当前状态，其返回值与状态如表 8.7 所示。

表 8.7 STATUS 列的返回值与状态

返回值	状态	返回值	状态
0	空闲	5	关闭
1	正在进行完全填充	6	正在进行增量填充
2	暂停	7	生成索引
3	已中止	8	磁盘已满，已暂停
4	正在恢复	9	更改跟踪

（7）sp_help_fulltext_tables 用于返回全文索引注册的表的列表。

【例8-21】返回包含指定全文目录"QWML"中的表的信息。

SQL 语句如下：

```
USE db_Test
EXEC sp_help_fulltext_tables 'QWML'
```

运行结果如图 8.23 所示。

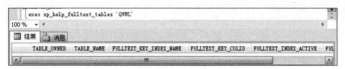

图 8.23　运行结果

（8）sp_help_fulltext_columns 用于返回全文索引指定的列。

【例8-22】 返回"Inx_table"表中全文索引指定的列，"Inx_table"表为已创建全文索引的数据表。

SQL 语句如下：

```
use db_Test
exec sp_help_fulltext_columns 'Inx_table'
```

运行结果如图 8.24 所示。

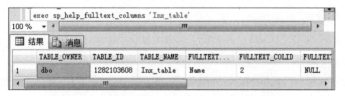

图 8.24　返回的"Inx_table"表中全文索引指定的列

8.3　数据完整性

8.3.1　数据完整性概述

数据完整性是 SQL Server 用于保证数据库中数据一致性的一种机制，防止非法数据存入数据库。数据完整性主要体现在以下 3 点。

（1）数据类型准确无误。

（2）数据取值符合规定的范围。

（3）多个数据表之间的数据不存在冲突。

下面介绍 SQL Server 提供的 4 种数据完整性机制。

1. 实体完整性

在现实世界中，任何一个实体都有区别于其他实体的特征，即实体完整性。在 SQL Server 数据库中，实体完整性是指所有的记录都应该有一个唯一的标识，以确保数据表中数据的唯一性。

如果将数据库中数据表的第一行看作一个实体，那么可以通过以下几种方式实现实体完整性。

☑ 使用唯一索引。

☑ 使用主键。

☑ 使用唯一码（Unique Key）。

☑ 使用标识列。

其中，最简单的一种做法是通过定义表的主键来实现实体完整性。主键用来唯一标识表中的每一行数据。主键可以是一列，也可以是由多列组成的联合主键。但是，主键不允许为空。

"db_mrkj"数据库中有"Student"表，表中的"Sno"列就可以作为该表的主键。如果为了唯一区分每个班级，可以为每一个班级设置一个 ID，使"ID"列作为主键。另外也可以使用毕业年份和班级号作为联合主键。例如，使用 2012 年 9 班便可以唯一标识一个班级。

图 8.25　显示主键

在图 8.25 中可通过金色钥匙图案和列名右侧括号中的"PK"字符看出 Sno 列是主键。

除了使用表中的某一列作为主键外，还可以使用 IDENTITY 标识列作为表的主键。若使用标识列作为主键，在表中添加新行时，数据库引擎将为该列提供一个唯一的增量值。标识列通常与主键约束一起用作表的唯一行标识符。在每个表中，只能创建一个标识列，不能对标识列使用绑定默认值和默认约束，必须同时指定种子和增量，或者两者都不指定。如果二者均未指定，那么种子和增量的默认值是 (1,1)。

种子是向表中插入第一行数据时标识列自动生成的初始值。增量是在新插入一行数据时，标识列将在上一次生成的值上面增加一个增量值作为新的标识列值。

标识列是一直增长的，如果增量是负数，那么就是负向增长，与表中的实际数据量没有关系。在标识列为 (1,1) 时，如果插入了 10 行数据，然后又把这 10 行数据全部删除，当再次向表中插入数据时，标识列的值是 11 而不是 1。

2. 域完整性

域是指数据表中的列或字段，域完整性是指列的完整性。它要求数据表中指定列的数据具有正确的数据类型、格式和有效的数据范围。

域完整性常见的实现机制包括以下 5 种。

（1）默认值：在插入数据时如果没有指定列的值，那么系统会自动将列的值设置为默认值；例如，在设置性别默认值的时候，性别默认值的类型一般使用 bit，用 0 表示女，用 1 表示男。

（2）检查：用来限制列中的值的范围；例如，对"Student"表中的"Sage"列创建 CHECK 约束"Sage>0 and Sage <100"，这样就避免了错误情况的出现。

（3）是否使用空值：对于表中的列，必须指定是否允许使用空值，如果不允许为空值那么列必须有输入值；例如，"Student"表中"Sname""Sex""Sage"等列不允许为空值。

（4）数据类型：对于实体的每一个属性都应该确定一种数据类型；例如，"Student"表中的"Sage"列就应该使用 int 类型。

（5）唯一：用于强制实施列的唯一性；但是与主键不同的是唯一约束允许使用 NULL，而且在一个表中可以创建多个唯一约束。

3. 引用完整性

引用完整性又称参照完整性，通过主键约束和外键约束来实现被参照表和参照表之间的数据一致性。引用完整性可以确保键值在所有表中保持一致，如果某键值更改了，在整个数据库中，对该键值的所有引用都要进行一致的更改。

在强制引用完整性时，SQL Server 禁止用户进行下列操作。

（1）当主表中没有关联的记录时，将记录添加到相关表中。

（2）更改主表中的值并导致相关表中的记录被"孤立"。

（3）从主表中删除记录，但相关表中仍存在与该记录匹配的记录。

4. 用户定义完整性

用户定义完整性是用户希望定义的除实体完整性、域完整性和参照完整性之外的数据完整性。它反映某一具体应用涉及的数据必须满足的语义要求。SQL Server 提供了定义和检验这类完整性的机制，主要有以下 4 种。

（1）规则（Rule）。

（2）触发器（Trigger）。

（3）存储过程。

（4）创建数据表时的所有约束（Constraint）。

8.3.2　实现数据完整性

SQL Server 提供了完善的数据完整性机制，主要包括规则、默认和约束。下面分别对其进行介绍。

1. 规则

规则是对录入数据列中的数据实施的完整性约束条件，它用于指定插入数据列中的可能值。其特点主要体现在以下 2 个方面。

（1）规则是 SQL Server 数据库中独立于表、视图和索引的数据对象，删除表不会删除规则。

（2）一个列上可以使用多个规则。

2. 默认值

如果在插入行时没有指定某些列的值，那么将指定这些列的值为默认值。默认值可以是任何取值为常量的对象，如结果为常量的内置函数和数学表达式等。通过以下 2 种方法可以设定默认值。

（1）在 CREATE TABLE 语句中使用 DEFAULT 关键字创建默认定义，将常量表达式指派为列的默认值。这是标准方法。

（2）使用 CREATE DEFAULT 语句创建默认对象，然后使用 sp_bindefault 系统存储过程将默认对象绑定到对应列上。这是一个向前兼容的方法。

3. 约束

数据库不仅要存储数据，还必须保证所有存储数据的正确性，因为只有正确的数据才能提供有价值的信息。如果数据不准确或不一致，那么数据的完整性就可能被破坏，从而影响数据库本身的可靠性。为了维护数据库中数据的完整性，在创建表时常常需要定义一些约束。

使用约束可以限制列的取值范围，强制列的取值位于合理的范围内等。在 SQL Server 中，约束的类型包括非空约束、唯一约束、主键约束、外键约束和检查约束，图 8.26 介绍了这 5 种约束及其作用。

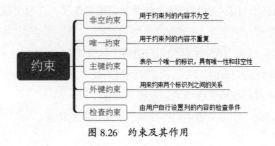

图 8.26　约束及其作用

8.4　小结

本章介绍了索引的创建、删除、分析与维护，以及 4 种数据完整性。在学习本章后，读者可以使用 SQL Server Management Studio 或者 SQL 语句来创建和删除索引，进而对索引进行分析和维护，以优化对数据的访问。为了保证存储数据的合理性，读者应了解实体完整性、域完整性、引用完整性和用户定义完整性，并能够实现数据完整性机制，包括规则、默认值和约束的设置。

第9章

流程控制

本章主要对 SQL 中常用的流程控制语句进行介绍，包括 BEGIN...END、IF、IF…ELSE、CASE、WHILE、WHILE…CONTINUE…BREAK、RETURN、GOTO、WAITFOR 等。

通过阅读本章，您可以：

- ☑ 熟悉基本的流程控制语句；
- ☑ 掌握如何在 SQL 中进行条件判断；
- ☑ 掌握如何在 SQL 中实现循环；
- ☑ 熟悉常用的流程控制语句的使用方法。

9.1 流程控制语句概述

流程控制语句是用来控制程序执行流程的语句。使用流程控制语句可以提高编程语言处理数据的能力。SQL 提供的流程控制语句及其功能如表 9.1 所示。

表 9.1 SQL 提供的流程控制语句及其功能

语句	功能
BEGIN…END	将多个 SQL 语句组合为一个语句块
IF...ELSE	控制程序的执行方向，属于选择判断结构语句
CASE	实现多重选择
WHILE	循环结构语句。在条件表达式为"真"的情况下，WHILE 子句可以循环地执行其后的一条 SQL 语句
CONTINUE	让程序跳过 CONTINUE 语句之后的语句

181

续表

语句	功能
BREAK	让程序完全跳出循环
RETURN	从查询过程中无条件退出
GOTO	改变程序执行的流程，使程序跳到标识符指定的语句并继续往下执行
WAITFOR	用于指定触发器、存储过程或事务执行的时间、时间间隔或事件；还可以用来暂时停止程序的执行，直到设定的等待时间已过继续往下执行

9.2　BEGIN...END 语句

BEGIN...END 语句用于将多个 SQL 语句组合为一个逻辑块。当必须执行一个包含两条或两条以上的 SQL 语句的语句块时，可使用 BEGIN...END 语句。

BEGIN...END 语句的语法如下：

```
BEGIN
{sql_statement...}
END
```

其中，sql_statement 是指包含的 SQL 语句。

BEGIN 和 END 必须成对使用，均不能单独使用。BEGIN 后为 SQL 语句块。END 用于指示语句块结束。

例9-1　利用 BEGIN…END 语句完成两个变量的值的交换，交换的结果如图 9.1 所示。

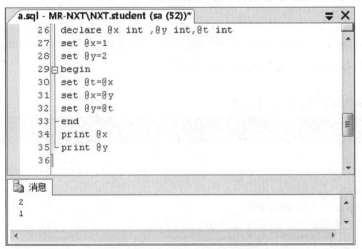

图 9.1　两个变量的值的交换结果

SQL 语句如下:

```
declare  @x int,  @y int,@t int
set @x=1
set @y=2
begin
set @t=@x
set @x=@y
set @y=@t
end
print @x
print @y
```

在上述 SQL 语句中不用 BEGIN...END 语句，运行结果也完全一样，但 BEGIN...END 和一些流程控制语句结合起来就有不同作用了。在 BEGIN...END 语句中可嵌套多个 BEGIN...END 语句，以定义多个语句块。

9.3 选择语句

9.3.1 IF 语句

在 SQL Server 中为了控制程序的执行方向，可使用顺序、选择和循环 3 种控制语句，其中 IF 语句属于选择语句，其语法如下:

```
IF< 条件表达式 >
    { 语句 | 语句块 }
```

其中，条件表达式可以是各种表达式的组合，但表达式的值必须是逻辑值，即"真"或"假"；语句和语句块可以是任意合法的 SQL 语句，但两条或两条以上的语句块必须使用 BEGIN...END 语句。

IF 语句的执行顺序:先计算 IF 后的条件表达式，如果条件表达式的逻辑值是"真"，就执行后面的语句或语句块，然后执行 IF 语句后的语句；如果条件表达式的逻辑值是"假"，就直接执行 IF 语句后的语句。

例9-2 判断一个数是否是正数，判断结果如图 9.2 所示。

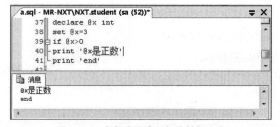

图 9.2　一个数是否是正数的判断结果

SQL 语句如下：

```
declare  @x int
set @x=3
if @x>0
print '@x 是正数 '
print'end'
```

例9-3 判断一个数的奇偶性，判断结果如图 9.3 所示。

```
a.sql - MR-NXT\NXT.student (sa (52))        ≑ × □
 37    declare @x int
 38    set @x=8
 39  □ if @x%2=0
 40  ├ print '@x是偶数'
 41  └ print 'end'
 42
─────────────────────────────────────────
🖫 消息
@x是偶数
end
```

图 9.3　一个数的奇偶性的判断结果

SQL 语句如下：

```
declare  @x int
set @x=8
if @x % 2=0
print '@x 偶数 '
print'end'
```

9.3.2　IF…ELSE 语句

IF 语句可以带 ELSE 子句。IF…ELSE 语句的语法如下：

```
IF< 条件表达式 >
    { 语句 1| 语句块 1}
[ELSE
    { 语句 2| 语句块 2}
```

如果条件表达式的值是"真"，那么接下来会执行语句1或语句块1；如果条件表达式的值是"假"，那么接下来会执行语句2或语句块2。无论哪种情况，最后都要执行 IF…ELSE 语句后的语句。

例9-4 判断两个数的大小，判断结果如图 9.4 所示。

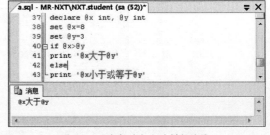

```
a.sql - MR-NXT\NXT.student (sa (52))*       ≑ × □
 37    declare @x int, @y int
 38    set @x=8
 39    set @y=3
 40  □ if @x>@y
 41  │ print '@x大于@y'
 42  │ else
 43  └ print '@x小于或等于@y'
─────────────────────────────────────────
🖫 消息
@x大于@y
```

图 9.4　两个数的大小的判断结果

SQL 语句如下:

```
declare  @x int,@y int
set @x=8
set @y=3
if @x>@y
print '@x 大于 @y'
else
print'@x 小于或等于 @y'
```

IF...ELSE 语句可以嵌套，用来进行一些复杂的判断。

例9-5 输入一个坐标值，然后判断它在哪一个象限，判断结果如图 9.5 所示。

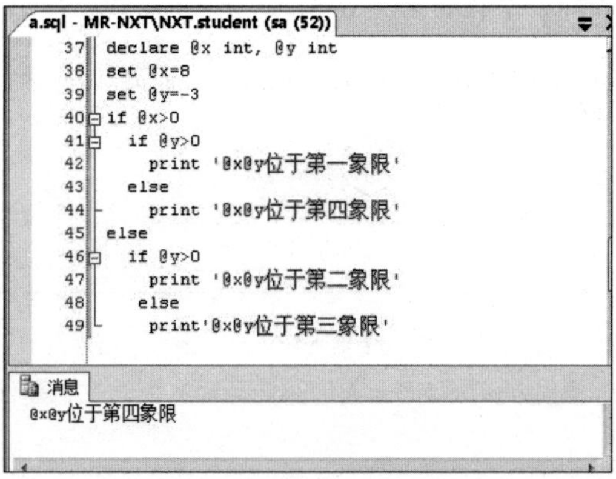

图 9.5 坐标值所属象限的判断结果

SQL 语句如下:

```
declare  @x int,@y int
set @x=8
set @y=-3
if @x>0
  if @y>0
    print'@x@y 位于第一象限 '
  else
    print'@x@y 位于第四象限 '
else
  if @y>0
    print'@x@y 位于第二象限 '
  else
    print'@x@y 位于第三象限 '
```

9.3.3 CASE 语句

使用 CASE 语句可以很方便地实现多重选择，与 IF...ELSE 语句相比，CASE 语句有更多的选择和判断的机会，可以避免编写多重的 IF... ELSE 嵌套语句。

SQL 支持的 CASE 语句有两种语法格式。

简单 CASE 语句的语法如下：

```
CASE input_expression
  WHEN when_expression THEN result_expression
     [ ...n ]
  [
     ELSE else_result_expression
  END
```

CASE 搜索语句的语法如下：

```
CASE
  WHEN Boolean_expression THEN result_expression
     [ ...n ]
  [
     ELSE else_result_expression
  END
```

参数说明如下。

- input_expression：使用简单 CASE 语句时要计算的表达式，是任意有效的 SQL Server 表达式。
- WHEN when_expression：when_expression 是使用简单 CASE 语句时与 input_expression 比较的简单表达式，是任意有效的 SQL Server 表达式。input_expression 和 when_expression 的数据类型必须相同，或者两者的数据类型可隐式转换。
- n：占位符，表明可以使用多个 WHEN when_expression THEN result_expression 子句或 WHEN Boolean_expression THEN result_expression 子句。
- THEN result_expression：当 input_expression = when_expression 的值为 TRUE，或者 Boolean_expression 的值为 TRUE 时返回的表达式，result_expression 是任意有效的 SQL Server 表达式。
- ELSE else_result_expression：当比较运算的值不为 TRUE 时返回的表达式，如果省略此参数并且比较运算的值不为 TRUE，CASE 语句将返回 NULL，else_result_expression 是任意有效的 SQL Server 表达式，else_result_expression 和 result_expression 的数据类型必须相同，或者两者的数据类型可隐式转换。
- WHEN Boolean_expression：使用 CASE 搜索语句时要计算的布尔表达式，Boolean_expression 是任意有效的布尔表达式。

简单 CASE 语句的执行顺序如下。

（1）计算 input_expression 的值，按指定顺序对每个 WHEN 子句的 input_expression = when_expression 的逻辑表达式进行计算。

（2）返回 input_expression = when_expression 的值为 TRUE 时的第一个 result_expression。

（3）如果 input_expression = when_expression 的值为 FALSE，则当指定了 ELSE 子句时，返回 else_result_expression；当没有指定 ELSE 子句时，则返回 NULL。

CASE 搜索语句的执行顺序如下。

（1）按指定顺序对每个 WHEN 子句的 Boolean_expression 进行求值。

（2）返回 Boolean_expression 的值为 TRUE 时的第一个 result_expression。

（3）如果 Boolean_expression 的值为 FALSE，当指定了 ELSE 子句时，返回 else_result_expression；当没有指定 ELSE 子句时，返回 NULL。

例9-6 统计"db_mrkj"数据库的"tb_工资数据表"中的数据，使用简单 CASE 语句和 SELECT 语句来实现，统计结果如图 9.6 所示。

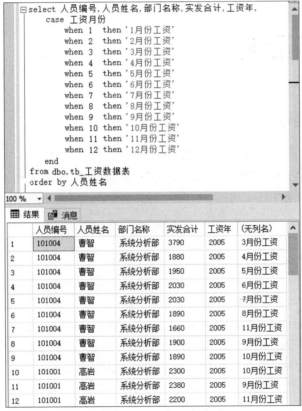

图 9.6 "tb_工资数据表"中数据的统计结果

SQL 语句如下：

```
select 人员编号,人员姓名,部门名称,实发合计,工资年,
    case 工资月份
        when 1  then '1月份工资'
        when 2  then '2月份工资'
        when 3  then '3月份工资'
        when 4  then '4月份工资'
        when 5  then '5月份工资'
        when 6  then '6月份工资'
```

```
        when 7   then '7 月份工资'
        when 8   then '8 月份工资'
        when 9   then '9 月份工资'
        when 10  then '10 月份工资'
        when 11  then '11 月份工资'
        when 12  then '12 月份工资'
    end
from dbo.tb_ 工资数据表
order by 人员姓名
```

9.4 循环语句

9.4.1 WHILE 语句

WHILE 语句是 SQL 支持的循环语句。在条件表达式为"真"的情况下，可以循环地执行 WHILE 后的一条 SQL 语句。如果想循环执行语句块，则需要使用 BEGIN…END 语句。

WHILE 语句的语法如下：

```
WHILE< 条件表达式 >
BEGIN
    < 语句 | 语句块 >
END
```

WHILE 语句的执行过程：先计算条件表达式的值，当条件表达式的值为"真"时，执行循环体中的语句或语句块，遇到 END 子句后会自动地再次计算条件表达式的值，以决定是否再次执行循环体中的语句；只有当条件表达式的值为"假"时，才结束执行循环体中的语句。

例9-7 求 1 ~ 10 的和，计算结果如图 9.7 所示，SQL 语句如下：

```
declare   @n int,@sum int
set @n=1
set @sum=0
while @n<=10
begin
set @sum=@sum+@n
set @n=@n+1
end
print @sum
```

```
a.sql - MR-NXT\NXT.pubs (sa (52))*
  50   declare @n int, @sum int
  51   set @n=1
  52   set @sum=0
  53   while @n<=10
  54   begin
  55   set @sum=@sum+@n
  56   set @n=@n+1
  57   end
  58   print @sum
  59
消息
55
```

图 9.7 1 ~ 10 的和的计算结果

9.4.2 WHILE...CONTINUE...BREAK 语句

WHILE 语句还可以与 CONTINUE 和 BREAK 子句一起使用，以控制循环体中语句的执行。
WHILE...CONTINUE...BREAK 语句的语法如下：

```
WHILE< 条件表达式 >
BEGIN
    < 语句 | 语句块 >
    [CONTINUE]
    [BREAK]
    [ 语句 | 语句块 ]
END
```

其中，使用 CONTINUTE 子句可以让程序跳过 CONTINUE 子句之后的语句，转而执行循环体中
的第一条语句。使用 BREAK 子句可以让程序完全跳出循环，结束 WHILE 语句的执行。

例9-8 求 1 ~ 10 中的偶数的和，并用 CONTINUE 子句控制结果的输出，计算结果如图 9.8 所示。

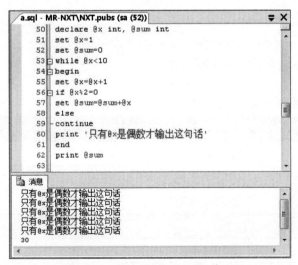

图 9.8 1 ~ 10 中的偶数的和的计算结果

SQL 语句如下：

```
declare @x int,@sum int
set @x=1
set @sum=0
while @x<10
begin
set @x=@x+1
if @x%2=0
set @sum=@sum+@x
else
continue
print '只有 @x 是偶数才输出这句话'
end
print @sum
```

9.5 其他常用语句

9.5.1 RETURN 语句

RETURN 语句用于从查询过程中无条件退出。使用 RETURN 语句可在任何时候从过程、批处理或语句块的执行中退出。位于 RETURN 之后的语句不会被执行。

RETURN 语句的语法如下：

```
RETURN[ 整数值 ]
```

在 RETURN 语句中可指定一个返回值。如果没有指定返回值，SQL Server 会根据程序执行的结果返回一个内定值，内定值及其含义如表 9.2 所示。

表 9.2　RETURN 语句返回的内定值及其含义

返回值	含义
0	程序执行成功
−1	找不到对象
−2	数据类型错误
−3	死锁
−4	违反权限原则
−5	语法错误
−6	由用户造成的一般错误

续表

返回值	含义
-7	资源错误，如磁盘空间不足
-8	非致命的内部错误
-9	已达到系统的极限
-10 或 -11	致命的内部不一致性错误
-12	表或指针被破坏
-13	数据库被破坏
-14	硬件错误

例9-9 RETURN 语句的应用的运行结果如图 9.9 所示。

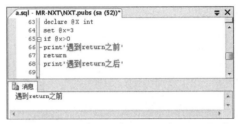

图 9.9 运行结果

SQL 语句如下：

```
declare @X int
set @x=3
if @x>0
print' 遇到 return 之前 '
return
print' 遇到 return 之后 '
```

9.5.2 GOTO 语句

GOTO 语句用来改变程序执行的流程，使程序跳转到标识符指定的语句并继续往下执行。

GOTO 语句的语法如下：

```
GOTO 标识符
```

标识符后需要加上一个冒号":"。例如"33:""loving:"。

例9-10 用 GOTO 语句实现跳转，执行结果如图 9.10 所示。

图 9.10 执行结果

SQL 语句如下:

```
declare @X int
select @X=1
loving:
    print @X
    select @X=@X+1
while @X<=3 goto loving
```

9.5.3　WAITFOR 语句

WAITFOR 语句用于指定触发器、存储过程或事务执行的时间、时间间隔或事件；还可以用来暂时停止程序的执行，直到设定的等待时间已过才继续往下执行。

WAITFOR 语句的语法如下:

```
WAITFOR{DELAY<' 时间 '>|TIME<' 时间 '>
```

其中时间必须为 DATETIME 类型的数据，如"11:15:27"，但不能包括日期数据，各关键字的含义如下。

   ⊘ DELAY：用来设定等待的时间，最多可设置为 24 小时。

   ⊘ TIME：用来设定等待结束的时间点。

例如，再过 3s 显示"葱葱睡觉了！"，SQL 语句如下:

```
waitfor delay'00:00:03'
print ' 葱葱睡觉了！ '
```

例如，等到 15:00:00 显示"喜爱的歌曲：舞"，SQL 语句如下:

```
waitfor time'15:00:00'
print ' 喜爱的歌曲：舞 '
```

9.6　小结

本章介绍了流程控制语句。在学习本章后，读者可以使用流程控制语句有效地控制程序的执行流程，并简化程序。

第 10 章

用户自定义函数

使用 SQL Server 可以根据需要来自定义函数。创建用户自定义函数有两种方法：一种是利用 Microsoft SQL Server Manager Studio 直接创建；另一种是利用代码创建。

通过阅读本章，您可以：

✓ 熟悉用户自定义函数的作用；

✓ 掌握创建用户自定义函数的方法；

✓ 掌握修改及删除用户自定义函数的方法。

10.1 创建用户自定义函数

用 Microsoft SQL Server Manager Studio 直接创建用户自定义函数的具体步骤如下。

（1）选择"开始"—"Microsoft SQL Server 2019"—"Microsoft SQL Server Management Studio 18"命令，打开 SQL Server Manager Studio。

在"对象资源管理器"面板中选择"可编程性"—"函数"选项，右击并从弹出的快捷菜单中选择"新建"命令，如图 10.1 所示。

图 10.1 选择"新建"命令

（2）根据函数返回值的不同，用户自定义函数分为内联表值函数、多语句表值函数、标量值函数，可以根据需要任选其一。

（3）选择其中一种用户自定义函数后，打开一个创建用户自定义函数的数据库引擎查询模板，只需要修改其中相应的参数即可。

10.2 使用 SQL 语句创建用户自定义函数

1. 创建用户自定义函数

利用 SQL 语句创建用户自定义函数的语法如下：

```
CREATE FUNCTION 函数名 (@parameter 变量类型 [,@parameter  变量类型 ])
RETURNS 参数 AS
BEGIN
 语句或语句块
END
```

函数可以有 0 个或若干个输入参数，但必须有返回值，在 RETURNS 后面设置函数的返回值类。

用户自定义函数为标量值函数或表值函数。如果在 RETURNS 后指定了一种标量数据类型，则函数为标量值函数；如果在 RETURNS 后指定了 TABLE，则函数为表值函数。根据函数主体的定义方式，表值函数可分为内联表值函数和多语句表值函数。

例如，创建一个自定义标量值函数 max1()，max1() 函数的功能是返回两个数中的最大值。SQL 语句如下：

```
create function max1( @x int , @y int)
returns int as
begin
if @x<@y
set @x=@y
return @x
end
```

2. 调用用户自定义函数

使用 SQL 调用用户自定义函数的语法格式如下：

```
PRINT  dbo.函数 ([ 实参 ])
```

或

```
SELECT dbo.函数 ([ 实参 ])
```

"dbo"是系统自带的一个公共用户名。

例如，调用在上个例子创建的 max1() 函数，输出 @ a 和 @ b 两个变量中的最大值。SQL 语句如下：

```
declare @a int , @b int
set @a=10
set @b=20
print dbo.max1(@a , @b)
```

上述语句的运行结果是 20。

【例10-1】 创建"tb_users"表的用户自定义函数。

创建一个名称是 find 的内联表值函数，其功能是在"tb_basicMessage"表中，根据输入的 age 值查询相关信息。SQL 语句如下：

```
create function find(@x int)
returns table
as
return(select * from tb_basicMessage where age>@x)
```

在"tb_basicMessage"表中，查询 age 值大于输入的参数的员工信息。SQL 语句如下：

```
use db_supermarket
select * from find (27)
```

查询结果如图 10.2 所示。

	id	name	age	sex	dept	headship
1	8	小葛	29	男	1	1
2	16	张三	30	男	1	5
3	23	小开	30	男	4	4

图 10.2　age 值大于 27 的员工信息

10.3　修改、删除用户自定义函数

1. 修改用户自定义函数

利用 SQL 修改用户自定义函数的语法如下：

```
ALTER FUNCTION 函数名 (@parameter 变量类型 [,@parameter  变量类型 ])
RETURNS 参数 AS
BEGIN
```

```
  语句或语句块
END
```

修改用户自定义函数与创建用户自定义函数的语法几乎相同，将 CREATE 改成 ALTER 即可。

2. 删除用户自定义函数

利用 SQL 删除用户自定义函数的语法如下：

```
DROP  FUNCTION  函数名
```

例如，删除"tb_basicManager"表的用户自定义函数，SQL 语句如下：

```
drop function find
```

10.4 小结

本章介绍了关于 SQL Server 的高级应用——用户自定义函数。在学习本章后，读者可通过创建用户自定义函数，将代码封装在一个函数体内，以方便调用。

第11章

存储过程的使用

本章主要介绍如何创建和使用存储过程，主要内容包括存储过程简介，创建、执行、查看、修改和删除存储过程的方法。通过对本章的学习，读者可以掌握使用企业管理器和 T-SQL 创建存储过程，并应用存储过程编写 SQL 语句从而加快查询和数据访问速度的方法。

通过阅读本章，您可以：

☑ 掌握创建存储过程的两种方法；

☑ 掌握操作存储过程的方法。

11.1 存储过程简介

存储过程是在数据库服务器端执行的 T-SQL 语句的集合，经编译后存放在数据库服务器中。存储过程作为一个单元进行处理并由一个名称来标识。它能够向用户返回数据、在数据表中写入或修改数据，还可以执行系统函数和管理操作。用户在编程过程中通过存储过程的名称和相关的参数，就可以方便地调用它们。

使用存储过程可以提高应用程序的处理能力，降低开发数据库应用程序的难度，同时还可以提高应用程序的执行效率。存储过程的使用非常灵活，允许用户使用声明的变量，还可以接收输入和输出参数，返回单个或多个结果集，以及处理后的结果值。

11.1.1 存储过程的优点

存储过程的优点如下。

（1）存储过程可以嵌套使用，支持代码重用。

（2）存储过程可以接收并使用参数动态执行其中的 SQL 语句。

（3）存储过程比一般 SQL 语句的执行速度更快。存储过程在创建时已经被编译，在每次执行时不需要重新编译。而一般的 SQL 语句在每次执行时都需要编译。

（4）存储过程具有安全特性（例如权限）和所有权链接，以及可以附加到它们的证书。用户可以被授予权限来执行存储过程而不是直接对存储过程中引用的对象具有权限。

（5）存储过程支持模块化程序设计。存储过程创建后即可在程序中被任意调用多次。这可以增强应用程序的可维护性，并允许应用程序统一访问数据库。

（6）存储过程可以减少网络通信流量。一个需要数百行 SQL 语句的操作可以通过一条执行存储过程的语句来完成，而不需要在网络中发送数百行代码。

（7）存储过程可以提升应用程序的安全性。参数化存储过程有助于保护应用程序不受 SQL Injection（SQL 注入）的攻击。

> **说明**
>
> SQL 注入是一种攻击方法，它可以将恶意代码插入以后要传递给 SQL Server 供分析和执行的字符串中。任何构成 SQL 语句的过程都应进行注入漏洞检查，因为 SQL Server 将执行其接收到的所有语法的有效查询。

11.1.2　存储过程的类别

在 SQL Server 中，存储过程分为 3 类：系统存储过程、用户自定义存储过程和扩展存储过程。

（1）系统存储过程主要存储在"Master"数据库中，并以 sp_ 为前缀。系统存储过程主要从系统表中获取信息，从而为系统管理员管理 SQL Server 提供支持。通过系统存储过程，SQL Server 中的许多管理性或信息性的活动，如了解数据库对象、数据库信息都可以顺利有效地完成。尽管系统存储过程存储在"Master"数据库中，但是仍可以在其他数据库中被调用。在调用系统存储过程时不必在存储过程名前加数据库名。在创建新数据库时，一些系统存储过程会在新数据库中被自动创建。

（2）用户自定义存储过程是由用户创建并能完成某一特定功能（如查询用户所需数据）的存储过程。

（3）扩展存储过程是可以动态加载和运行动态链接库（Dynamic Linked Library ,DLL）的数据库对象。

11.2　创建存储过程

在 SQL Server 中创建存储过程有两种方法：一种方法是使用企业管理器创建存储过程；另一种方法是使用 T-SQL 创建存储过程。

11.2.1　使用企业管理器创建存储过程

在 SQL Server 中，使用企业管理器创建存储过程的步骤如下。

（1）启动 SQL Server Management Studio，并连接到 SQL Server 中的数据库。

（2）在"对象资源管理器"面板中选择相应的服务器和数据库,并展开指定数据库的"可编辑性"节点,用鼠标右键单击"存储过程"选项，在弹出的快捷菜单中选择"新建"—"存储过程"命令，如图11.1所示。

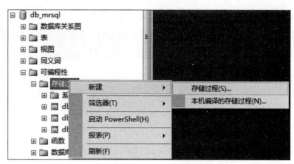

图 11.1 选择"存储过程"命令

（3）选择"查询"—"指定模板参数的值"命令，弹出"指定模板参数的值"对话框，如图 11.2 和图 11.3 所示。

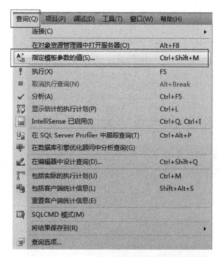

图 11.2 选择"指定模板参数的值"命令

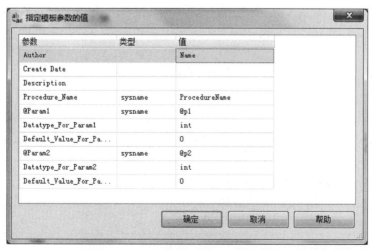

图 11.3 "指定模板参数的值"对话框（1）

"指定模板参数的值"对话框中的各个参数及其说明如表 11.1 所示。

表 11.1 "指定模板参数的值"对话框中的各个参数及其说明

参数	说明
Author	创建存储过程的人的姓名
Create Date	日期
Description	描述
Procedure_Name	存储过程名称
@Param1	参数 1
@Datatype_For_Param1	参数 1 的数据类型
Default_Value_For_Param1	参数 1 的默认值
@Param2	参数 2
@Datatype_For_Param2	参数 2 的数据类型
Default_Value_For_Param2	参数 2 的默认值

（4）修改此对话框中相关参数的值，如图 11.4 所示。修改完成后，单击"确定"按钮。

图 11.4 修改"指定模板参数的值"对话框中相关参数的值

（5）在查询编辑器中，使用以下语句替换 SELECT 语句：

```
select * from tb_tab where 性别 ='男 '
```

替换完成后的效果如图 11.5 所示。

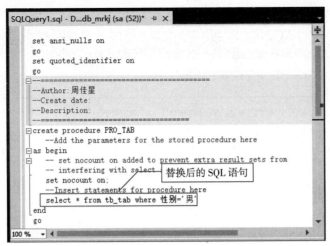

图 11.5　替换 SELECT 语句后的效果

（6）单击"执行"按钮创建存储过程。

【例11-1】 创建一个名称为"Proc_Stu"的存储过程，要求它能实现以下功能，在"Student"表中查询男生的"Sno""Sex""Sage"这几个字段的内容。

具体的操作步骤如下。

（1）选择"查询"—"指定模板参数的值"命令，弹出"指定模板参数的值"对话框，如图 11.6 所示。

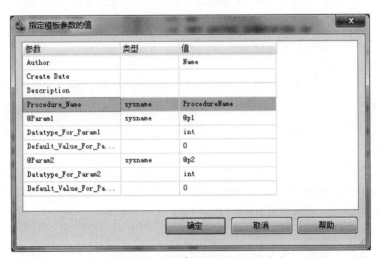

图 11.6　"指定模板参数的值"对话框（2）

（2）在"指定模板参数的值"对话框中将"Procedure_Name"参数值修改为"Proc_Stu"，单击"确定"按钮，关闭此对话框。

（3）在查询编辑器中，将相应的 SELECT 语句修改为以下的语句：

```
select Sno,Sname,Sex,Sage
from Student
where Sex='男'
```

11.2.2 使用 T-SQL 创建存储过程

CREATE PROCEDURE 语句用于在服务器上创建存储过程。

CREATE PROCEDURE 语句的语法如下:

```
CREATE PROC [ EDURE ] procedure_name [ ; number ]
    [ { @parameter data_type }
        [ VARYING ] [ = default ] [ OUTPUT ]
    ] [ ,...n ]
[ WITH
    { RECOMPILE | ENCRYPTION | RECOMPILE , ENCRYPTION } ]
[ FOR REPLICATION ]
AS sql_statement [ ...n ]
```

参数说明如下。

- ✓ procedure_name: 新存储过程的名称。存储过程名称必须符合标识符命名规范,且对于数据库及其所有者必须是唯一的。
- ✓ number: 可选的整数,用来对同名的存储过程进行分组,用 DROP PROCEDURE 语句可将同组的存储过程全部删除,例如,名为"PRO_RYB"的存储过程可以命名为"PRO_RYB;1""PRO_RYB;2"等,用 DROP PROCEDURE PRO_RYB 语句可删除整个存储过程组。
- ✓ @parameter: 存储过程中的参数。
- ✓ data_type: 参数的数据类型。
- ✓ VARYING: 用于指定输出参数支持的结果集(由存储过程动态构造,内容可以变化),仅适用于游标参数。
- ✓ default: 参数的默认值,默认值必须是常量或 NULL。如果定义了默认值,不必指定该参数的值即可执行存储过程;如果使用 LIKE 关键字,默认值可以包含通配符 %、_、[] 和 [^]。
- ✓ OUTPUT: 表明参数是返回参数。该参数的值可以返回给 EXEC[UTE],使用 OUTPUT 参数可将信息返回给调用过程。text、ntext 和 image 类型的参数可用作 OUTPUT 关键字。使用 OUTPUT 关键字的输出参数可以是游标占位符。
- ✓ n: 表示最多可以指定 2100 个参数的占位符。
- ✓ RECOMPILE: 表明 SQL Server 不会缓存存储过程的计划,该存储过程将在运行时重新编译。若使用非典型值或临时值,并且不覆盖缓存在内存中的执行计划,则使用该参数。
- ✓ AS: 用于指定存储过程要执行的操作。
- ✓ sql_statement: 存储过程中要包含的任意数目和类型的 T-SQL 语句。

【例11-2】 为"db_supermarket"数据库中的"tb_users"表创建存储过程。SQL 语句如下:

```
create procedure loving as
select * from tb_users where userName='mr'
```

运行结果如图 11.7 所示。

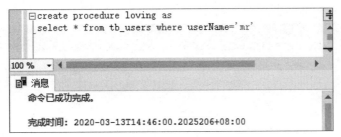

图 11.7 运行结果

在"对象资源管理器"面板中的"db_supermarket"选项下可看到创建的存储过程"loving"。

11.3 执行存储过程

存储过程创建完成后，可以通过 EXECUTE 语句执行存储过程，它可简写为 EXEC。

1. EXECUTE 语句

EXECUTE 语句可用来执行 T-SQL 中的命令字符串，也可以用来执行系统存储过程、用户定义存储过程、标量值用户定义函数或扩展存储过程。

EXECUTE 语句的语法如下：

```
[ { EXEC | EXECUTE } ]
    {
      [ @return_status = ]
      { module_name [ ;number ] | @module_name_var }
        [ [ @parameter = ] { value
                            | @variable [ OUTPUT ]
                            | [ DEFAULT ]
                            }
        ]
      [ ,...n ]
      [ WITH RECOMPILE ]
    }
[;]
```

EXECUTE 语句的参数及说明如表 11.2 所示。

表 11.2 EXECUTE 语句的参数及说明

参数	说明
@return_status	可选的整型变量，存储模块的返回状态。这个变量在用于 EXECUTE 语句前，必须在批处理、存储过程或函数中声明

续表

参数	说明
module_name	要调用的存储过程或用户定义标量值函数的完全限定或者不完全限定名称。模块名称必须符合标识符命名规范。无论服务器的排序规则如何，扩展存储过程的名称总是区分大小写的
number	可选整数，用于对同名的存储过程分组。该参数不能用于扩展存储过程
@module_name_var	局部定义的变量名，代表模块名称
@parameter	module_name 的参数，与在模块中定义的相同。参数名称前必须加上符号 @
value	传递给模块或语句的参数值。如果参数名称没有指定，参数值必须以在模块中定义的顺序提供
@variable	用来存储参数或返回参数的变量
OUTPUT	用于指定模块或命令字符串返回一个参数。该模块或命令字符串中的匹配参数必须已使用关键字 OUTPUT 创建。使用游标变量作为参数时使用 OPTPUT 关键字
DEFAULT	用于根据模块的定义，提供参数的默认值。当模块需要的参数值没有定义默认值并且缺少参数或指定了 DEFAULT 关键字，会出现错误
WITH RECOMPILE	执行模块后，强制编译、使用和放弃新计划。如果该模块存在现有查询计划，则该计划将保留在缓存中

2. 使用 EXECUTE 语句执行存储过程

【例11-3】调用 EXECUTE 语句执行存储过程。

执行"tb_users"表的存储过程，SQL 语句如下：

```
exec loving
```

单击工具栏中的"执行"按钮，执行结果如图 11.8 所示。

图 11.8　执行结果

11.4　查看和修改存储过程

11.4.1　使用企业管理器查看和修改存储过程

1. 使用企业管理器查看存储过程

使用企业管理器查看存储过程的步骤如下。

（1）在 SQL Server Management Studio 的"对象资源管理器"面板中，展开 "数据库"—"student"—"可编程性"—"存储过程"节点，显示当前数据库的所有存储过程。

（2）用鼠标右键单击想要查看的存储过程，这里以"loving"为例，在弹出的快捷菜单中选择"属性"命令，打开"存储过程属性 – loving"窗口，查看存储过程的信息，如图 11.9 所示。

图 11.9　loving 存储过程的信息

2. 使用企业管理器修改存储过程

使用企业管理器修改存储过程的步骤如下。

（1）在 SQL Server Management Studio 的"对象资源管理器"面板中，展开 "数据库"—"student"—"可编程性"—"存储过程"节点，显示当前数据库的所有存储过程。

（2）用鼠标右键单击想要修改的存储过程，这里以"loving"为例，在弹出的快捷菜单中选择"修改"命令，打开查询编辑器，如图 11.10 所示。用

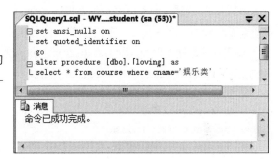

图 11.10　查询编辑器和"消息"选项卡

户可以在此编辑 SQL 语句，完成编辑后，单击工具栏中的"执行"按钮，执行修改代码。用户可以在查询编辑器下方的"消息"选项卡中查看执行结果。

11.4.2　使用 T-SQL 查看和修改存储过程

1. 使用 T-SQL 查看存储过程信息

可以利用系统存储过程 sp_helptext、sp_depends、sp_help 来查看存储过程的不同信息。

（1）使用 sp_helptext 查看存储过程的文本信息。

其语法如下：

```
sp_helptext [ @objname = ] 'name'
```

参数 [@objname =] 'name' 表示对象的名称，此对象必须在当前数据库中。name 的数据类型为

nvarchar(776)，无默认值。

> **⚡注意**
>
> 在创建存储过程时，如果使用了 WITH ENCRYPTION 参数，使用系统存储过程 sp_helptext 无法查看存储过程的相关信息。

（2）使用 sp_depends 查看存储过程的相关信息。

其语法如下：

```
sp_depends [ @objname = ] 'object'
```

参数 [@objname =] 'object' 是要查看相关信息的数据库对象。对象可以是表、视图、存储过程或触发器。object 的数据类型为 varchar(776)，无默认值。

（3）使用 sp_help 查看存储过程的一般信息。

其语法如下：

```
sp_help [ [ @objname = ] 'name' ]
```

参数 [@objname =] 'name' 是 sysobjects 中任意对象的名称，或者是"systypes"表中用户自定义数据类型的名称，不能是数据库名称。name 的数据类型为 nvarchar(776)，默认值为 NULL。

【例11-4】查看"tb_users"表的存储过程的信息。

使用系统存储过程 sp_helptext、sp_depends、sp_help 查看存储过程"loving"的信息。SQL 语句如下：

```
use db_supermarket
exec sp_helptext loving
exec sp_depends loving
exec sp_help loving
```

运行结果如图 11.11 所示。

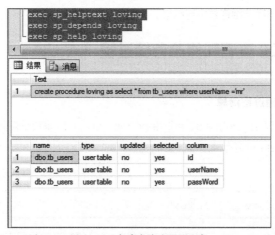

图 11.11　查看存储过程的信息

2. 使用 T-SQL 修改存储过程

使用 ALTER PROCEDURE 语句修改存储过程，既不会影响存储过程的权限设定，也不会更改存储过程的名称。

ALTER PROCEDURE 语句的语法如下：

```
ALTER PROC [ EDURE ] procedure_name [ ; number ]
    [ { @parameter data_type }
        [ VARYING ] [ = default ] [ OUTPUT ]
    ] [ ,...n ]
[ WITH
    { RECOMPILE | ENCRYPTION
        | RECOMPILE , ENCRYPTION   }
]
[ FOR REPLICATION ]
AS
    sql_statement [ ...n ]
```

参数 procedure_name 是要更改的存储过程的名称。

例如，修改"loving20"存储过程，修改后该存储过程的 SQL 语句如下：

```
-- 创建存储过程
use db_student
create procedure loving20
@课程类别 varchar(20)='娱乐类',    -- 为参数设置默认值
@学分 int=8
as
select *
from course
where 课程类别 = @课程类别 and 学分 <@学分
```

修改前的"loving20"存储过程的 SQL 语句如下：

```
-- 创建存储过程
use db_student
create procedure loving20
@课程类别 varchar(20)='歌曲类',    -- 为参数设置默认值
@学分 int=6
as
select *
from course
where 课程类别 = @课程类别 and 学分 >@学分
```

11.5 删除存储过程

11.5.1 使用企业管理器删除存储过程

使用企业管理器删除存储过程的步骤如下。

（1）在 SQL Server Management Studio 的"对象资源管理器"面板中，展开 "数据库"—"student"—"可编程性"—"存储过程"节点，显示当前数据库的所有存储过程。

（2）用鼠标右键单击想要修改的存储过程，这里以"loving"为例，在弹出的快捷菜单中选择"删除"命令，出现图 11.12 所示的"删除对象"窗口，在其中选择要删除的存储过程。

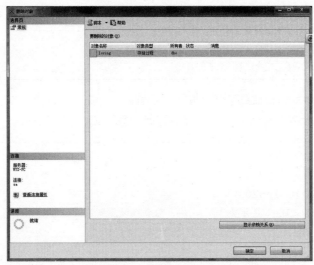

图 11.12 "删除对象"窗口

（3）单击"确定"按钮，即可删除所选的存储过程。

> ⚡注意
>
> 在删除数据表后，并不会删除与其关联的数据表，但是其存储过程无法执行。

11.5.2 使用 T-SQL 删除存储过程

DROP PROCEDURE 语句用于从当前数据库中删除一个或多个存储过程或存储过程组。

其语法如下：

```
DROP PROCEDURE { procedure } [ ,...n ]
```

参数说明如下。

☑ procedure 是要删除的存储过程或存储过程组的名称。存储过程名称必须符合标识符命名规范。

可以选择是否指定存储过程所有者名称，但不能指定服务器名称和数据库名称。

☑ n 表示可以指定多个存储过程的占位符。

例如，删除"loving"存储过程的 SQL 语句如下：

```
drop procedure loving
```

例如，删除存储过程"loving10"" loving20""loving30"的 SQL 语句如下：

```
drop procedure loving10,loving20,loving30
```

例如，删除存储过程组"loving"（其中包含存储过程"loving;1""loving;2""loving;3"）的 SQL 语句如下：

```
drop procedure loving
```

⚡注意

SQL 语句 DROP 不能用于删除存储过程组中的单个存储过程。

11.6　小结

本章介绍了存储过程的概念、创建和管理存储过程的方法。在学习本章后，读者可以使用存储过程增强代码的重用性；在创建存储过程后可以调用 EXECUTE 语句执行存储过程或者设置其自动执行；还可以查看、修改或者删除存储过程。

触发器的使用

本章主要介绍如何使用触发器,包括触发器简介、创建触发器、修改触发器和删除触发器。通过对本章的学习,读者可以掌握使用企业管理器和 T-SQL 创建触发器的方法,并应用触发器编写 SQL 语句,从而提高查询和数据访问的速度。

通过阅读本章,您可以:

- ⊘ 掌握创建触发器的两种方法;
- ⊘ 掌握操作触发器的方法。

12.1 触发器简介

12.1.1 触发器的概念

触发器是一种特殊类型的存储方式,在插入、删除或修改特定表中的数据时触发并执行。触发器通常可以用于强制执行一定的业务规则,以保持数据完整性、检查数据有效性、完成数据库管理任务和实现一些附加的功能。

在 SQL Server 中一个表可以有多个触发器。用户可以使用 INSERT、UPDATE 或 DELETE 语句对触发器进行设置,也可以对一个表上的特定操作设置多个触发器。触发器可以包含复杂的 T-SQL 语句。触发器不能通过名称直接调用,更不允许设置参数。

12.1.2 触发器的功能

触发器可以使用 T-SQL 语句进行复杂的逻辑处理。它基于一个表创建,可以对多个表进行操作,因此常常用于处理复杂的业务逻辑。一般可以使用触发器完成如下操作。

(1)级联修改数据库中的相关表。

（2）执行比检查约束更复杂的约束操作。

（3）拒绝或回滚违反引用完整性的操作。检查对数据表的操作是否违反引用完整性，并进行相应的操作。

（4）比较表修改前后数据之间的差别，并根据差别进行相应的操作。

12.1.3　触发器的类型和触发操作

在 SQL Server 中，触发器分为 DML 触发器和 DDL 触发器两种。

（1）DML 触发器是在执行数据操作语言事件时调用的触发器，其中，数据操作语言事件包括 INSERT、UPDATE 和 DELETE 语句。触发器中可以包含复杂的 T-SQL 语句，触发器整体被看作一个事务，可以回滚。

DML 触发器可以分为如下 5 种类型。

- ☑ UPDATE 触发器。此触发器在表进行更新操作时触发。
- ☑ INSERT 触发器。此触发器在表进行插入操作时触发。
- ☑ DELETE 触发器。此触发器在表进行删除操作时触发。
- ☑ INSTEAD OF 触发器。在不执行插入、更新或删除操作时，将触发 INSTEAD OF 触发器。INSTEAD OF 触发器并不执行其定义的操作（插入、更新、删除），而仅执行触发器本身。既可以在表上定义 INSTEAD OF 触发器，也可以在视图上定义 INSTEAD OF 触发器，但对同一操作只能定义一个 INSTEAD OF 触发器。
- ☑ AFTER 触发器。此触发器在一个触发动作发生之后触发，并提供一种机制以控制多个触发器的执行顺序。AFTER 触发器只有在执行某一操作（插入、更新、删除）之后才被触发，且只能在表上定义。可以为针对表的同一操作定义多个 AFTER 触发器。使用 AFTER 触发器，可以定义哪一个触发器被优先触发，哪一个被最后触发，通常使用系统过程 sp_settriggerorder 来完成这些任务。

（2）DDL 触发器与 DML 触发器类似，与 DML 触发器不同的是，DDL 触发器触发事件是由数据定义语言引起的，包括 CREATE、ALTER 和 DROP 语句。DDL 触发器用于执行数据库管理任务，如调节和审计数据库运转。DDL 触发器只能在触发事件发生后才会被调用执行，即它只能是 AFTER 触发器。

SQL Server 中新增加了许多特性，其中，DDL 触发器是 SQL Server 的一大亮点。在 SQL Server 2000 中，只能为针对表的数据操纵语句（INSERT、UPDATE 和 DELETE 语句）定义 AFTER 触发器。使用 SQL Server 可以就整个服务器或数据库的某个范围为数据定义事件定义触发器。DDL 触发器可以为单个数据定义语句（例如 CREATE_TABLE 语句），也可以为一组语句（例如 DDL_DATABASE_LEVEL_EVENTS 语句）。在 DDL 触发器内部，可以通过 EVENTDATA() 函数获得与触发该触发器的事件有关的数据。该函数可返回有关事件的 XML 数据。每个事件的架构都继承了 Server Events 基础架构。

12.2 创建触发器

12.2.1 使用企业管理器创建触发器

使用企业管理器创建触发器的步骤如下。

（1）打开 SQL Server Management Studio，在"对象资源管理器"面板中展开需要创建触发器的表节点，显示其下的"触发器"选项。

（2）在"触发器"选项上单击鼠标右键，在弹出的快捷菜单中选择"新建触发器"命令，如图 12.1 所示。

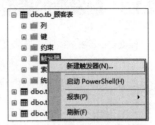

图 12.1 选择"新建触发器"命令

（3）在菜单栏中选择"查询"—"指定模板参数的值"命令，如图 12.2 所示。

图 12.2 选择"指定模板参数的值"命令

（4）在"指定模板参数的值"对话框中进行参数值的修改，如图 12.3 所示。

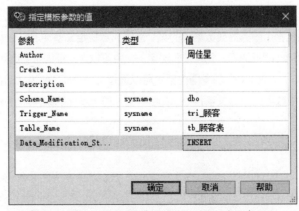

图 12.3 修改"指定模板参数的值"对话框中的参数值

在"Trigger_Name"文本框中输入触发器的名称，例如"tri_ 顾客"。在"Table_Name"文本框中输入触发器作用的数据表的名称，例如"tb_ 顾客表"。删除参数"Data_Modification_Statements"值中的 UPDATE 和 DELETE，使触发器只具有 INSERT（添加）功能。如果想让触发器具有更新或删除的功能，则需要保留 UPDATE 或 DELETE，INSERT、UPDATE 和 DELETE 可以同时使用。

修改完成后，单击"确定"按钮。

（5）在查询编辑器中，添加如下 SQL 语句：

```
print '添加顾客信息操作成功！！'
```

添加完成后的查询编辑器如图 12.4 所示。

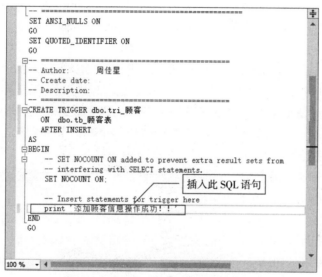

图 12.4　添加 SELECT 语句后的查询编辑器

（6）单击"执行"按钮创建触发器。

12.2.2　使用 T-SQL 创建触发器

1. 使用 T-SQL 创建 DML 触发器

创建 DML 触发器的语法如下：

```
CREATE TRIGGER [ schema_name . ]trigger_name
ON { table | view }
[ WITH <dml_trigger_option> [ ,...n ] ]
{ FOR | AFTER | INSTEAD OF }
{ [ INSERT ] [ , ] [ UPDATE ] [ , ] [ DELETE ] }
[ WITH APPEND ]
[ NOT FOR REPLICATION ]
AS { sql_statement  [ ; ] [ ...n ] | EXTERNAL NAME <method specifier [ ; ] > }
```

213

```
<dml_trigger_option> ::=
    [ ENCRYPTION ]
    [ EXECUTE AS Clause ]
<method_specifier> ::=
    assembly_name.class_name.method_name
```

参数说明如下。

- ☑ schema_name：DML 触发器所属架构的名称，DML 触发器的作用域是创建该触发器的表或视图的架构；DDL 触发器无法指定 schema_name。
- ☑ trigger_name：触发器的名称，每个 trigger_name 必须遵循标识符命名规范，但 trigger_name 不能以 "#" 或 "##" 开头。
- ☑ table | view：要执行 DML 触发器的表或视图，它们有时又称为触发器表或触发器视图，使用该参数可以根据需要指定表或视图的完全限定名称，视图只能被 INSTEAD OF 触发器引用。
- ☑ <dml_trigger_option>：DML 触发器的参数，其中 ENCRYPTION 参数用于禁止触发器作为 SQL Server 复制内容的一部分被发布，EXECUTE AS 参数用于设置使用权限。
- ☑ FOR|AFTER|INSTEAD OF：用于指定触发器类型，FOR 和 AFTER 是等价的。
- ☑ [INSERT] [,] [UPDATE] [,] [DELETE]：用于指定数据修改语句，这些语句可在 DML 触发器对表或视图进行尝试时激活触发器，必须至少指定一个选项，在触发器定义中允许使用上述选项的任意顺序组合。
- ☑ WITH APPEND：用于添加一个现有类型的触发器，如果同一类型的触发器已存在，也允许添加，只与 FOR 关键字一起使用。
- ☑ NOT FOR REPLICATION：用于指示当复制代理修改涉及触发器的表时，不应执行触发器。
- ☑ sql_statement：触发条件和操作，触发条件用于确定尝试的数据操纵语句或数据定义语句是否导致执行触发器操作的是 T-SQL 语句。
- ☑ <method_specifier>：用于为 CLR 触发器指定程序集与触发器绑定的方法，该方法不能带有任何参数，并且必须返回空值。

例如，为 "tb_basicMessage" 表创建触发器，实现当为 "tb_basicMessage" 表添加或修改数据时，向客户端显示一条消息。SQL 语句如下：

```
use db_supermarket
if object_id ('tb_BM', 'TR') is not null
   drop trigger tb_BM
go
create trigger tb_BM
on tb_basicMessage
after insert, update
as raiserror ('Notify tb_BM Relations', 16, 10)
go
```

例如，创建一个 DML 触发器 "loving10"，实现当在 "course" 表中删除数据时，输出一条消息。SQL 语句如下：

```
use student
if object_id ('loving10', 'TR') is not null
   drop trigger loving
go
create trigger loving10
on course
after delete
as
print' 你删除了一行数据，操作成功！'
go
```

2. 使用 T-SQL 创建 DDL 触发器

创建 DDL 触发器的语法如下:

```
CREATE TRIGGER trigger_name
ON { ALL SERVER | DATABASE }
[ WITH <ddl_trigger_option> [ ,...n ] ]
{ FOR | AFTER } { event_type | event_group } [ ,...n ]
AS { sql_statement  [ ; ] [ ...n ] | EXTERNAL NAME < method specifier >  [
; ] }
<ddl_trigger_option> ::=
    [ ENCRYPTION ]
    [ EXECUTE AS Clause ]
<method_specifier> ::=
    assembly_name.class_name.method_name
```

参数说明如下:

✓ ALL SERVER|DATABASE: 用于指定 DDL 触发器的响应范围为当前服务器或当前数据库。

✓ <ddl_trigger_option>: DDL 触发器的选项设置。

✓ event_type|event_group: T-SQL 事件的名称或事件组的名称，事件执行后，将触发 DDL 触发器。

【例12-1】 创建 DDL 触发器。

创建一个 DDL 触发器 "loving30"，实现在删除 "course" 表时，触发 "loving30" 触发器并输出提示信息。SQL 语句如下:

```
use student
-- 如果触发器 "loving30" 存在，则删除它
if exists(select * from sys.triggers
        where name='loving30')
   drop trigger loving30
on database
go
```

215

```
-- 创建 DDL 触发器
create trigger loving30
on database
for drop_table,alter_table
as
begin
print' 在做删除或更改表操作前，请禁止触发器 loving30'
rollback
end
```

测试"loving30"触发器，删除"course"表看是否会触发"loving30"触发器。SQL 语句如下：

```
use student
drop table course
```

运行结果如图 12.5 所示。

【例12-2】 创建作用范围为服务器的 DDL 触发器。

创建一个作用范围为服务器的 DDL 触发器"loving40"，SQL 语句如下：

```
create trigger loving40
on all server
for create_login
as
print' 你没有权限创建登录 '
rollback;
```

测试"loving40"触发器，查看"loving40"触发器是否起作用。SQL 语句如下：

```
create login LYC
    with password='sqlserver2016'
go
```

运行结果如图 12.6 所示。

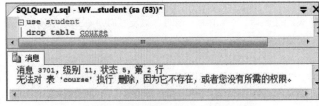

图 12.5　测试"loving30"触发器的结果

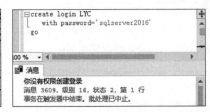

图 12.6　测试"loving40"触发器的结果

12.3 修改触发器

12.3.1 使用企业管理器修改触发器

使用企业管理器修改触发器的步骤如下。

（1）打开 SQL Server Management Studio。在"对象资源管理器"面板中依次展开"数据库"—"student"—"表"—"dbo.student1"—"触发器"节点（其中"dbo.student1"为要创建触发器的表）。

（2）选择要修改的触发器，单击鼠标右键，在弹出的快捷菜单中选择"修改"命令，如图 12.7 所示，打开图 12.8 所示的查询编辑器，修改其中的代码，修改完毕后，单击工具栏中的"执行"按钮，"消息"选项卡中会显示运行结果。

图 12.7 选择"修改"命令

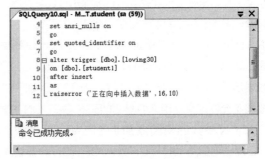

图 12.8 在查询编辑器中修改代码

12.3.2 使用 T-SQL 管理触发器

使用 ALTER TRIGGER 语句可以管理触发器。ALTER TRIGGER 语句的语法如下：

```
ALTER TRIGGER trigger_name
ON ( table | view )
[ WITH ENCRYPTION ]
{
    { ( FOR | AFTER | INSTEAD OF ) { [ DELETE ] [ , ] [ INSERT ] [ , ] [ UPDATE ] }
        [ NOT FOR REPLICATION ]
        AS
        sql_statement [ ...n ]
    }
    |
    { ( FOR | AFTER | INSTEAD OF ) { [ INSERT ] [ , ] [ UPDATE ] }
        [ NOT FOR REPLICATION ]
        AS
        { IF UPDATE ( column )
```

```
        [ { AND | OR } UPDATE ( column ) ]
        [ ...n ]
        | IF ( COLUMNS_UPDATED ( ) { bitwise_operator } updated_bitmask )
        { comparison_operator } column_bitmask [ ...n ]
        }
        sql_statement [ ...n ]
    }
}
```

参数说明如下。

☑ trigger_name：要更改的现有触发器。

☑ table | view：触发器在其上执行的表或视图。

☑ WITH ENCRYPTION：用于加密"syscomments"表中包含 ALTER TRIGGER 语句文本的条目。使用 WITH ENCRYPTION 可防止将触发器作为 SQL Server 复制内容的一部分发布。

☑ AFTER：用于指定触发器只能在触发它的 SQL 语句执行成功后被触发。必须在所有的引用级联操作和约束检查成功完成后，才能执行此触发器。如果仅指定了 FOR 关键字，那么 AFTER 是默认设置。AFTER 触发器只能定义在表上。

☑ INSTEAD OF：用于指定执行触发器，而不是触发 SQL 语句，从而替代触发语句的操作。在表或视图上，每个 INSERT、UPDATE 或 DELETE 语句最多可以定义一个 INSTEAD OF 触发器。然而，可以在每个具有 INSTEAD OF 触发器的视图上定义视图。INSTEAD OF 触发器不允许定义在用 WITH CHECK OPTION 创建的视图上。如果向指定了 WITH CHECK OPTION 参数的视图添加 INSTEAD OF 触发器，SQL Server 将报错。必须用 ALTER VIEW 语句删除 WITH CHECK OPTION 参数后才能定义 INSTEAD OF 触发器。

☑ { [DELETE] [,] [INSERT] [,] [UPDATE] } | { [INSERT] [,] [UPDATE]}：用于指定在表或视图上执行哪些数据修改语句时将激活触发器的关键字，至少指定一个选项。在触发器定义中允许使用以任意顺序组合的上述关键字，如果指定的关键字多于一个，需用半角逗号对其进行分隔。对于 INSTEAD OF 触发器，不允许在具有 ON DELETE 级联操作引用关系的表上使用 DELETE 关键字。同样，也不允许在具有 ON UPDATE 级联操作引用关系的表上使用 UPDATE 关键字。

☑ NOT FOR REPLICATION：表示当复制登录（如 sqlrepl）更改触发器涉及的表时，不应执行触发器。

☑ AS：用于指定触发器要执行的操作。

☑ IF UPDATE(column)：用于测试在指定的列上进行的插入或更新操作，不能用于指定删除操作。可以在触发器主体中的任意位置使用 UPDATE(column)。

☑ {AND | OR}：用于指定要测试插入或更新操作的另一个列。

☑ column：用于测试插入或更新操作的列名。

☑ IF(COLUMNS_UPDATED())：用于判断提及的一列或多列是执行插入还是更新操作，仅用于 INSERT 或 UPDATE 触发器中。COLUMNS_UPDATED() 用于返回 varbinary 位模式，该位模式可以表示表的哪些列进行了插入操作，哪些列进行了更新操作。可以在触发器主体中的任意位置使用 COLUMNS_UPDATED()。

- ⊘ bitwise_operator: 用于进行比较运算的位运算符。
- ⊘ updated_bitmask: 整型位掩码，表示实际更新或插入的列。例如，表 "t1" 包含列 C1、C2、C3、C4 和 C5。假定表 "t1" 上有 UPDATE 触发器，若要检查列 C2、C3 和 C4 是否都有更新，指定值为 14；若要检查是否只有列 C2 有更新，指定值为 2。
- ⊘ comparison_operator: 用于指定比较运算符。使用等号（＝）检查 updated_bitmask 中指定的所有列是否都进行了实际更新。使用大于号（＞）来检查 updated_bitmask 中指定的列是否进行过更新，或者是否全部进行过更新。
- ⊘ column_bitmask: 要检查的列的整型位掩码。
- ⊘ sql_statement: 用于指定触发器执行的条件和操作。
- ⊘ n: 表示触发器中可以包含多条 T-SQL 语句的占位符。

例如，为工资表 "tb_laborage" 创建 DELETE 触发器，实现只有在员工表 "tb_employee01" 中存在的员工的工资信息才不允许被删除。SQL 语句如下：

```
use db_mrkj
go
/*判断表中是否有名为 "tri_laborage_alter" 的触发器 */
if exists (select name
    from    sysobjects
    where   name = 'tri_laborage_alter'
    and type = 'TR')
/*如果已经存在则删除此触发器 */
drop trigger tri_laborage_alter
go
create trigger tri_laborage_alter
  on tb_laborage
after delete  as
  begin
        rollback transaction
        print('员工的工资信息不允许删除')
      end
go
-- 修改触发器
alter trigger tri_laborage_alter
 on tb_laborage
 after delete as
declare  @员工编号 varchar(50)
 select  @员工编号 = 员工编号 from deleted
     if @员工编号 in(select 员工编号 from tb_employee01)
       begin
          rollback transaction
          print('这个员工的信息不允许删除')
        end
 go
```

12.4 删除触发器

12.4.1 使用企业管理器删除触发器

打开 SQL Server Management Studio。在"对象资源管理器"面板中依次展开 "数据库"—"student"—"表"—"dbo.student1"—"触发器"节点（其中"dbo.student1"为要创建触发器的表），选择要删除的触发器，单击鼠标右键，在弹出的快捷菜单中选择"删除"命令，如图 12.9 所示，即可将选择的触发器删除。

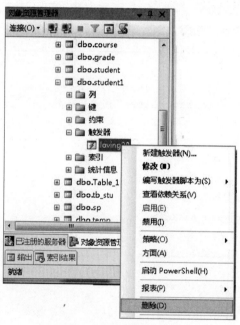

图 12.9 选择"删除"命令

12.4.2 使用 T-SQL 删除触发器

DROP TRIGGER 语句用于从当前数据库中删除一个或多个触发器。

DROP TRIGGER 语句的语法如下：

```
DROP TRIGGER { trigger } [ ,...n ]
```

参数说明如下。

- trigger：要删除的触发器的名称，触发器名称必须符合标识符命名规范。通过该参数可以选择是否指定触发器所有者名称，若要查看当前创建的触发器列表，可使用 sp_helptrigger。

- n：表示可以指定多个触发器的占位符。

例如，删除指定数据库中的触发器"loving"，SQL 语句如下：

```
use db_student
drop trigger loving
```

12.5　小结

　　本章介绍了触发器的概念、创建和管理触发器的方法。在学习本章后，读者可以使用触发器，在操作数据的同时触发指定的事件，从而维护数据完整性。触发器分为 DML 触发器和 DDL 触发器，可以使用企业管理器或者 T-SQL 对触发器进行管理。

第 13 章

游标的使用

使用游标是取用一组数据并能够一次与一个单独的数据进行交互的方法，然而，不能通过在整个行集中修改或者选取数据来获得需要的结果。本章将对游标的使用进行详细讲解。

通过阅读本章，您可以：

- ☑ 掌握游标的概念；
- ☑ 了解游标的类型；
- ☑ 掌握游标的基本操作；
- ☑ 了解与游标相关的系统存储过程；
- ☑ 掌握使用系统存储过程查看游标的方法。

13.1　游标简介

使用游标是获取一组数据并能够一次与一个单独的数据进行交互的方法。关系数据库中的操作会对整个行集起作用。由 SELECT 语句返回的行集包括满足该语句的 WHERE 子句中的条件的所有行。这种由语句返回的完整行集称为结果集。应用程序，特别是交互式联机应用程序，并不总能将整个结果集作为一个单元来有效地处理。这些应用程序需要一种机制，以便每次处理结果集的一行或一部分行。游标就是提供这种机制并且是对结果集的一种扩展。

游标通过以下方式来扩展结果处理功能。

- ☑ 允许定位到结果集的特定行。
- ☑ 从结果集的当前位置检索一行或一部分行。
- ☑ 支持对结果集中当前位置的行进行修改。
- ☑ 为由其他用户对显示在结果集中的数据库数据所做的更改提供不同级别的可见性支持。
- ☑ 提供脚本、存储过程和触发器中用于访问结果集中的数据的 T-SQL 语句。

游标可以定位到特定行，从结果集的当前行检索一行或多行。对结果集的当前行做修改，一般不使用游标，但是需要逐条处理数据时，游标显得十分重要。

13.1.1　游标的实现

游标提供了一种从表中检索数据并进行操作的灵活手段，主要用在服务器上，处理由客户端发送给服务器端的 SQL 语句，或是处理批处理、存储过程、触发器中的数据处理请求。游标的优点在于它可以定位到结果集中的某一行，并可以对该行数据执行特定操作，为用户处理数据提供了很大的方便。一个完整的游标的使用过程由 5 个阶段组成，并且这 5 个阶段应符合下面的顺序。

（1）声明游标。

（2）打开游标。

（3）读取游标中的数据。

（4）关闭游标。

（5）释放游标。

13.1.2　游标的类型

SQL Server 提供了 4 种类型的游标：静态游标、动态游标、只进游标和键集驱动游标。这些游标的检测结果集变化的能力和内存占用的情况都有所不同，数据源没有办法通知游标当前提取行的更改情况。游标检测这些变化的能力受事务隔离级别的影响。

1. 静态游标

静态游标的完整结果集在游标打开时创建在"tempdb"数据库中。它总是按照游标打开时的原样显示结果集。静态游标在滚动期间很少或根本检测不到结果集的变化，虽然它在"tempdb"数据库中存储了整个游标，但消耗的资源很少。虽然动态游标使用"tempdb"数据库的程度最低，但是在滚动期间它能够检测到结果集的所有变化，不过消耗的资源也更多。键集驱动游标介于静态游标和动态游标之间，它能检测到结果集大部分的变化，但它比动态游标消耗的资源更少。

2. 动态游标

动态游标与静态游标相对。当滚动游标时，动态游标反映结果集中的所有更改。结果集中的行数据值、顺序和成员在每次提取时都会改变。所有用户做的全部插入、更新和删除操作均通过游标可见。

3. 只进游标

只进游标不支持滚动，它只支持按从头到尾的顺序提取行。只有从数据库中提取出行后才能进行检索。对所有由当前用户发出或由其他用户提交并影响结果集中的行的插入、更新和删除操作，其效果在从游标中提取行时是可见的。

4. 键集驱动游标

打开游标时，键集驱动游标中的成员和行顺序是固定的。键集驱动游标由一套被称为键集的唯一标识符（键）控制。键由以唯一方式在结果集中标识行的列构成。键集是游标打开时来自所有满足 SELECT 语句条件的行中的一系列键值。键集驱动游标的键集在游标打开时创建在"tempdb"数据库中。对非键集列中的数据值所做的更改（由游标所有者更改或其他用户提交）在用户滚动游标时是可见的。在游标外对数据库所做的插入操作在游标内是不可见的，除非将游标关闭并重新打开游标。

13.2 游标的基本操作

游标的基本操作包括声明游标、打开游标、读取游标中的数据、关闭游标和释放游标。本节详细介绍如何操作游标。

13.2.1 声明游标

声明游标可以使用 DECLARE CURSOR 语句。此语句有两种语法声明格式，分别为 ISO 标准语法和 T-SQL 扩展语法，下面将分别介绍声明游标的两种语法格式。

1. ISO 标准语法

声明游标的 ISO 标准语法如下：

```
DECLARE cursor_name [ INSENSITIVE ] [ SCROLL ] CURSOR
FOR select_statement
FOR { READ ONLY | UPDATE [ OF column_name [ ,...n ] ] }
```

参数说明如下。

- ⊘ DECLARE cursor_name：用于指定一个游标名称，游标名称必须符合标识符命名规范。
- ⊘ INSENSITIVE：用于定义一个游标，以创建将由该游标使用的数据的临时副本。对游标的所有请求都从"tempdb"数据库中的临时表中得到应答，因此，在对该游标进行提取操作时返回的数据中不反映对基表所做的修改，并且该游标不允许修改。
- ⊘ SCROLL：用于指定所有的提取选项（FIRST、LAST、PRIOR、NEXT、RELATIVE、ABSOLUTE）均可用。
  - ➤ FIRST：用于取第一行数据。
  - ➤ LAST：用于取最后一行数据。
  - ➤ PRIOR：用于取前一行数据。
  - ➤ NEXT：用于取后一行数据。
  - ➤ RELATIVE：用于按相对位置取数据。
  - ➤ ABSOLUTE：用于按绝对位置取数据。

如果未指定 SCROLL，则 NEXT 是唯一支持的提取选项。

- ⊘ select_statement：用于定义游标结果集的标准 SELECT 语句。在游标声明的 select_statement 内不允许使用关键字 COMPUTE、COMPUTE BY、FOR BROWSE 和 INTO。
- ⊘ READ ONLY：表明不允许更新游标内的数据，尽管在默认状态下游标内的数据是允许更新的。在 UPDATE 或 DELETE 语句的 WHERE CURRENT OF 子句中不允许引用游标。
- ⊘ UPDATE [OF column_name [,...n]]：用于定义游标内可更新的列。如果指定此参数，则只允许修改其中列出的列。如果在此参数中未指定列的列表，则可以更新所有列。

2. T-SQL 扩展语法

声明游标的 T-SQL 扩展语法如下：

```
DECLARE cursor_name CURSOR
[ LOCAL | GLOBAL ]
[ FORWARD_ONLY | SCROLL ]
[ STATIC | KEYSET | DYNAMIC | FAST_FORWARD ]
[ READ_ONLY | SCROLL_LOCKS | OPTIMISTIC ]
[ TYPE_WARNING ]
FOR select_statement
[ FOR UPDATE [ OF column_name [ ,...n ] ] ]
```

DECLARE CURSOR 语句的参数及说明如表 13.1 所示。

表 13.1 DECLARE CURSOR 语句的参数及说明

参数	说明
DECLARE cursor_name	用于指定一个游标名称，游标名称必须符合标识符命名规范
LOCAL	用于将游标的作用域限定在其所在的批处理、存储过程或触发器中。当创建的游标在存储过程执行结束后，游标会被自动释放
GLOBAL	用于指定游标的作用域在连接时是全局的。在由连接执行的任何存储过程或批处理中，都可以引用游标名称。该游标仅在脱接时隐性释放
FORWARD_ONLY	用于指定游标只能从第一行滚动到最后一行。FETCH NEXT 是唯一受支持的提取选项。如果在指定 FORWARD_ONLY 时不指定 STATIC、KEYSET 和 DYNAMIC 关键字，则游标作为 DYNAMIC 游标进行操作。如果 FORWARD_ONLY 和 SCROLL 均未指定，除非指定 STATIC、KEYSET 或 DYNAMIC 关键字，否则默认为 FORWARD_ONLY。STATIC、KEYSET 和 DYNAMIC 游标默认为 SCROLL。与 ODBC 和 ADO 这类数据库 API 不同，STATIC、KEYSET 和 DYNAMIC T-SQL 游标支持 FORWARD_ONLY。FAST_FORWARD 和 FORWARD_ONLY 是互斥的，如果指定一个，则不能指定另一个
STATIC	用于定义一个游标，以创建将由该游标使用的数据的临时副本。对游标的所有请求都从"tempdb"数据库中的临时表中得到应答，因此，在对该游标进行提取操作时返回的数据中不反映对基表所做的修改，并且该游标不允许修改
KEYSET	用于指定当游标打开时，游标中行的成员身份和顺序固定。对行进行唯一标识的键集内置在"tempdb"数据库内的"keyset"表中。对基表中的非键值所做的更改（由游标所有者更改或由其他用户提交）在用户滚动游标时是可见的。其他用户进行的插入操作是不可见的（不能通过 T-SQL 服务器游标进行插入操作）。如果某行已被删除，则对该行的提取操作将返回 @@FETCH_STATUS 的值，值为 -2。从游标外更新键值类似于删除旧行后接着进行插入新行的操作。含有新值的行不可见，对含有旧值的行的提取操作将返回 @@FETCH_STATUS 的值为 -2。如果通过指定 WHERE CURRENT OF 子句用游标完成数据的更新，则新值可见

续表

参数	说明
DYNAMIC	用于定义一个游标，以反映在滚动游标时对结果集内的行所做的所有数据更改。行的数据值、顺序和成员在每次提取行时都会发生更改。动态游标不支持 ABSOLUTE 提取选项
FAST_FORWARD	用于指明一个 FORWARD_ONLY、READ_ONLY 游标
SCROLL_LOCKS	指定确保通过游标完成的定位更新或定位删除可以成功。将行读入游标以确保它们可用于以后的修改时，SQL Server 会锁定这些行。如果还指定了 FAST_FORWARD，则不能指定 SCROLL_LOCKS
OPTIMISTIC	指明在数据被读入游标后，如果游标中的某行数据已发生变化，那么对游标数据进行更新或删除可能会失败
TYPE_WARNING	指定如果游标从所请求的类型隐式转换为另一种类型，则给客户端发送警告消息

【例13-1】 创建一个名为 "Cur_Emp" 的标准游标。

SQL 语句如下：

```
use db_Test
declare Cur_Emp cursor for
select * from Employee
go
```

运行结果如图 13.1 所示。

【例13-2】 创建一个名为 "Cur_Emp_01" 的只读游标。

SQL 语句如下：

图 13.1　创建标准游标的程序运行结果

```
use db_Test
declare Cur_Emp_01 cursor for
select * from Employee
for read only     -- 只读游标
go
```

运行结果如图 13.2 所示。

【例13-3】 创建一个名为 "Cur_Emp_02" 的更新游标。

SQL 语句如下：

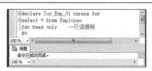

图 13.2　创建只读游标的程序运行结果

```
use db_Test
declare Cur_Emp_02 cursor for
select Name,Sex,Age from Employee
for update    -- 更新游标
go
```

运行结果如图 13.3 所示。

13.2.2 打开游标

打开一个声明的游标可以使用 OPEN 语句，其语法如下：

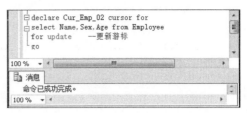

图 13.3 创建更新游标的程序运行结果

```
OPEN { { [ GLOBAL ] cursor_name } | cursor_variable_name }
```

参数说明如下。

- ✅ GLOBAL：用于指定 cursor_name 为全局游标。
- ✅ cursor_name：已声明的游标的名称，如果全局游标和局部游标都使用 cursor_name 作为名称，那么如果指定了 GLOBAL，cursor_name 指的是全局游标，否则，cursor_name 指的是局部游标。
- ✅ cursor_variable_name：游标变量的名称，该名称引用一个游标。

> 💡 说明
>
> 如果使用 INSENSITIVE 或 STATIC 声明游标，那么使用 OPEN 语句将创建一个临时表以保留结果集。如果结果集中任意行的大小超过 SQL Server 表的最大行大小，OPEN 语句将执行失败。如果使用 KEYSET 声明游标，那么使用 OPEN 语句将创建一个临时表以保留键集。临时表存储在"tempdb"数据库中。

【例13-4】声明一个名为"Emp_01"的游标，然后使用 OPEN 语句打开该游标。

SQL 语句如下：

```
use db_Test
declare Emp_01 cursor for        -- 声明游标
select * from Employee
where id = '1'
open Emp_01                      -- 打开游标
go
```

运行结果如图 13.4 所示。

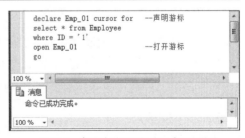

图 13.4 声明并打开游标的程序运行结果

13.2.3 读取游标中的数据

当打开一个游标之后，就可以读取游标中的数据。可以使用 FETCH 语句读取游标中的某一行数据。FETCH 语句的语法如下：

```
FETCH
        [ [ NEXT | PRIOR | FIRST | LAST
            | ABSOLUTE { n | @nvar }
```

```
          | RELATIVE { n | @nvar }
      ]
      FROM
  ]
{ { [ GLOBAL ] cursor_name } | @cursor_variable_name }
[ INTO @variable_name [ ,...n ] ]
```

FETCH 语句的参数及说明如表 13.2 所示。

表 13.2　FETCH 语句的参数及说明

参数	说明
NEXT	用于返回紧跟当前行之后的结果行，并且当前行递增为结果行。如果 FETCH NEXT 为对游标的第一次提取操作，则返回结果集中的第一行。NEXT 为默认的游标提取选项
PRIOR	用于返回紧临当前行前面的结果行，并且当前行递减为结果行。如果 FETCH PRIOR 为对游标的第一次提取操作，则没有行返回并且将游标置于第一行之前
FIRST	用于返回游标中的第一行并将其作为当前行
LAST	用于返回游标中的最后一行并将其作为当前行
ABSOLUTE {n	@nvar}	如果 n 或 @nvar 为正数，则返回从游标头开始的第 n 行，并将返回的行变成新的当前行。如果 n 或 @nvar 为负数，则返回游标尾之前的第 n 行，并将返回的行变成新的当前行。如果 n 或 @nvar 为 0，则没有行返回
RELATIVE {n	@nvar}	如果 n 或 @nvar 为正数，则返回当前行之后的第 n 行，并将返回的行变成新的当前行。如果 n 或 @nvar 为负数，则返回当前行之前的第 n 行，并将返回的行变成新的当前行。如果 n 或 @nvar 为 0，则返回当前行。如果在对游标的第一次提取操作中将 FETCH RELATIVE 的 n 或 @nvar 指定为负数或 0，则没有行返回。n 必须为整型常量且 @nvar 必须为 smallint、tinyint 或 int 类型的值
GLOBAL	用于指定 cursor_name 为全局游标
cursor_name	要从中提取行的开放游标的名称。如果同时有以 cursor_name 作为名称的全局游标和局部游标存在，若指定了 GLOBAL，则 cursor_name 对应于全局游标；若未指定 GLOBAL，则 cursor_name 对应于局部游标
@cursor_variable_name	游标变量名，用于引用要进行提取操作的打开的游标
INTO @variable_name[,...n]	允许将提取的列数据保存到局部变量中。列表中的各个变量从左到右与游标结果集中的相应列关联。各变量的数据类型必须与相应的结果列的数据类型匹配或结果列的数据类型支持隐式转换。变量的数目必须与游标选择列表中的列的数目一致

> **💡 说明**
>
> （1）在"ABSOLUTE {n | @nvar}"和"RELATIVE {n | @nvar}"参数中包含 n 和 @nvar，它们表示游标相对于作为基准的数据行偏离的位置。
>
> （2）当使用 SQL-92 语法来声明一个游标时，如果没有使用 SCROLL 参数，则只能使用 FETCH NEXT 来从游标中读取数据，即只能从结果集第一行开始按顺序地每次读取一行。由于不能使用 FIRST、LAST、PRIOR，所以无法回滚读取以前的数据。如果使用了 SCROLL，则可以执行所有的 FETCH 操作。

【例13-5】 用 @@FETCH_STATUS 控制一个 WHILE 循环中的游标活动，并读取游标中的数据，结果如图 13.5 所示。

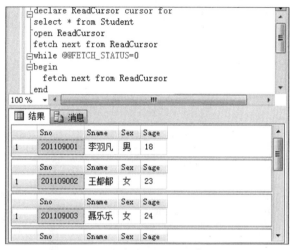

图 13.5　从游标中读取数据的程序运行结果

SQL 语句如下：

```
use db_Test                              -- 引入数据库
declare ReadCursor cursor for            -- 声明游标
select * from Student
open ReadCursor                          -- 打开游标
fetch next from ReadCursor               -- 执行读取数据操作
while @@fetch_status=0                    -- 检查 @@FETCH_STATUS 的值，以确定
是否可以继续读取数据
begin
  fetch next from ReadCursor
end
```

13.2.4　关闭游标

当游标使用完毕之后，可以使用 CLOSE 语句关闭游标，但不释放游标占用的系统资源。

CLOSE 语句的语法如下：

```
CLOSE { { [ GLOBAL ] cursor_name } | cursor_variable_name }
```

参数说明如下。

- ☑ GLOBAL：用于指定 cursor_name 为全局游标。
- ☑ cursor_name：要关闭的游标的名称。如果全局游标和局部游标都使用 cursor_name 作为名称，那么当指定 GLOBAL 时，cursor_name 引用全局游标；否则，cursor_name 引用局部游标。
- ☑ cursor_variable_name：与要关闭的游标关联的游标变量的名称。

【例13-6】 声明一个名为"CloseCursor"的游标，并使用 CLOSE 语句将其关闭。

SQL 语句如下：

```
use db_Test
declare CloseCursor cursor for
select * from  Student
for read only
open CloseCursor
close CloseCursor
```

运行结果如图 13.6 所示。

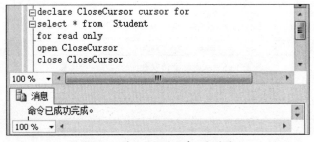

图 13.6 关闭游标的程序运行结果

13.2.5 释放游标

当关闭游标之后，并没有释放其在内存中占用的系统资源，需要使用 DEALLOCATE 语句释放游标引用。当释放游标引用时，组成游标的数据结构由 SQL Server 释放。

DEALLOCATE 语句的语法如下：

```
DEALLOCATE { { [ GLOBAL ] cursor_name } | @cursor_variable_name }
```

参数说明如下。

- ☑ cursor_name：已声明游标的名称。当全局游标和局部游标都以 cursor_name 作为名称时，如果指定了 GLOBAL，则 cursor_name 引用全局游标；如果未指定 GLOBAL，则 cursor_name 引用局部游标。
- ☑ @cursor_variable_name：cursor 变量的名称，它必须为 cursor 类型。

当使用 DEALLOCATE 语句释放游标时，游标变量并不会被释放，除非超过使用该游标的存储过程和触发器的范围。

【例13-7】 使用 DEALLOCATE 语句释放名为 "FreeCursor" 的游标。

SQL 语句如下：

```
use db_Test
declare FreeCursor cursor for
select * from Student
open FreeCursor
close FreeCursor
deallocate FreeCursor
```

运行结果如图 13.7 所示。

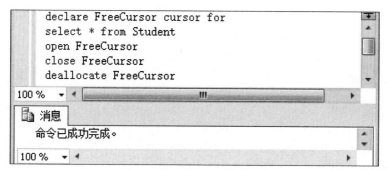

图 13.7 释放游标的程序运行结果

13.3 使用系统存储过程查看游标

在创建游标后，通常使用 sp_cursor_list 和 sp_describe_cursor 查看游标的属性。sp_cursor_list 用来报告当前为连接打开的服务器游标的属性，sp_describe_cursor 用来报告服务器游标的属性。本节详细介绍这两个系统存储过程。

13.3.1 使用 sp_cursor_list 查看游标

使用 sp_cursor_list 查看当前为连接打开的服务器游标的属性，其语法如下：

```
sp_cursor_list [ @cursor_return = ] cursor_variable_name OUTPUT
        , [ @cursor_scope = ] cursor_scope
```

参数说明如下。

- [@cursor_return =] cursor_variable_name OUTPUT：已 声 明 的 游 标 变 量 的 名 称；cursor_variable_name 的数据类型为 cursor，无默认值；游标是只读的可滚动动态游标。
- [@cursor_scope =] cursor_scope：用于指定要报告的游标的级别；cursor_scope 的数据

类型为 int，无默认值，其可取值及说明如表 13.3 所示。

表 13.3　cursor_scope 的可取值及说明

值	说明
1	用于报告所有本地游标
2	用于报告所有全局游标
3	用于报告本地游标和全局游标

【例13-8】 声明一个游标 Cur_Employee，并使用 sp_cursor_list 报告该游标的属性。

SQL 语句如下：

```
use db_Test
go
declare Cur_Employee cursor for
select Name
from Employee
where Name like '王%'
open Cur_Employee
declare @Report cursor
exec master.dbo.sp_cursor_list @cursor_return = @Report output,
     @cursor_scope = 2
fetch next from @Report
while (@@FETCH_STATUS <> -1)
begin
   fetch next from @Report
end
close @Report
deallocate @Report
go
close Cur_Employee
deallocate Cur_Employee
go
```

运行结果如图 13.8 所示。

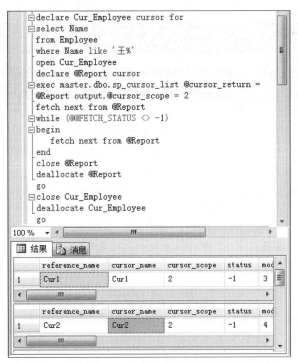

图 13.8　使用 sp_cursor_list 报告游标属性的程序运行结果

13.3.2　使用 sp_describe_cursor 查看游标

使用 sp_describe_cursor 报告服务器游标的属性，其语法如下：

```
sp_describe_cursor [ @cursor_return = ] output_cursor_variable OUTPUT
    { [ , [ @cursor_source = ] N'local'
    , [ @cursor_identity = ] N'local_cursor_name' ]
  | [ , [ @cursor_source = ] N'global'
    , [ @cursor_identity = ] N'global_cursor_name' ]
  | [ , [ @cursor_source = ] N'variable'
    , [ @cursor_identity = ] N'input_cursor_variable' ]
    }
```

sp_describe_cursor 语句的参数及说明如表 13.4 所示。

表 13.4　sp_describe_cursor 语句的参数及说明

参数	说明
[@cursor_return =] output_cursor_variable OUTPUT	用于接收游标输出的游标变量名称。output_cursor_variable 的数据类型为 cursor，无默认值。调用 sp_describe_cursor 时，该参数不得与任何游标关联。返回的游标是可滚动的动态只读游标

参数	说明
[@cursor_source =] { N'local'| N'global' | N'variable' }	用于指定是使用局部游标的名称、全局游标的名称还是游标变量的名称来指定要报告的游标。该参数的类型为 nvarchar(30)
[@cursor_identity =] N'local_cursor_name']	由具有 LOCAL 关键字或默认设置为 LOCAL 的 DECLARE CURSOR 语句创建的游标名称。local_cursor_name 的数据类型为 nvarchar(128)
[@cursor_identity =] N'global_cursor_name']	由具有 GLOBAL 关键字或默认设置为 GLOBAL 的 DECLARE CURSOR 语句创建的游标名称。global_cursor_name 的数据类型为 nvarchar(128)
[@cursor_identity =] N'input_cursor_variable']	与打开游标关联的游标变量的名称。input_cursor_variable 的数据类型为 nvarchar(128)

【例13-9】声明一个游标，并使用 sp_describe_cursor 报告该游标的属性。

SQL 语句如下：

```
use db_Test
go
declare Cur_Employee cursor static for
select Name
from Employee
open Cur_Employee
declare @Report cursor
exec master.dbo.sp_describe_cursor @cursor_return = @Report output,
        @cursor_source = N'global', @cursor_identity = N'Cur_Employee'
fetch next from @Report
while (@@FETCH_STATUS <> -1)
begin
    fetch next from @Report
end
close @Report
deallocate @Report
go
close Cur_Employee
deallocate Cur_Employee
go
```

运行结果如图 13.9 所示。

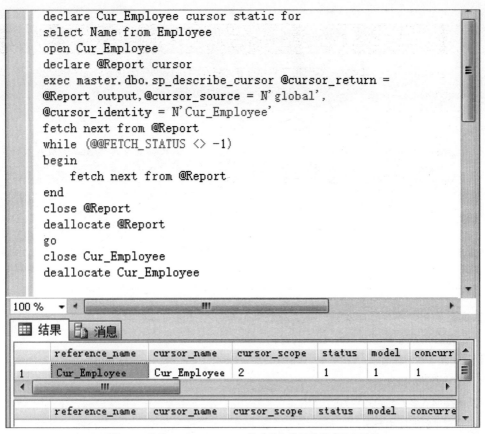

图 13.9 使用 sp_describe_cursor 报告游标属性的程序运行结果

13.4 小结

本章主要介绍了游标的概念、类型及游标的基本操作。游标可为应用程序提供每次处理结果集中一行或一部分行的机制。虽然使用游标可以完成结果集无法完成的所有操作，但还是要避免使用游标，因为游标非常消耗资源，而且会对程序性能产生很大的影响。

第 14 章

SQL Server 高级开发

本章主要介绍事务处理及锁。通过对本章的学习，读者可以了解事务处理机制和锁的基本概念，并能应用事务和锁优化对数据的访问。

通过阅读本章，您可以：

- ☑ 理解事务的概念；
- ☑ 掌握显式事务与隐式事务的知识；
- ☑ 掌握事务的使用方法；
- ☑ 掌握锁的机制；
- ☑ 了解死锁产生的原因。

14.1 事务处理

14.1.1 事务的概念

事务是由一系列语句构成的逻辑工作单元。事务和存储过程等有一定的相似之处，通常都是为了完成一定的业务逻辑而将一条或者多条语句"封装"起来，使它们与其他语句之间出现逻辑上的边界，并形成相对独立的一个工作单元。

当使用事务修改多个数据表时，如果在处理的过程中出现了例如计算机宕机或突然断电等情况，则返回结果是数据全部没有保存。事务处理的结果只有两种：一种是在事务处理的过程中，如果发生了某种错误则整个事务全部回滚，使对数据的修改全部撤销（事务对数据库的操作是单步执行的，若遇到错误可以随时回滚）；另一种是如果没有发生任何错误且每一步的执行都成功，则整个事务全部提交。由此可以看出，有效地使用事务不但可以增强数据的安全性，还可以提高数据的处理效率。

事务包含 4 种重要的属性，它们统称为 ACID（原子性、一致性、隔离性和持久性），一个事务必须满足这 4 种属性。

（1）原子性（Atomic）。事务是一个整体的工作单元，对数据库的操作要么全部执行，要么全部不执行。如果某条语句执行失败，则所有语句全部回滚。

（2）一致性（Consistency）。事务在完成时，必须使所有的数据都保持一致的状态。在相关数据库中，所有规则都必须应用于事务的修改，以保持所有数据的完整性。如果事务执行成功，则所有数据变为一个新的状态；如果事务执行失败，则所有数据处于事务执行之前的状态。

（3）隔离性（Isolated）。由某一事务所做的修改必须与其他事务所做的修改隔离。事务查看数据时数据所处的状态，要么是另一并发事务修改它之前的状态，要么是另一事务修改它之后的状态，事务不会查看中间状态的数据。

（4）持久性（Durability）。当事务提交后，对数据库所做的修改就会永久保存。

14.1.2　显式事务与隐式事务

事务是单个的工作单元。如果某一事务执行成功，则在该事务中进行的所有数据修改均会提交，成为数据库中的永久组成部分。如果事务执行遇到错误且必须取消或回滚，则所有数据修改均撤销。

SQL Server 可以下列事务模式进行运行。

- ☑ 自动提交事务：每条单独的语句都是一个事务。
- ☑ 显式事务：每个事务均以 BEGIN TRAN 语句显式开始，以 COMMIT 或 ROLLBACK 语句显式结束。
- ☑ 隐式事务：在前一个事务完成时新事务隐式启动，但每个事务仍以 COMMIT 或 ROLLBACK 语句显式完成。
- ☑ 批处理级事务：只能应用于多个活动结果集（Multiple Active Result Sets, MARS），在 MARS 会话中启动的 T-SQL 显式事务或隐式事务变为批处理级事务；当批处理完成时没有提交或回滚的批处理级事务由 SQL Server 自动进行回滚。

下面主要介绍显式事务和隐式事务。

1. 显式事务

显式事务是由用户自定义或指定的事务。用户可以通过 BEGIN TRAN、COMMIT TRAN、COMMIT WORK、ROLLBACK TRAN 或 ROLLBACK WORK 事务处理语句定义显式事务。下面将简单介绍以上几种事务处理语句的语法和参数。

（1）BEGIN TRAN 语句用于启动一个事务，标志着事务的开始。

其语法如下：

```
BEGIN TRAN [ SACTION ] [ transaction_name | @tran_name_variable[ WITH
MARK [ 'description' ] ] ]
```

参数说明如下。

- ☑ transaction_name：表示事务的名称，其字符最多为 32 个。
- ☑ @tran_name_variable：表示用户定义的、含有效事务名称的变量名称，必须用 char、varchar、nchar 或 nvarchar 数据类型声明变量。
- ☑ WITH MARK ['description']：用于在日志中标记事务，'description' 是描述该标记的字符串。

237

（2）COMMIT TRAN 语句标志着一个成功的事务的结束。

其语法如下：

```
COMMIT [ TRAN [ SACTION ] [ transaction_name | @tran_name_variable ] ]
```

参数说明如下。

- ✅ transaction_name：表示由 BEGIN TRAN 语句指派的事务名称，此处的事务名称仅用来帮助程序员阅读，以及指明 COMMIT TRAN 语句与哪些嵌套的 BEGIN TRAN 语句关联。
- ✅ @tran_name_variable：表示用户定义的、含有有效事务名称的变量名称，必须用 char、varchar、nchar 或 nvarchar 数据类型声明变量。

> 💡 **说明**
>
> 如果 @@TRANCOUNT 为 1，COMMIT TRAN 语句使自事务开始以来修改的所有数据永久成为数据库的一部分，释放连接占用的资源，并将 @@TRANCOUNT 减少为 0。如果 @@TRANCOUNT 大于 1，则 COMMIT TRAN 语句使 @@TRANCOUNT 按 1 递减。

（3）COMMIT WORK 语句标志着事务的结束。

其语法如下：

```
COMMIT [WORK]
```

此语句的功能与 COMMIT TRAN 语句的功能相同，但 COMMIT TRAN 语句接收用户定义的事务名称。

（4）ROLLBACK TRAN 语句用于将显式事务或隐式事务回滚到事务的起点或事务内的某个保存点。若执行事务的过程中发生某种错误，可以使用 ROLLBACK TRAN 语句或 ROLLBACK WORK 语句，使数据库撤销事务所做的更改，并使数据恢复到事务执行之前的状态。

其语法如下：

```
ROLLBACK [ TRAN [ SACTION ] [ transaction_name | @tran_name_
variable| savepoint_name | @savepoint_variable ] ]
```

参数说明如下。

- ✅ transaction_name：表示 BEGIN TRAN 语句指派的事务名称。
- ✅ @tran_name_variable：表示用户定义的、含有效事务名称的变量名称，必须用 char、varchar、nchar 或 nvarchar 数据类型声明变量。
- ✅ savepoint_name：来自 SAVE TRAN 语句对保存点的定义，当条件回滚只影响事务的一部分时使用 savepoint_name。
- ✅ @savepoint_variable：表示用户定义的、含有效保存点名称的变量名称。

（5）ROLLBACK WORK 语句用于将用户定义的事务回滚到事务的起点。

其语法如下：

```
ROLLBACK [WORK]
```

此语句的功能与 ROLLBACK TRAN 语句基本相同，除非 ROLLBACK TRAN 语句接收用户定义的事务名称。

2. 隐式事务

需要使用 SET IMPLICIT_TRANSACTIONS ON 语句将隐式事务模式打开。在打开了隐式事务后，执行下一条语句时将自动启动一个新事务，并且每关闭一个事务时，执行下一条语句又会启动一个新事务，直到关闭了隐式事务。

SQL Server 的任何数据修改语句都是隐式事务，例如 ALTER TABLE、CREATE、DELETE、DROP、FETCH、GRANT、INSERT、OPEN、REVOKE、SELECT、TRUNCATE TABLE、UPDATE。这些语句都可以作为一个隐式事务的开始。如果要结束隐式事务，需要使用 COMMIT TRAN 或 ROLLBACK TRAN 语句。

3. COMMIT 语句和 ROLLBACK 语句

结束事务包括"成功时提交事务"和"失败时回滚事务"两种，在 T-SQL 中可以使用 COMMIT 语句和 ROLLBACK 语句来结束事务。

（1）COMMIT 语句用于提交事务，用在事务执行成功的情况下。使用 COMMIT 语句可保证事务的所有修改都被保存，同时使用 COMMIT 语句也可释放事务中使用的资源，例如事务使用的锁。

（2）ROLLBACK 语句用于回滚事务，用在事务执行失败的情况下，可将显式事务或隐式事务回滚到事务的起点或事务内的某个保存点。

14.1.3 事务处理

1. 数据回滚

使用 ROLLBACK TRAN 语句可将显式事务或隐式事务回滚到事务的起点或事务内的某个保存点。ROLLBACK TRAN 语句的语法如下：

```
ROLLBACK { TRAN | TRANSACTION }
    [ transaction_name | @tran_name_variable
    | savepoint_name | @savepoint_variable ]
[ ; ]
```

ROLLBACK TRAN 语句的参数及说明如表 14.1 所示。

表 14.1　ROLLBACK TRAN 语句的参数及说明

参数	说明
transaction_name	为 BEGIN TRAN 语句的事务分配的名称。transaction_name 必须符合标识符命名规范，但只使用事务名称的前 32 个字符。在嵌套事务时，transaction_name 必须是最外面的 BEGIN TRAN 语句中的名称
@tran_name_variable	用户定义的、包含有效事务名称的变量名称。必须用 char、varchar、nchar 或 nvarchar 数据类型声明变量

参数	说明
savepoint_name	SAVE TRAN 语句中的 savepoint_name。savepoint_name 必须符合标识符命名规范。当条件回滚只影响事务的一部分时，可使用 savepoint_name
@savepoint_variable	用户定义的、包含有效保存点名称的变量名称，必须用 char、varchar、nchar 或 nvarchar 数据类型声明变量

2. 设置事务保存点

使用 SAVE TRAN 语句可在事务内设置事务保存点，其语法如下：

```
SAVE { TRAN | TRANSACTION } { savepoint_name | @savepoint_variable }
[ ; ]
```

3. 事务的应用

（1）常用事务。例如，对数据表"TABLE_1"进行插入记录的操作，当遇到错误时回滚到插入数据前的状态。SQL 语句如下：

```
begin
    set nocount on
    begin tran
    save tran abc
      insert into TABLE_1(NAME) values('AAA')
      if @@error<>0
            begin
                    print '遇到错误正准备回滚'
                    waitfor delay '0:00:30'
                    rollback tran abc
            end
    else
            begin
                    print '操作完毕'
            end
commit tran
```

（2）隐式事务。开启隐式事务的语法如下：

```
SET IMPLICIT_TRANSACTIONS { ON | OFF }
```

💡说明

如果将上述语法中的参数设置为 ON，则 SET IMPLICIT_TRANSACTIONS 语句将连接设置为隐式事务模式。如果将上述语法中的参数设置为 OFF，则使连接恢复为自动提交事务模式。

如果连接处于隐式事务模式，并且当前不在事务中，则使用以下任一语句都可启动事务：ALTER TABLE、FETCH、REVOKE、CREATE、GRANT、SELECT、DELETE、INSERT、TRUNCATE TABLE、DROP、OPEN、UPDATE 语句。

如果连接已经在打开的事务中，则使用上述语句不会启动新事务。

对于因为将上述参数设置为 ON 而自动打开的事务，必须在该事务结束时将其显式提交或回滚。否则，当断开连接时，事务及其包含的所有数据更改会被回滚。事务提交后，执行上述任一语句即可启动一个新事务。

隐式事务模式始终生效，直到执行 SET IMPLICIT_TRANSACTIONS OFF 语句使连接恢复为自动提交模式。在自动提交模式下，所有单个语句在成功执行后都会被提交。

在进行连接时，SQL Server 的 SQL Native Client OLE DB 访问接口和 SQL Native Client ODBC 驱动程序会自动将 IMPLICIT_TRANSACTIONS 参数值设置为 OFF。对于与 SQL Client 托管提供程序的连接以及通过 HTTP 端点接收的 SOAP 请求， IMPLICIT_TRANSACTIONS 的参数值默认为 OFF。

如果 ANSI_DEFAULTS 的参数值为 ON，则 IMPLICIT_TRANSACTIONS 的参数值也为 ON。

IMPLICIT_TRANSACTIONS 的参数值是在执行事务或运行事务时设置的，而不是在分析事务时设置的。

执行以下代码创建一个表，以检验是否已启动事务：

```
create table Table_1 (i int)
```

用 @@TRANCOUNT 来测试是否已经打开一个事务。执行以下 SELECT 语句：

```
select @@TRANCOUNT as 事务总数
```

上述语句执行后，若返回 1，表示当前连接已经打开了一个事务；若返回 0，表示当前没有打开事务；若返回一个大于 1 的数，表示有嵌套事务。

现在执行以下语句回滚这个事务并再次检查 @@TRANCOUNT：

```
rollback tran
select @@trancount as 事务总数
```

在 ROLLBACK TRAN 语句执行之后， @@TRANCOUNT 的值变成了 0。

尝试对表"Table_1"执行以下 SELECT 语句：

```
select * from Table_1
```

由于表"Table_1"不存在，所以会得到一个错误信息。这个隐式事务起始于 CREATE TABLE 语句，并且使用 ROLLBACK TRAN 语句取消了第一条语句后做的所有工作。

执行以下代码关闭隐式事务：

```
set implicit_transactions off
```

14.1.4 事务的并发问题

事务的并发问题主要体现在丢失或覆盖更新、未确认的相关性（脏读）、不可重复读（不一致的分析）和幻读4个方面，这些是影响事务完整性的主要问题。如果没有锁定且多个用户同时访问一个数据库，则当他们的事务同时使用相同的数据时可能会发生以上几种问题。下面分别进行说明。

（1）丢失或覆盖更新。

当两个或多个事务选择同一行，然后基于设置的值更新该行时，会发生丢失或覆盖更新问题。每个事务都不知道其他事务的存在。最后的更新将重写为由其他事务所做的更新，这样就会导致数据丢失。

例如，有一份原始的电子文档，文档人员A和B同时修改此文档，当修改完成之后保存时，最后修改完成的文档必将替换第一个修改完成的文档，那么就会造成数据丢失或覆盖更新。如果在文档人员A修改并保存文档之后，文档人员B再对文档进行修改则可以避免该问题。

（2）未确认的相关性（脏读）。

如果一个事务读取了另外一个事务尚未提交的更新，这称为脏读（Dirty Read）。

例如，文档人员B复制了文档人员A正在修改的文档，并将其发布，此后，文档人员A认为文档中存在一些问题需要重新修改，此时文档人员B发布的文档将与重新修改的文档的内容不一致。如果在文档人员A将文档修改完成并确认无误的情况下，文档人员B再复制则可以避免该问题。

（3）不可重复读（不一致的分析）。

当事务多次访问同一行数据，并且每次读取的数据不同时，将会发生不可重复读（Nonrepeatable Read）的问题。不可重复读与未确认的相关性类似，因为其他事务也正在更改同一数据。然而，在不可重复读中，事务读取的数据是由进行了更改的事务提交的。而且，不可重复读涉及多次读取同一行数据，并且每次读取的数据都由其他事务更改。

例如，文档人员B两次读取文档人员A的文档，但在文档人员B第一次读取文档后，文档人员A修改了该文档中的内容，在文档人员B第二次读取文档人员A的文档时，文档中的内容已被修改，此时发生了不可重复读的情况。如果文档人员B在文档人员A进行全部修改后再读取文档，则可以避免该问题。

（4）幻读。

幻读（Phantom Read）和不可重复读有些相似，当一个事务的更新结果影响到另一个事务时，将会发生幻读问题。事务第一次读取的行的其中一行在第二次或后续读取的行中不存在，因为该行已被其他事务删除。同样，由于其他事务的插入操作，事务的第二次或后续读取的行中有一行已不存在于第一次读取的行中。

例如，文档人员B更改了文档人员A提交的文档，但当文档人员B将更改后的文档合并到主副本时，却发现文档人员A已将新数据添加到该文档中。如果在文档人员B修改文档之前，没有任何人将新数据添加到该文档中，则可以避免该问题。

14.1.5 事务的隔离级别

当事务接收不一致的数据级别时被称为事务的隔离级别。如果事务的隔离级别比较低，会增加事务的并发问题。有效地设置事务的隔离级别可以减少并发问题的发生。

设置隔离数据可以保证一个进程使用的同时还可以防止其他进程的干扰。事务的隔离级别定义了SQL Server 会话中所有 SELECT 语句的默认锁定行为，当锁定行为用作并发控制机制时，可以解决并发问题。这使所有事务得以在彼此完全隔离的环境中运行，但是任何时候都可以有多个正在运行的事务。

在 SQL Server 中，可以使用 SET TRANSACTION ISOLATION LEVEL 语句来设置事务的隔离级别。

SET TRANSACTION ISOLATION LEVEL 语句用于控制由连接发出的所有 SELECT 语句的默认事务锁定行为。其语法如下：

```
SET TRANSACTION ISOLATION LEVEL{ READ COMMITTED | READ UNCOMMITTED |
REPEATABLE READ | SERIALIZABLE}
```

参数说明如下。

- ☑ READ COMMITTED：它是 SQL Server 的默认值，用于在读取数据时控制共享锁以避免脏读，但数据可在事务结束前更改，这会产生不可重复读或幻读。
- ☑ READ UNCOMMITTED：它的作用与在事务内所有语句中的所有表上设置 NOLOCK 相同，这是 4 个隔离级别中限制最小的级别，用于执行脏读，这表示不发出共享锁，也不接收排他锁。
- ☑ REPEATABLE READ：用于锁定查询中使用的所有数据，以防止其他用户更新数据，但是其他用户可以将新的幻读插入数据集，且幻读包括在当前事务的后续读取的数据集中，由于幻读的并发性低于默认隔离级别，所以应只在必要时使用该参数。
- ☑ SERIALIZABLE：表示在数据集上放置一个范围锁，以防止其他用户在事务完成之前更新数据集或将行插入数据集内。

SQL Server 提供了 4 种事务的隔离级别，具体介绍如表 14.2 所示。

表 14.2 SQL Server 提供的 4 种事务的隔离级别

隔离级别	脏读	不可重复读	幻读
未提交读（Read Uncommitted）	是	是	是
提交读（Read Committed）	否	是	是
可重复读（Repeatable Read）	否	否	是
可串行读（Serializable）	否	否	否

SQL Server 的默认隔离级别为提交读，可以使用锁来实现事务的隔离级别。

（1）未提交读（Read Uncommitted）。

未提交读为事务的隔离级别中级别最低的。如果将 SQL Server 的事务隔离级别设置为未提交读，则可以对数据执行未提交读或脏读，这等同于将锁设置为 NOLOCK。

【例14-1】 设置未提交读隔离级别。

SQL 语句如下：

```
begin transaction
update Employee set Name = '章子婷'
set transaction isolation level read uncommitted      -- 设置未提交读隔离级别
commit transaction
select * from Employee
```

运行结果如图 14.1 所示。

（2）提交读（Read Committed）。

提交读为 SQL Server 中默认的隔离级别。将事务设置为此隔离级别，可以在读取数据时控制共享锁以避免脏读，也能避免不可重复读或幻读。

【例14-2】 设置提交读隔离级别。

SQL 语句如下：

```
set transaction isolation level read committed
begin transaction
select * from Employee
rollback transaction
set transaction isolation level read committed    -- 设置提交读隔离级别
update Employee set Name = ' 高丽 '
```

运行结果如图 14.2 所示。

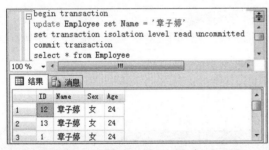

图 14.1 设置未提交读隔离级别的程序运行结果

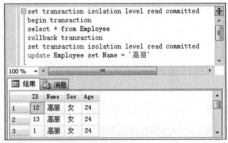

图 14.2 设置提交读隔离级别的程序运行结果

（3）可重复读（Repeatable Read）。

将事务设置为可重复读隔离级别可以防止脏读、不可重复读。

【例14-3】 设置可重复读隔离级别。

SQL 语句如下：

```
set transaction isolation level repeatable read
begin transaction
select * from Employee
rollback transaction
set transaction  isolation level repeatable read    -- 设置可重复读隔离级别
insert into Employee values ('18','张雨 ','男 ','22,'明日科技 '')
```

运行结果如图 14.3 所示。

（4）可串行读（Serializable）。

可串行读是所有隔离级别中级别最高的，可防止所有的事务并发问题。此隔离级别可以满足绝对的事务完整性的要求。

【例14-4】 设置可串行读隔离级别。

SQL 语句如下：

```
set transaction isolation level serializable
begin transaction
select * from Employee
rollback transaction
set transaction isolation level serializable      -- 设置可串行读隔离级别
delete from  Employee  where ID = '1'
```

运行结果如图 14.4 所示。

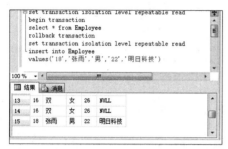

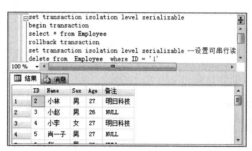

图 14.3　设置可重复读隔离级别的程序运行结果　　图 14.4　设置可串行读隔离级别的程序运行结果

14.2　锁

14.2.1　锁的简介

1. 锁的概念

锁是保护事务和数据的一种方式，这种保护方式类似于日常生活中使用的锁。锁是防止其他事务访问指定资源的手段，是实现并发控制的主要方法，是多个用户能够同时操纵同一个数据库中的数据而不产生数据不一致现象的重要保障。

在 SQL Server 中可以锁定的资源有多种，分别是行、页、Extent 区段、表和数据库，它们对应的锁分别是行级锁、页级锁、Extent 区段级锁、表级锁和数据库级锁。数据行存放在页上，页存放在 Extent 区段上，一个表由若干个 Extent 区段组成，而若干个表组成数据库。

在这些可以锁定的资源中，基本的资源是行、页和表，而 Extent 区段和数据库是特殊的可以锁定的资源。

2. 锁的类型

锁定资源的锁有两种基本类型：一种是读操作要求的共享型锁，另一种是写操作要求的排他型锁。除了这两种基本类型的锁外，还有一些特殊的锁，例如意图锁、修改锁和模式锁等。在各种类型的锁中，某些类型的锁是可以兼容的，但多数类型的锁是不兼容的，下面介绍其中几种锁。

（1）共享型锁（HOLDLOCK）。共享型锁用于不更改或不更新数据的读取操作。当在资源上设置共享型锁时，任何其他事务都不能修改数据，只能读取资源。

（2）更新锁（UPDLOCK）。更新锁用于可更新的数据，以防止当多个事务在读取、锁定以及随后可能进行的数据更新时发生死锁的现象。

【例14-5】使用更新锁。

阻止其他用户对数据表进行修改，但可以对其进行查询，SQL语句如下：

```
begin tran
save tran aaa
select * from table_1 with (updlock)
rollback tran aaa
commit tran
```

（3）排他型锁（XLOCK）。排他型锁用于数据修改操作，以确保不会同时对同一数据进行不同的更新。在使用排他型锁时，其他任何事务都无法修改数据。

【例14-6】使用排他型锁。

阻止其他用户对数据表"table_1"进行访问，SQL语句如下：

```
begin tran
save tran aaa
select * from table_1 with (tablockx xlock)
rollback tran aaa
commit tran
```

（4）意向锁。意向锁用于建立锁的层次结构，通常有以下两种用途：防止其他事务以较低级别的锁、无效的方式修改较高级别的资源，以及提高数据库引擎在较高的粒度级别检测锁冲突的效率。意向锁有意向共享、意向排他和意向排他共享3种模式。

（5）架构锁。架构锁通常在执行依赖于表架构的操作（如添加列或删除表等）时使用。架构锁分为架构修改锁和架构稳定性锁两种类型。

执行表的数据定义操作时使用架构修改锁，在架构修改锁起作用期间，会被对表的并发访问禁止。这意味着在释放架构修改锁之前，该锁之外的所有操作都将被阻止。

在编译查询时，使用架构稳定性锁。架构稳定性锁不阻塞任何事务锁，包括排他型锁。因此，在编译查询时，其他事务都能继续运行，但不能在表上执行数据定义操作。

（6）大容量更新锁。大容量更新锁通常在向表进行大量数据复制且指定了tablock提示时使用。大容量更新锁允许多个线程将数据并发地大容量加载到同一表，同时防止其他不进行大容量加载数据的进程访问该表。

（7）键范围锁。当使用可序列化事务隔离级别时，键范围锁用于保护查询读取的行的范围，以确保再次运行查询时其他事务无法插入符合可序列化表的事务查询的行。在使用可序列化事务隔离级别时，对于T-SQL语句读取的记录集，键范围锁可以隐式保护该记录集中包含的行。键范围锁可防止幻读。通过保护行之间键的范围，它可防止对事务访问的记录集进行幻插入或删除操作。

常用的锁的介绍如表14.3所示。

表 14.3 常用的锁的介绍

锁	介绍
HOLDLOCK	将共享型锁保留到事务完成，而不是在相应的表、行或页不再需要时就立即释放共享型锁。它等同于 SERIALIZABLE
NOLOCK	不要使用共享型锁，并且不要提供排他型锁。当它生效时，可能会读取未提交的事务或一组在读取中回滚的页面。有可能会发生脏读。仅应用于 SELECT 语句
PAGLOCK	通常在使用单个表级锁的地方采用页级锁
READPAST	用于跳过锁定行，即使事务跳过由其他事务锁定的行（这些行平常会显示在结果集内），而不是阻塞该事务，使其等待其他事务释放这些行上的锁。它仅适用于运行在提交读隔离级别的事务中，并且只在行级锁之后读取行。仅适用于 SELECT 语句
REPEATABLEREAD	用于运行在可重复读隔离级别的事务相同的锁执行扫描
ROWLOCK	使用行级锁，而不使用粒度更粗的页级锁和表级锁
SERIALIZABLE	用于运行在可串行读隔离级别的事务相同的锁执行扫描
TABLOCK	使用表级锁代替粒度更细的行级锁或页级锁。在语句执行结束前，SQL Server 一直有该锁。但是，如果同时指定共享型锁，那么在事务结束之前，该锁将被一直持有
TABLOCKX	使用排他型锁可以防止其他事务读取或更新表，并在语句或事务结束前一直持有该锁
UPDLOCK	读取表时使用更新锁，而不使用共享型锁，并将该锁一直保留到语句或事务的结束。它的优点是允许读取数据（不阻塞其他事务）并在以后更新数据，同时确保自从上次读取数据后数据一直没有被更改
XLOCK	排他型锁会一直保持到由语句处理的所有数据的事务结束。可以使用 PAGLOCK 或 TABLOCK 指定该锁

14.2.2 死锁及其排除方法

多个用户同时访问数据库的同一资源，叫作并发访问。如果并发访问中有用户对数据进行修改，很可能会对其他访问同一资源的用户产生不利影响。可能产生的不利影响有脏读、不可重复读和幻读。

为了避免并发访问产生的不利影响，SQL Server 设计有两种并发访问的控制机制：锁和行版本控制。

在事务和锁的使用过程中，死锁是一种常见的现象。在以下两种情况下会发生死锁。

第一种情况是当两个事务分别锁定了两个单独的对象，这时每一个事务都要在另外一个事务锁定的对象上获得一个锁，因此每一个事务都必须等待另外一个事务释放其占有的锁，这时就会发生死锁的现象。这是最典型的死锁形式。

第二种情况是在一个数据库中，若干个长时间运行的事务执行并行操作，当查询编辑器处理一种非常复杂的查询（例如连接查询）时，由于不能控制处理的顺序，因此可能会发生死锁现象。

下面介绍容易引起死锁的 3 种情况及其排除的方法。

1. 脏读

如果一个用户在更新一条记录，这时第二个用户来读取这条更新后的记录，但是第一个用户在更新了记录后反悔了，回滚了刚才的更新，这样，第二个用户实际上读取到了一条根本不存在的记录。

如果第一个用户在修改记录期间把修改的记录锁住，并设置为在记录修改完成前其他用户读取不到记录，就能避免上述情况出现。

2. 不可重复读

第一个用户在一次事务中读取同一条记录两次，在他第一次读取记录后，有第二个用户来访问这条记录，并对其进行了修改，第一个用户在第二次读取这条记录时，得到了不同于第一次读取的记录。

如果第一个用户在两次读取之间锁住要读取的记录，则其他用户不能修改相应的记录，这样就能避免上述情况出现。

3. 幻读

第一个用户在一次事务中两次读取表中满足同样条件的一批记录，在他第一次读取一批记录后，又有第二个用户来访问这个表，并在这个表中插入或者删除了一些记录。当第一个用户第二次以同样的条件读取这批记录时，可能会出现有些记录在第一次读取的结果中有，在第二次读取的结果中没有的情况；或者是第二次读取的结果中有的记录在第一次读取的结果中没有。

如果第一个用户在两次读取之间锁住要读取的记录，别的用户就不能修改相应的记录，也不能增加或删除记录，就能避免上述情况发生。

14.3 小结

本章介绍了 SQL Server 的高级应用——事务和锁。在学习本章后，读者可以应用事务来保证数据的完整性；使用锁保护数据，并掌握排除死锁的方法。

高级篇

第 15 章

SQL Server 安全管理

本章主要介绍 SQL Server 安全管理，主要内容包括 SQL Server 身份验证、数据库用户、SQL Server 角色和管理 SQL Server 权限。通过对本章的学习，读者能够使用 SQL Server 的安全管理工具构造灵活、安全的管理机制。

通过阅读本章，您可以：

✓ 熟悉 SQL Server 的两种身份验证模式；

✓ 掌握创建以 SQL Server 方式登录的登录名的方法；

✓ 掌握创建数据库用户的方法；

✓ 掌握为用户设置访问权限的方法。

15.1　SQL Server 身份验证

15.1.1　验证模式

验证模式指数据库服务器处理用户名与密码的方式。SQL Server 身份验证模式包括 Windows 验证模式与混合验证模式。

1. Windows 验证模式

Windows 验证模式是指 SQL Server 使用 Windows 操作系统中的信息验证账户名和密码。这是默认的身份验证模式，比混合验证模式更安全。Windows 验证模式使用 Kerberos 安全协议，通过强密码的复杂性验证提供密码策略强制，提供账户锁定与密码过期功能。

2. 混合验证模式

混合验证模式允许用户使用 Windows 身份验证或 SQL Server 身份验证进行连接。通过

Windows 用户账户连接的用户可以使用 Windows 身份验证的受信任连接。

15.1.2 设置 SQL Server 身份验证模式

SQL Server 身份验证模式可以通过 SQL Server Management Studio 进行设置。具体设置步骤如下。

（1）选择"开始"—"Microsoft SQL Server 2019"—"Microsoft SQL Server Management Studio 18"命令，打开 SQL Server Management Studio。

（2）在弹出的"连接到服务器"对话框中输入服务器名称，并选择登录服务器使用的身份验证模式，输入登录名与密码，单击"连接"按钮连接到服务器，如图 15.1 所示。

图 15.1 "连接到服务器"对话框中的设置

（3）在连接到服务器后，鼠标右键单击"对象资源管理器"面板中的服务器选项，从弹出的快捷菜单中选择"属性"命令，如图 15.2 所示。

图 15.2 选择"属性"命令

（4）打开"服务器属性"窗口。选择该窗口中的"安全性"选项卡，如图15.3所示。

图 15.3　选择"安全性"选项卡

（5）在"安全性"选项卡中设置 SQL Server 身份验证模式，单击"确定"按钮，即设置成功。

15.1.3　管理登录账号

在 SQL Server 中有两个登录账号：一个是登录服务器的登录名；另一个是使用数据库的用户账号。登录名是指能登录 SQL Server 的账号，属于服务器的层面，它本身并不能让用户访问服务器中的数据库，当登录者要使用服务器中的数据库时，必须要使用用户账号。本小节介绍如何创建、修改和删除服务器登录名。

管理员可以通过 SQL Server Management Studio 对 SQL Server 中的登录名进行创建、修改、删除等管理操作。

1. 创建登录名

登录名可以通过手动创建或通过执行 SQL 语句来创建，手动创建登录名比执行 SQL 语句创建登录名更直观、简单，建议初学 SQL Server 的人员采用该方法。下面分别使用这两种方法创建登录名，具体步骤如下。

（1）手动创建登录名。

① 选择"开始"—"Microsoft SQL Server 2019"—"Microsoft SQL Server Management Studio 18"命令，启动 SQL Server Management Studio。

② 在弹出的"连接到服务器"对话框中，输入服务器名称，并选择登录服务器使用的身份验证模式，输入登录名与密码，单击"连接"按钮连接到服务器。

③ 在"对象资源管理器"面板中依次展开"服务器名称"—"安全性"—"登录名"节点，并在"登录名"节点上单击鼠标右键，从弹出的快捷菜单中选择"新建登录名"命令，如图 15.4 所示。

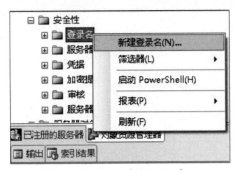

图 15.4　选择"新建登录名"命令

④ 打开"登录名 - 新建"窗口。

⑤ 在"登录名"文本框中输入要创建的登录名。若选中"Windows 身份验证"单选项，可单击"搜索"按钮，查找并添加 Windows 中的用户名称；若选中"SQL Server 身份验证"单选项，则需在"密码"与"确认密码"文本框中输入登录时需要的密码，如图 15.5 所示。

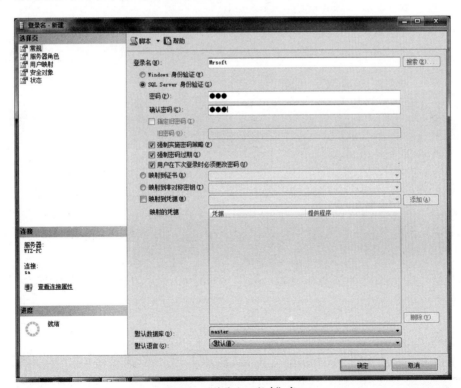

图 15.5　"登录名 - 新建"窗口

⑥ 在"默认数据库"与"默认语言"下拉列表中选择使用该登录名登录 SQL Server 后默认使用的数据库与语言。

⑦ 单击"确定"按钮，完成 SQL Server 登录名的创建。

（2）执行 SQL 语句创建登录名。

在 SQL Server Management Studio 中也可以通过执行 CREATE LOGIN 语句来创建登录名，其语法如下：

```
CREATE LOGIN login_name
  {
    WITH
      <
        PASSWORD = 'password'
        [ HASHED ]
        [ MUST_CHANGE ]
        [
          ,
          <
            SID = sid
            |
            DEFAULT_DATABASE = database
            |
            DEFAULT_LANGUAGE = language
            |
            CHECK_EXPIRATION = { ON | OFF}
            |
            CHECK_POLICY = { ON | OFF}
            [ CREDENTIAL = credential_name ]
          >
          [ ,... ]
        ]
      >
    |
    FROM
    <
      WINDOWS
        [
          WITH
            <
              DEFAULT_DATABASE = database
              |
              DEFAULT_LANGUAGE = language
            >
          [ ,... ]
        ]
      |
      CERTIFICATE certname
```

```
    |
    ASYMMETRIC KEY asym_key_name
    >
  }
```

CREATE LOGIN 语句的参数及说明如表 15.1 所示。

表 15.1　CREATE LOGIN 语句的参数及说明

参数	说明
login_name	用于指定创建的登录名。有 4 种类型的登录名：SQL Server 登录名、Windows 登录名、证书映射登录名和非对称密钥映射登录名。如果从 Windows 域账户映射 login_name，则 login_name 必须用方括号（[ ]）括起来
PASSWORD = 'password'	仅适用于 SQL Server 登录名，用于指定正在创建的登录名的密码。此值提供时可能已进行哈希运算
HASHED	仅适用于 SQL Server 登录名，用于指定在 PASSWORD 参数后输入的密码已进行哈希运算。如果未使用此参数，则在将作为密码输入的字符串存储到数据库之前，对其进行哈希运算
MUST_CHANGE	仅适用于 SQL Server 登录名。如果使用此参数，则 SQL Server 将在首次使用新登录名时提示用户输入新密码
SID = sid	仅适用于 SQL Server 登录名，用于指定新 SQL Server 登录名的 GUID。如果未使用此参数，则 SQL Server 将自动指派 GUID
DEFAULT_DATABASE = database	用于指定将指派给登录名的默认数据库。默认设置为"master"数据库
DEFAULT_LANGUAGE = language	用于指定将指派给登录名的默认语言，默认语言为服务器的当前默认语言。即使服务器的默认语言发生更改，登录名的默认语言仍保持不变
CHECK_EXPIRATION = { ON	OFF }	仅适用于 SQL Server 登录名，用于指定是否对登录名强制实施密码过期策略。默认值为 OFF
CHECK_POLICY = { ON	OFF }	仅适用于 SQL Server 登录名，用于指定是否对登录名强制实施运行 SQL Server 的计算机的 Windows 密码策略。默认值为 ON
CREDENTIAL = credential_name	将映射到新 SQL Server 登录名的凭据名称。该凭据名称必须已存在于服务器中
WINDOWS	用于将登录名映射到 Windows 登录名
CERTIFICATE certname	用于指定将与登录名关联的证书名称。此证书名称必须已存在于"master"数据库中

续表

参数	说明
ASYMMETRIC KEY asym_key_name	用于指定将与登录名关联的非对称密钥的名称。此密钥名称必须已存在于"master"数据库中

例如，使用 CREATE LOGIN 语句创建以 SQL Server 方式登录的登录名，SQL 语句如下：

```
create login Mr with password = 'MrSoft'
```

执行 SQL 语句来创建登录名的具体步骤如下。

① 选择"开始"—"Microsoft SQL Server 2019"—"Microsoft SQL Server Management Studio 18"命令，启动 SQL Server Management Studio。

② 在弹出的"连接到服务器"对话框中输入服务器名称，并选择登录服务器使用的身份验证模式，输入登录名与密码，单击"连接"按钮连接到服务器。

③ 单击工具栏中的"新建查询"按钮，打开查询编辑器。在其中可以创建和运行 T-SQL 脚本，如图 15.6 所示。

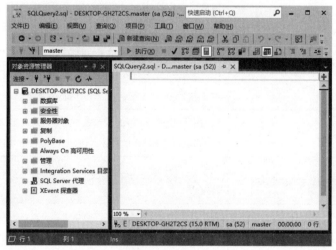

图 15.6   查询编辑器

④ 在查询编辑器内输入用于创建登录名的 SQL 语句。按 F5 键执行输入的 SQL 语句，完成创建登录名的操作，结果如图 15.7 所示。

2. 修改登录名

（1）手动修改登录名。

① 选择"开始"—"Microsoft SQL Server 2019"—"Microsoft SQL Server Management Studio 18"命令，启动 SQL Server Management Studio。

② 在弹出的"连接到服务器"对话框中输入服务器名称，并选择登录服务器使用的身份验证模式，输入登录名与密码，单击"连接"按钮连接到服务器。

③ 在"对象资源管理器"面板中依次展开"服务器名称"—"安全性"—"登录名"节点。

④ 选择"登录名"节点下需要修改的登录名，单击鼠标右键，在弹出的快捷菜单中选择"属性"命

令，如图 15.8 所示。

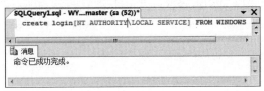

图 15.7 执行 SQL 语句来创建登录名的程序运行结果

图 15.8 选择"属性"命令

⑤ 在弹出的"登录属性"窗口中修改选中的登录名的信息，完成后单击"确定"按钮即可完成登录
名的修改，如图 15.9 所示。

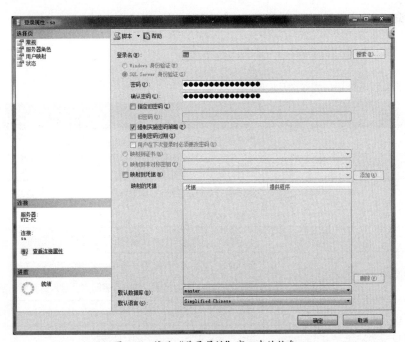

图 15.9 修改"登录属性"窗口中的信息

（2）执行 SQL 语句修改登录名。

执行 ALTER LOGIN 语句，也可以修改 SQL Server 登录名的属性，其语法如下：

```
alter login login_name
  {
  <
    ENABLE | DISABLE
  >
  |
  WITH
    <
      PASSWORD = 'password'
      [
        OLD_PASSWORD = 'oldpassword'
        | <MUST_CHANGE | UNLOCK>
        [ <MUST_CHANGE | UNLOCK> ]
      ]
      | DEFAULT_DATABASE = database
      | DEFAULT_LANGUAGE = language
      | NAME = login_name
      | CHECK_POLICY = { ON | OFF }
      | CHECK_EXPIRATION = { ON | OFF }
      | CREDENTIAL = credential_name
      | NO CREDENTIAL
    >
    [ ,... ]
  }
```

ALTER LOGIN 语句的参数及说明如表 15.2 所示。

表 15.2 ALTER LOGIN 语句的参数及说明

参数	说明
login_name	用于指定正在更改的 SQL Server 登录名
ENABLE	DISABLE	用于启用或禁用登录
PASSWORD = 'password'	仅适用于 SQL Server 登录账户，用于指定正在更改的登录名对应的密码
OLD_PASSWORD = 'oldpassword'	仅适用于 SQL Server 登录账户，用于指定当前密码
MUST_CHANGE	仅适用于 SQL Server 登录账户，如果使用此参数，则 SQL Server 将在用户首次使用已更改的登录名时提示输入更新后的密码
UNLOCK	仅适用于 SQL Server 登录账户，用于指定应解锁被锁定的登录用户
DEFAULT_DATABASE = database	用于指定将指派给登录名的默认数据库

续表

参数	说明
DEFAULT_LANGUAGE = language	用于指定将指派给登录名的默认语言
NAME = login_name	正在重命名的登录名的新名称。如果是用 Windows 登录，则与新名称对应的 Windows 主体的 SID 必须与 SQL Server 中的登录关联的 SID 匹配。SQL Server 登录的新名称不能包含反斜杠字符（\）
CHECK_POLICY = { ON	OFF }	仅适用于 SQL Server 登录账户，用于指定是否对登录账户强制实施运行 SQL Server 的计算机的 Windows 密码策略。默认值为 ON
CHECK_EXPIRATION = { ON	OFF }	仅适用于 SQL Server 登录账户，用于指定是否对登录账户强制实施密码过期策略。默认值为 OFF
CREDENTIAL = credential_name	将映射到新 SQL Server 登录名的凭据名称。该凭据名称必须已存在于服务器中
NO CREDENTIAL	用于删除登录到服务器凭据的当前所有映射

例如，使用 ALTER LOGIN 语句更改 SQL Server 登录名的密码，SQL 语句如下：

```
alter login sa with password = ''
```

执行 SQL 语句来修改登录名属性的具体步骤如下。

① 选择"开始"—"Microsoft SQL Server 2019"—"Microsoft SQL Server Management Studio 18"命令，启动 SQL Server Management Studio。

② 在弹出的"连接到服务器"对话框中输入服务器名称，并选择登录服务器使用的身份验证模式，输入登录名与密码，单击"连接"按钮连接到服务器。

③ 单击工具栏中的"新建查询"按钮，打开查询编辑器。

④ 在查询编辑器内输入用于修改登录名相关信息的 SQL 语句。按 F5 键执行输入的 SQL 语句，完成修改登录名的操作，如图 15.10 所示。

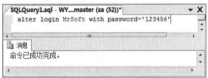

图 15.10　修改登录名相关信息

3. 删除登录名

当 SQL Server 中的登录名不再使用时，就可以将其删除。与创建、修改登录名相同，删除登录名也可以通过手动及执行 SQL 语句的方式来实现。

（1）手动删除登录名。

① 选择"开始"—"Microsoft SQL Server 2019"—"Microsoft SQL Server Management Studio 18"命令，启动 SQL Server Management Studio。

② 在弹出的"连接到服务器"对话框中输入服务器名称，并选择登录服务器使用的身份验证模式，输入登录名与密码，单击"连接"按钮连接到服务器。

③ 在"对象资源管理器"面板中依次展开"服务器名称"—"安全性"—"登录名"节点。

④ 选择"登录名"节点下需要修改的登录名，单击鼠标右键，从弹出的快捷菜单中选择"删除"命令，如图 15.11 所示。

⑤ 打开"删除对象"窗口，在该窗口中确认要删除的登录名。确认后单击"确定"按钮，将该登录名删除，如图 15.12 所示。

图 15.11　选择"删除"命令

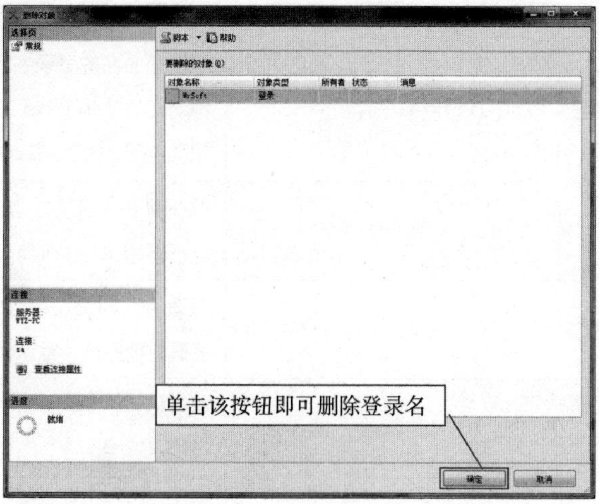

图 15.12　单击"确定"按钮

（2）执行 SQL 语句删除登录名。

执行 DROP LOGIN 语句可以将 SQL Server 中的登录名删除，其语法如下：

```
DROP LOGIN login_name
```

login_name 为要删除的登录名。

例如，使用 DROP LOGIN 语句删除"MrSoft"登录名，SQL 语句如下：

```
drop login MrSoft
```

执行 SQL 语句删除登录名的具体步骤如下。

① 选择"开始"—"Microsoft SQL Server 2019"—"Microsoft SQL Server Management Studio 18"命令，启动 SQL Server Management Studio。

② 在弹出的"连接到服务器"对话框中输入服务器名称，并选择登录服务器使用的身份验证模式，输入登录名与密码，单击"连接"按钮连接到服务器。

③ 单击工具栏中的"新建查询"按钮，打开查询编辑器。

④ 在查询编辑器内输入用于删除登录名的 SQL 语句。按 F5 键执行输入的 SQL 语句，完成删除登录名的操作，如图 15.13 所示。

图 15.13　执行 SQL 语句来删除登录名

15.2　数据库用户

登录名创建之后，用户通过登录名可以访问整个 SQL Server，而不是 SQL Server 中的某个数据库。

若要使用户只能访问 SQL Server 中的某个数据库，需要给这个用户授予访问某个数据库的权限，也就是在要访问的数据库中为该用户创建一个数据库用户账户。

> ⚡注意
>
> 默认情况下，数据库在创建时就包含一个 guest 用户。guest 用户不能删除，但可以通过在除"master"和"temp"以外的任何数据库中执行 REVOKE CONNECT FROM GUEST 语句来禁用 guest 用户。

15.2.1 创建数据库用户

创建数据库用户的具体步骤如下。

（1）选择"开始"—"Microsoft SQL Server 2019"—"Microsoft SQL Server Management Studio 18"命令，启动 SQL Server Management Studio。

（2）在弹出的"连接到服务器"对话框中输入服务器名称，并选择登录服务器使用的身份验证模式，输入登录名与密码，单击"连接"按钮连接到服务器。

（3）在"对象资源管理器"面板中依次展开"服务器名称"—"数据库"—"数据库名称"—"安全性"—"用户"节点，并在"用户"节点上单击鼠标右键，从弹出的快捷菜单中选择"新建用户"命令，如图 15.14 所示。

（4）打开"数据库用户-新建"窗口，在该窗口中输入要创建的用户名，并选中"登录名"单选项，设置该用户拥有的架构与数据库角色成员身份，完成后单击"确定"按钮即可创建数据库用户，如图 15.15 所示。

图 15.14 选择"新建用户"命令

图 15.15 "数据库用户-新建"窗口中的设置

15.2.2　删除数据库用户

删除数据库用户的具体步骤如下。

（1）选择"开始"—"Microsoft SQL Server 2019"—"Microsoft SQL Server Management Studio 18"命令，启动 SQL Server Management Studio。

（2）在弹出的"连接到服务器"对话框中输入服务器名称，并选择登录服务器使用的身份验证模式，输入登录名与密码，单击"连接"按钮连接到服务器。

（3）在"对象资源管理器"面板中依次展开"服务器名称"—"数据库"—"数据库名称"—"安全性"—"用户"节点，在"用户"节点上单击鼠标右键，从弹出的快捷菜单中选择 "删除"命令，如图 15.16 所示。

图 15.16　选择"删除"命令

（4）打开"删除对象"窗口，在"删除对象"窗口中确认要删除的用户名称，单击"确定"按钮即可将该用户删除。

15.3　SQL Server 角色

角色是指用户对 SQL Server 进行的操作类型。角色根据权限的不同可以分为固定服务器角色与固定数据库角色。

15.3.1　固定服务器角色

SQL Server 自动在服务器级别预定义了固定服务器角色名称与相应的权限，如表 15.3 所示。

表 15.3　固定服务器角色名称与相应的权限

固定服务器角色名称	权限
bulkadmin	该角色可以用于运行 BULK INSERT 语句
dbcreator	该角色可以用于创建、更改、删除和还原任何数据库
diskadmin	该角色用于管理磁盘文件
processadmin	该角色可以用于终止 SQL Server 实例中运行的进程（结束进程）
securityadmin	该角色用于管理登录名及其属性(如分配权限、重置 SQL Server 登录名对应的密码)
serveradmin	该角色可以用于更改服务器范围的配置选项和关闭服务器
setupadmin	该角色可以用于管理链接服务器（如添加和删除链接服务器），并且也可以执行系统存储过程
sysadmin	该角色可以用于在服务器中执行任何操作。Windows BUILTIN\Administrators 组（本地管理员组）的所有成员都是 sysadmin 固定服务器角色的成员

15.3.2　固定数据库角色

固定数据库角色名称与相应的数据库级权限如表 15.4 所示。

表 15.4　固定数据库角色名称与相应的数据库级权限

固定数据库角色名称	数据库级权限
db_accessadmin	该角色可以用于为 Windows 登录账户、Windows 组和 SQL Server 登录账户设置访问权限
db_backupoperator	该角色可用于备份数据库
db_datareader	该角色可以用于读取所有用户表中的数据
db_datawriter	该角色可以用于在所有用户表中添加、删除或更改数据
db_ddladmin	该角色可以用于在数据库中运行任何数据定义语句
db_denydatareader	该角色不能用于读取数据库中用户表的任何数据
db_denydatawriter	该角色不能用于在数据库内的用户表中添加、修改或删除任何数据
db_owner	该角色可以用于执行数据库的所有配置和维护活动
db_securityadmin	该角色可以用于修改角色成员身份和管理权限
public	每个数据库用户都属于 public 数据库角色。当尚未对某个用户授予特定权限或角色时，该用户将继承 public 角色的权限

15.3.3　管理 SQL Server 角色

SQL Server 角色分为服务器角色与数据库角色两种，对这两种角色的管理方法大致相同。下面分别介绍为服务器角色添加、删除用户与为数据库角色添加、删除用户的操作步骤。

1.为服务器角色添加、删除用户

（1）选择"开始"—"Microsoft SQL Server 2019"—"Microsoft SQL Server Management Studio 18"命令，启动 SQL Server Management Studio。

（2）在弹出的"连接到服务器"对话框中输入服务器名称，并选择登录服务器使用的身份验证模式，输入登录名与密码，单击"连接"按钮连接到服务器。

（3）在"对象资源管理器"面板中依次展开"服务器名称"—"安全性"—"服务器角色"节点，在"服务器角色"节点下选择需要设置的角色，单击鼠标右键，从弹出的快捷菜单中选择"属性"命令，如图 15.17 所示。

（4）打开"服务器角色属性"窗口，单击"添加"按钮可以为服务器角色添加用户成员，单击"删除"按钮可以将选中的用户从角色中删除。单击"确定"按钮即可完成对服务器角色所做的修改，如图 15.18 所示。

图 15.17　选择"属性"命令

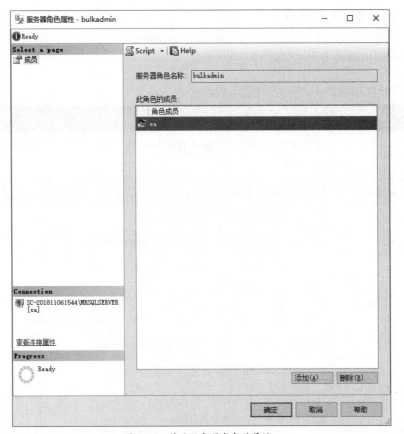

图 15.18　修改服务器角色的属性

2.为数据库角色添加、删除用户

（1）选择"开始"—"Microsoft SQL Server 2019"—"Microsoft SQL Server Management

Studio 18"命令，启动 SQL Server Management Studio。

（2）在弹出的"连接到服务器"对话框中输入服务器名称，并选择登录服务器使用的身份验证模式，输入登录名与密码，单击"连接"按钮连接到服务器。

（3）在"对象资源管理器"面板中依次展开"服务器名称"—"数据库"—"数据库名称"—"安全性"—"角色"—"数据库角色"节点，在"数据库角色"节点下选择需要设置的角色，单击鼠标右键，从弹出的快捷菜单中选择 "属性"命令。

（4）打开"数据库角色属性"窗口，单击"添加"按钮可以为数据库角色添加用户成员，单击"删除"按钮可以将选中的用户从角色中删除。单击"确定"按钮即可完成对数据库角色所做的修改。

15.4　管理 SQL Server 权限

权限用来控制用户对数据库的访问与操作，可以通过 SQL Server Management Studio 对数据库用户授予或删除访问与操作数据库的权限。

1. 授予权限

授予用户权限的具体操作步骤如下。

（1）选择"开始"—"Microsoft SQL Server 2019"—"Microsoft SQL Server Management Studio 18"命令，启动 SQL Server Management Studio。

（2）在弹出的"连接到服务器"对话框中输入服务器名称，并选择登录服务器使用的身份验证模式，输入登录名与密码，单击"连接"按钮连接到服务器。

（3）在"对象资源管理器"面板中依次展开"服务器名称"—"数据库"—"数据库名称"—"安全性"—"用户"节点，在"用户"节点上单击鼠标右键，从弹出的快捷菜单中选择"属性"命令。

（4）打开"数据库用户"窗口，并在该窗口中选择 "安全对象"选项卡，如图 15.19 所示。

图 15.19　选择"安全对象"选项卡

（5）单击"添加"按钮，弹出"添加对象"对话框，在其中可选择对象类型，这里选中"特定类型的所有对象"单选项，如图15.20所示，单击"确定"按钮。

💡 说明

　　根据不同的操作，选择不同的对象。选中"特定对象"单选项，可以进一步定义对象搜索；选中"特定类型的所有对象"单选项，可以将其指定应包含在基础列表中的对象类型；选中"属于该架构的所有对象"单选项，可以将其添加到"架构名称"文本框中指定架构拥有的所有对象。

（6）打开"选择对象类型"对话框，如图15.21所示，在此选择要访问及操作的对象类型。

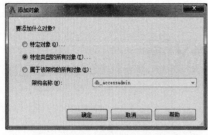

图 15.20　"添加对象"对话框

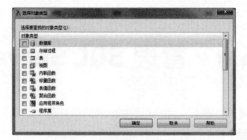

图 15.21　"选择对象类型"对话框

（7）选中"选择对象类型"对话框中的"数据库"复选框，单击"确定"按钮返回"数据库用户"窗口，如图15.22所示。

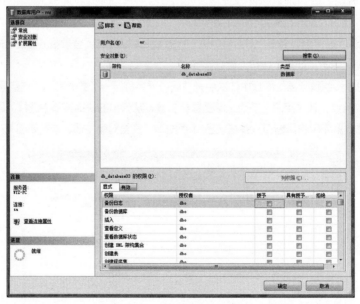

图 15.22　"数据库用户"窗口

（8）在"显式"权限列表框中为用户选择所需权限，单击"确定"按钮即可将所选权限授予对应用户。

2. 删除权限

　　删除权限的操作与授予权限的操作基本相同。删除权限的主要步骤如下。

　　（1）选择"开始"—"Microsoft SQL Server 2019"—"Microsoft SQL Server Management

Studio 18"命令，启动 SQL Server Management Studio。

（2）在弹出的"连接到服务器"对话框中输入服务器名称，并选择登录服务器使用的身份验证模式，输入登录名与密码，单击"连接"按钮连接到服务器。

（3）在"对象资源管理器"面板中依次展开"服务器名称"—"数据库"—"数据库名称"—"安全性"—"用户"节点，在"用户"节点上单击鼠标右键，从弹出的快捷菜单中选择"属性"命令。

（4）打开"数据库用户"窗口，并在该窗口中选择 "安全对象"选项卡。

（5）单击"添加"按钮，添加访问及操作的对象类型。

（6）在"数据库用户"窗口的"显式"权限列表框中取消选中对应权限的复选框，单击"确定"按钮，即可将用户的权限删除。

15.5　小结

本章介绍了 SQL Server 安全管理的方式。例如，SQL Server 身份验证、数据库用户、SQL Server 角色和 SQL Server 权限。在学习了本章后，读者应熟悉两种 SQL Server 身份验证模式，并能够创建和管理登录账户，为数据库指定用户，为 SQL Server 角色添加或删除用户，授予或删除用户的操作权限。

SQL Server 维护管理

本章主要介绍 SQL Server 维护管理，主要内容包括脱机与联机数据库、分离和附加数据库、导入和导出数据表、备份和恢复数据库、收缩数据库和文件、脚本，以及数据库维护计划。通过对本章的学习，读者能够对数据库和数据表的维护有一个系统的认识，并能够实施维护策略。

通过阅读本章，您可以：

☑ 熟悉数据库的脱机与联机；

☑ 掌握如何分离和附加数据库；

☑ 掌握如何导入和导出数据表；

☑ 掌握如何备份和恢复数据库；

☑ 了解如何收缩数据库；

☑ 熟悉如何为数据库或数据表生成脚本；

☑ 了解如何执行脚本。

16.1   脱机与联机数据库

如果需要暂时停止某个数据库的服务，可以通过脱机的方式来实现。脱机后，在需要时可以通过联机的方式为暂时停止服务的数据库重新启动服务。下面分别介绍如何实现数据库的脱机与联机。

16.1.1   脱机数据库

实现数据库脱机的具体操作步骤如下。

（1）启动 SQL Server Management Studio，并连接到 SQL Server 中的数据库。在"对象资源管理器"面板中展开"数据库"节点。

（2）用鼠标右键单击"MR_KFGL"，在弹出的快捷菜单中选择"任务"—"脱机"命令，打开"使

数据库脱机 -WYZ-PC"窗口，如图 16.1 和图 16.2 所示。

图 16.1 选择"脱机"命令

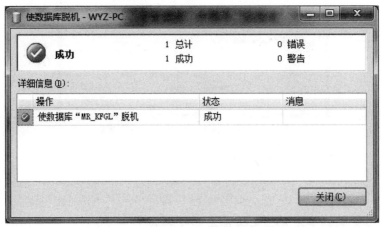

图 16.2 "使数据库脱机 -WYZ-PC"窗口

（3）脱机完成后，单击"关闭"按钮即可。

16.1.2 联机数据库

实现数据库联机的具体操作步骤如下。

（1）启动 SQL Server Management Studio，并连接到 SQL Server 中的数据库。在"对象资源管理器"面板中展开"数据库"节点。

（2）用鼠标右键单击"MR_KFGL"，在弹出的快捷菜单中选择"任务"—"联机"命令，打开"使数据库联机 -WYZ-PC"窗口，如图 16.3 和图 16.4 所示。

图 16.3　选择"联机"命令

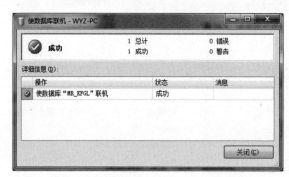

图 16.4　"使数据库联机 –WYZ–PC"窗口

（3）联机完成后，单击"关闭"按钮即可。

16.2　分离和附加数据库

通过分离和附加数据库的操作可以将数据库从一台计算机移到另一台计算机，而不必重新创建数据库。

除了系统数据库以外，其他数据库都可以从服务器的管理中分离出来，同时保持数据文件和日志文件的完整性和一致性。分离后的数据库可以根据需要重新附加到数据库服务器中。本节主要介绍如何分离与附加数据库。

16.2.1　分离数据库

分离数据库不是删除数据库，只是将数据库从服务器中分离出去。下面介绍如何分离数据库"MR_

KFGL"。具体操作步骤如下。

（1）启动 SQL Server Management Studio，并连接到 SQL Server 中的数据库。在"对象资源管理器"面板中展开"数据库"节点。

（2）用鼠标右键单击"MR_KFGL"，在弹出的快捷菜单中选择"任务"—"分离"命令，如图 16.5 所示。

图 16.5　选择"分离"命令

（3）打开"分离数据库"窗口，在"要分离的数据库"列表框中选中可以分离的数据库的复选框，如图 16.6 所示。其中，"删除连接"复选框用于设置是否断开与指定数据库的连接；"更新统计信息"复选框用于设置在分离数据库之前是否更新过时的优化统计信息，在此选中"删除连接"和"更新统计信息"复选框。

图 16.6　"分离数据库"窗口

（4）单击"确定"按钮完成数据库的分离操作。

16.2.2　附加数据库

与分离操作相对的是附加操作，附加操作可以将分离的数据库重新附加到服务器中，也可以附加从其他服务器组中分离的数据库。但在附加数据库时必须指定主数据文件（MDF 文件）的名称和物理位置。

下面附加数据库"MR_KFGL"，具体操作步骤如下。

（1）启动 SQL Server Management Studio，并连接到 SQL Server 中的数据库。在"对象资源管理器"面板中展开"数据库"节点。

（2）用鼠标右键单击"数据库"节点，在弹出的快捷菜单中选择"附加"命令，如图 16.7 所示。

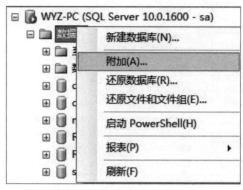

图 16.7　选择"附加"命令

（3）打开"附加数据库"窗口，单击"添加"按钮，如图 16.8 所示。在弹出的"定位数据库文件"对话框中选择要附加的扩展名为 .mdf 的数据库文件，单击"确定"按钮，数据库文件及数据库日志文件将自动添加到列表框中。单击"确定"按钮完成数据库附加操作。

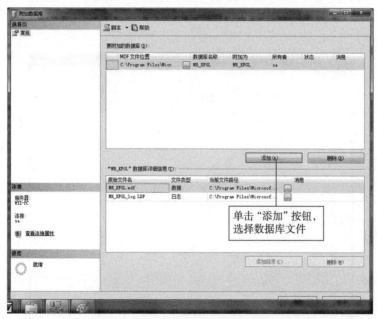

图 16.8　附加数据库

16.3 导入和导出数据表

SQL Server 提供了强大的导入导出数据功能，它可以多种常用数据格式（数据库、电子表格和文本等格式）导入和导出数据，为不同数据源间的数据转换提供方便。本节主要介绍如何导入导出数据表。

16.3.1 导入 SQL Server 数据表

导入数据是从 SQL Server 的外部数据源中检索数据，然后将数据插入 SQL Server 数据表的过程。

下面主要介绍通过"SQL Server 导入和导出向导"窗口将 SQL Server 数据库"student"中的部分数据表导入 SQL Server 数据库"MR_KFGL"中。具体操作步骤如下。

（1）启动 SQL Server Management Studio，并连接到 SQL Server 中的数据库。在"对象资源管理器"面板中展开"数据库"节点。

（2）用鼠标右键单击"MR_KFGL"，在弹出的快捷菜单中选择"任务"—"导入数据"命令，如图 16.9 所示。

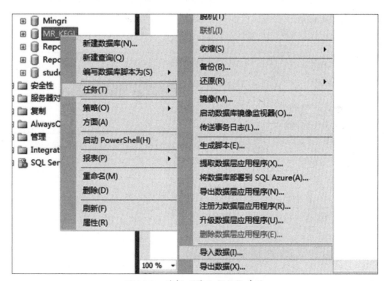

图 16.9　选择"导入数据"命令

（3）打开"SQL Server 导入和导出向导"窗口，如图 16.10 所示。

（4）直接单击"下一步"按钮进入"选择数据源"界面。从"数据源"下拉列表中选择数据库类型，这里要从 SQL Server 的数据库中导入数据，所以选择"SQL Server Native Client 10.0"选项即可；然后从"数据库"下拉列表中选择从哪个数据库导入数据，这里选择数据库"student"，如图 16.11 所示。

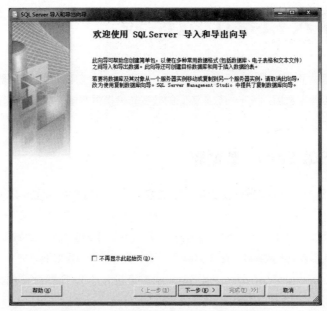

图 16.10　"SQL Server 导入和导出向导"窗口

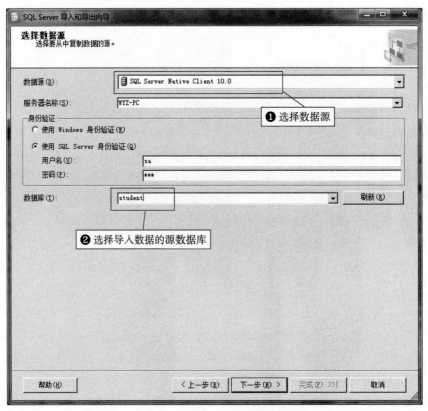

图 16.11　"选择数据源"界面的设置

（5）单击"下一步"按钮，进入"选择目标"界面。这里要将数据导入 SQL Server 数据库，所以在"目标"下拉列表中选择"SQL Server Native Client 10.0"选项即可；要导入的目标数据库是"MR_KFGL"，所以在"数据库"的下拉列表中选择数据库"MR_KFGL"，如图 16.12 所示。

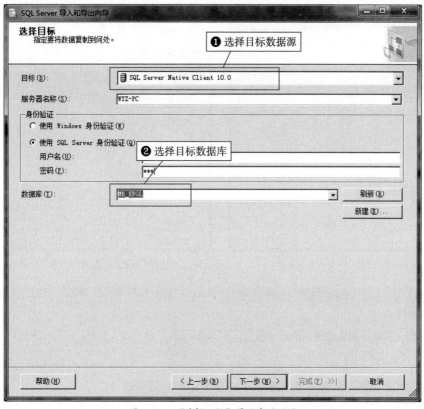

图 16.12 "选择目标"界面中的设置

（6）单击"下一步"按钮，进入"指定表复制或查询"界面，如图 16.13 所示。

（7）直接单击"下一步"按钮，进入"选择源表或源视图"界面，在"表和视图"列表框中选中第一个复选框，复制班级信息表"grade"，如图 16.14 所示。

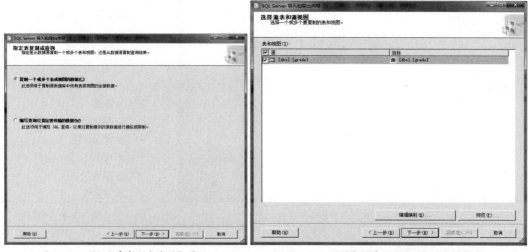

图 16.13 "指定表复制或查询"界面   图 16.14 "选择源表和源视图"界面的设置

（8）单击"下一步"按钮，进入"保存并运行包"界面，如图 16.15 所示。

（9）单击"下一步"按钮，进入"完成该向导"界面，如图 16.16 所示。

图 16.15　"保存并运行包"界面

图 16.16　"完成该向导"界面

（10）单击"完成"按钮开始执行复制操作，完成后如图 16.17 所示。单击"关闭"按钮，完成数据表的导入操作。

（11）在"对象资源管理器"面板中展开 "MR_KFGL"—"表"节点，查看从数据库"student"中导入的数据表，如图 16.18 所示。

图 16.17　复制操作执行成功

图 16.18　查看导入的数据表

16.3.2　导入 Access 数据表

运用"SQL Server 导入和导出向导"窗口可将 Access 数据库"yyjxc"中的表导入 SQL Server 数据库"YYGLXT"中，具体操作步骤如下。

（1）右键单击任意数据库名，在弹出的快捷菜单中选择"任务"—"导入数据"命令，打开"SQL Server 导入和导出向导"窗口。

（2）单击"下一步"按钮，进入图 16.19 所示的"选择数据源"界面，在"数据源"下拉列表中选择"Microsoft Access（Microsoft Access Database Engine）"选项，然后单击"浏览"按钮，选择所需的 Access 数据库，选择后文件名会显示在"文件名"文本框中，如果没有用户名和密码，可以不填。

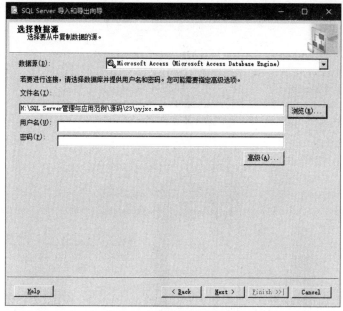

图 16.19　"选择数据源"界面

（3）单击"Next"按钮，进入"选择目标"界面。在该界面的"目标"下拉列表中，可以选择输出数据的格式类型。因为这里要向 SQL Server 数据库中导入数据，所以在"目标"下拉列表中选择"Microsoft OLE DB Provider for SQL Server"选项，如图 16.20 所示。

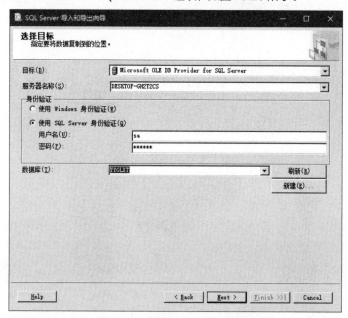

图 16.20　"选择目标"界面的设置

如果事先没有创建 SQL Server 数据库"YYGLXT",那么在图 16.20 所示的界面中单击"新建"按钮,在弹出的"创建数据库"对话框的"名称"文本框中输入"YYGLXT",如图 16.21 所示。

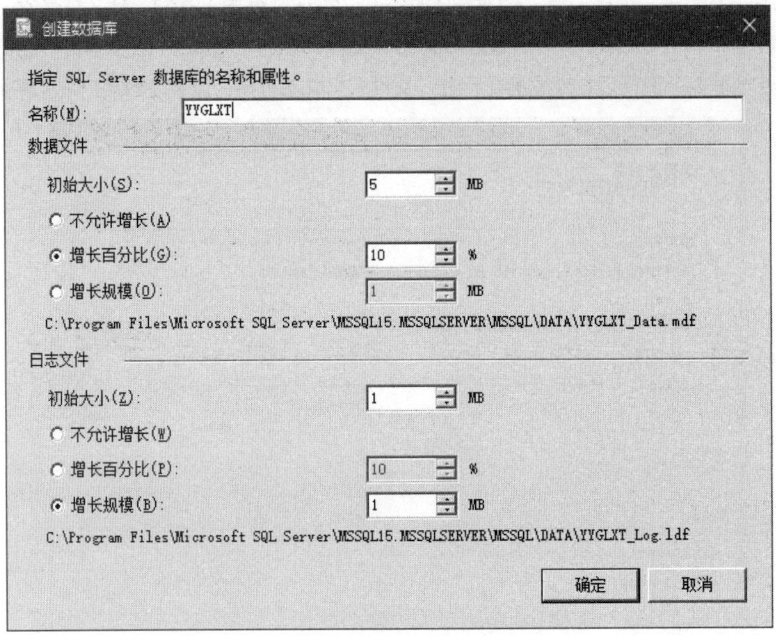

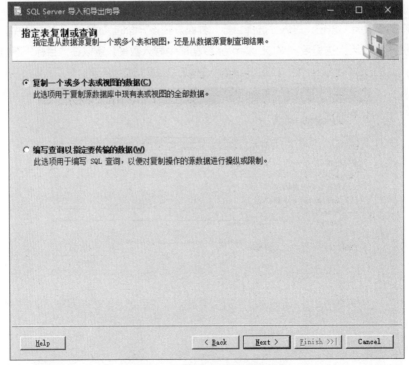

图 16.21　新建 SQL Server 数据库"YYGLXT"

(4)单击"确定"按钮,返回"选择目标"界面。单击"下一步"按钮,打开图 16.22 所示的界面。

图 16.22　"指定表复制或查询"界面

278

（5）单击"Next"按钮，在"表和视图"列表框中选中所有的表和视图的复选框，然后单击"Next"按钮，如图 16.23 所示。

图 16.23　"选择源表和源视图"界面的设置

（6）进入"保存并运行包"界面，选中"立即运行"复选框，单击"Next"按钮，如图 16.24 所示。

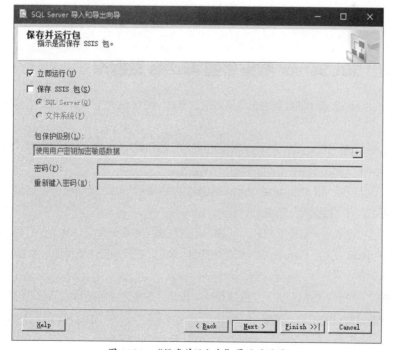

图 16.24　"保存并运行包"界面的设置

（7）单击"Finish"按钮，开始导入数据库，导入成功后的界面如图16.25所示。

图 16.25 数据库导入成功后的界面

16.3.3 导出 SQL Server 数据表到 Access 数据库

可将 SQL Server 实例中的数据导出为某些指定格式，如将 SQL Server 表的内容复制到 Excel 表格中。

下面主要介绍通过"SQL Server 导入和导出向导"窗口将 SQL Server 数据库"MR_KFGL"中的部分数据表导出到 Excel 表格中。具体操作步骤如下。

（1）启动 SQL Server Management Studio，并连接到 SQL Server 中的数据库。在"对象资源管理器"面板中展开"数据库"节点。

（2）用鼠标右键单击"MR_KFGL"，在弹出的快捷菜单中选择"任务"—"导出数据"命令，如图16.26所示。弹出"SQL Server 导入和导出向导"窗口，在该窗口中选择要从中复制数据的数据源，如图16.27所示。

（3）单击"下一步"按钮，进入"选择目标"界面，在该界面中选择目标数据源和要将数据导出到的位置，即 Excel 文件的位置，如图16.28所示。

图 16.26 选择"导出数据"命令

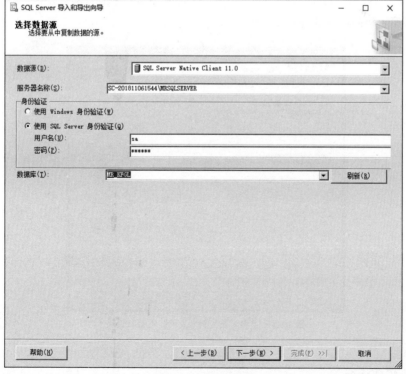

图 16.27 选择数据源

图 16.28 "选择目标"界面的设置

（4）单击"下一步"按钮，进入"指定表复制或查询"界面，在该界面中选中"复制一个或多个表或视图的数据"单选项，如图 16.29 所示。

图 16.29 "指定表复制或查询"界面的设置

（5）单击"下一步"按钮，进入"选择源表和源视图"界面，在该界面中选中"grade"表对应的复选框，如图 16.30 所示。

图 16.30 "选择源表和源视图"界面的设置

（6）单击"下一步"按钮，进入"保存并运行包"界面，在该界面中选中"立即运行"复选框，如图 16.31 所示。

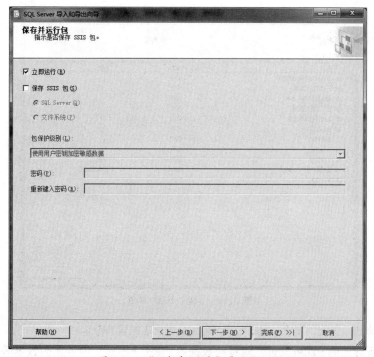

图 16.31 "保存并运行包"界面的设置

（7）单击"下一步"按钮，进入"完成该向导"界面，如图 16.32 所示。

图 16.32 "完成该向导"界面

（8）单击"完成"按钮，开始执行导出操作，完成后进入"执行成功"界面，如图 16.33 所示。

图 16.33 "执行成功"界面

（9）最后单击"关闭"按钮，完成 SQL Server 数据表的导出操作。

（10）打开导出的 Excel 文件，查看从数据库"MR_KFGL"中导出的数据表中的内容，如图 16.34 所示，图 16.35 所示为"grade"表中的内容。

	A	B	C	D
1	学号	课程代号	课程成绩	学期
2	B005	K02	93.2	2
3	B003	K03	98.3	1
4	B001	K01	96.7	1
5				

图 16.34　导出的 Excel 文件中的内容

	学号	课程代号	课程成绩	学期
▶	B005	K02	93.2	2
	B003	K03	98.3	1
	B001	K01	96.7	1
*	NULL	NULL	NULL	NULL

图 16.35　“grade”表中的内容

16.4　备份和恢复数据库

对于数据库管理员来说，备份和恢复数据库是保证数据库安全性的一项重要工作。SQL Server 提供了高性能的备份和恢复功能，使用它可以进行多种方式的数据库备份和恢复操作，避免由于各种故障造成的数据损坏或丢失。本节主要介绍如何实现数据库的备份与恢复。

16.4.1　备份类型

备份是数据的副本，用于在系统发生故障后还原和恢复数据。SQL Server 提供了 3 种常用的备份类型：数据库备份、差异数据库备份和事务日志备份，下面分别对其进行介绍。

1. 数据库备份

数据库备份包括完整备份和完整差异备份。它简单、易用，适用于所有数据库。与事务日志备份和差异数据库备份相比，数据库备份中的每个备份使用的存储空间更多。下面分别介绍完整备份和完整差异备份。

（1）完整备份包含数据库中的所有数据，可以用作完整差异备份基于的“基准备份”。

（2）完整差异备份仅包括自前一完整备份后发生更改的数据。

相比之下，完整差异备份的备份速度更快，便于进行频繁备份，降低丢失数据的风险。

2. 差异数据库备份

差异数据库备份只包括自上次数据库备份后发生更改的数据。差异数据库备份比数据库备份所占的存储空间更少，并且备份速度更快，便于进行经常备份。

在下列情况中，建议使用差异数据库备份。

（1）自上次数据库备份后，数据库中只有较少的数据发生了更改。

（2）数据库使用的是简单恢复模型，希望进行频繁的备份，但不希望进行频繁的完整数据库备份。

（3）数据库使用的是完全恢复模型或大容量日志记录恢复模型，希望在还原数据库时回滚事务日志备份的时间最少。

3. 事务日志备份

事务日志是自上次备份事务日志后对数据库执行的所有事务的记录。使用事务日志备份可以将数据库恢复到故障点或特定的即时点的状态。一般情况下，事务日志备份比数据库备份使用的资源更少。可以经常进行事务日志备份，以降低数据丢失的风险。

若要使用事务日志备份，必须满足下列要求。

（1）必须先还原前一个完整备份或完整差异备份。

（2）必须按时间顺序还原完整备份或完整差异备份之后创建的所有事务日志。如果事务日志链中的事务日志备份丢失或被损坏，则只能还原丢失的事务日志之前的事务日志。

（3）数据库尚未恢复。直到还原完最后一个事务日志之后，才能恢复数据库。如果在还原其中一个中间事务日志备份（事务日志链结束之前的备份）后恢复数据库，除非从完整备份开始重新启动整个还原顺序，否则不能还原该备份点之后的数据库。建议先在恢复数据库之前还原所有的事务日志，然后恢复数据库。

16.4.2 恢复类型

SQL Server 提供了 3 种恢复类型，用户可以根据数据库的可用性和恢复要求选择合适的恢复类型。下面分别对其进行介绍。

（1）简单恢复：允许将数据库恢复到最新的备份。

简单恢复仅用于测试和开发数据库，或用于主要包含的数据为只读的数据库。简单恢复所需的管理最少，数据只能恢复到最近的完整备份或完整差异备份，不备份事务日志，且使用的事务日志所占空间最小。

与接下来的两种恢复类型相比，简单恢复更容易管理，但如果数据文件被损坏，数据丢失的风险更高。

（2）完全恢复：允许将数据库恢复到故障点状态。

完全恢复有最强的灵活性，可以使数据库恢复到早期时间点的状态，最大限度地防止在出现故障时丢失数据。与简单恢复相比，完全恢复和大容量日志恢复会向数据提供更多的保护。

（3）大容量日志恢复：允许大容量日志的操作。

大容量日志恢复是对完全恢复的补充。在进行某些大规模操作（例如创建索引或进行大容量复制）时，它比完全恢复的性能更高，事务日志占用的空间更少。不过，大容量日志恢复会减弱即时点恢复的灵活性。

16.4.3 备份数据库

下面以备份数据库"Mingri"为例介绍如何备份数据库。具体操作步骤如下。

（1）启动 SQL Server Management Studio，并连接到 SQL Server 中的数据库。在"对象资源管理器"面板中展开"数据库"节点。

（2）用鼠标右键单击"Mingri"，在弹出的快捷菜单中选择"任务"—"备份"命令，如图 16.36 所示。打开"备份数据库 -Mingri"窗口，如图 16.37 所示。

图 16.36　选择"备份"命令

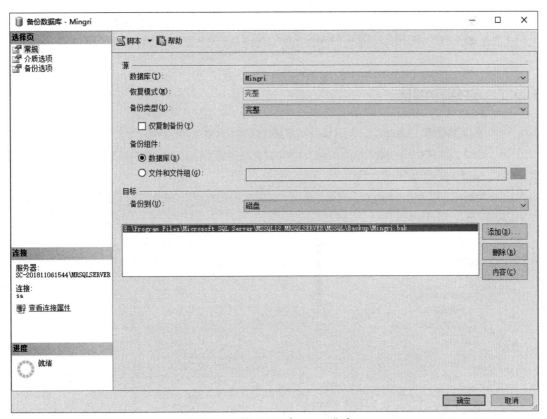

图 16.37　"备份数据库 -Mingri"窗口

（3）在"备份数据库 -Mingri"窗口中，可以单击"确定"按钮，直接完成备份（这里是直接单击"确定"按钮完成备份的），也可以更改备份文件的保存位置。单击"添加"按钮，弹出"选择备份目标"对话框，这里选中"文件名"单选项，并单击其后的　　按钮，在弹出的对话框中设置文件名及文件路径，完成后单击"确定"按钮，如图 16.38 所示。

图 16.38　"选择备份目标"对话框中的设置

（4）单击"确定"按钮，弹出提示备份成功的对话框，如图 16.39 所示。单击"确定"按钮后即可完成数据库的完整备份。

图 16.39　提示对话框

16.4.4　恢复数据库

下面以恢复数据库"Mingri"为例介绍如何恢复数据库。具体操作步骤如下。

（1）启动 SQL Server Management Studio，并连接到 SQL Server 中的数据库。在"对象资源管理器"面板中展开"数据库"节点。

（2）用鼠标右键单击"Mingri"节点，在弹出的快捷菜单中选择"任务"—"还原"—"数据库"命令，如图 16.40 所示。

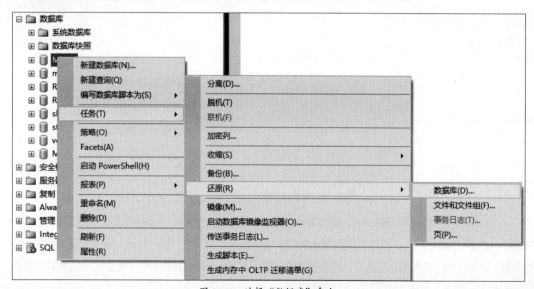

图 16.40　选择"数据库"命令

（3）打开"还原数据库 –Mingri"窗口，选中"设备"单选项并单击其后的 按钮，如图 16.41 所示。

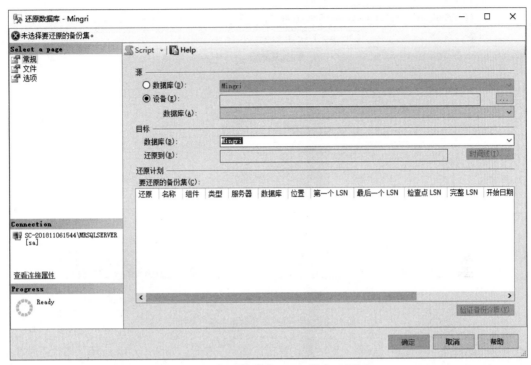

图 16.41　"还原数据库 –Mingri"窗口的设置

（4）弹出"选择备份设备"对话框，设置"备份介质类型"为"文件"，并单击"添加"按钮，如图 16.42 所示。

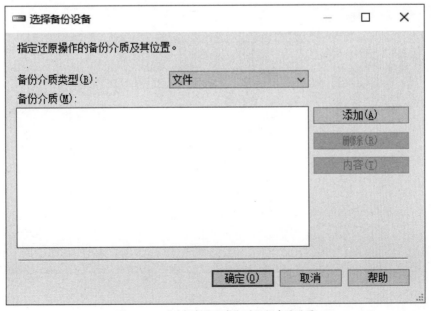

图 16.42　"选择备份设备"对话框中的设置

（5）在弹出的"定位备份文件"窗口中选择要恢复的数据库备份文件，如图16.43所示，单击"确定"按钮。

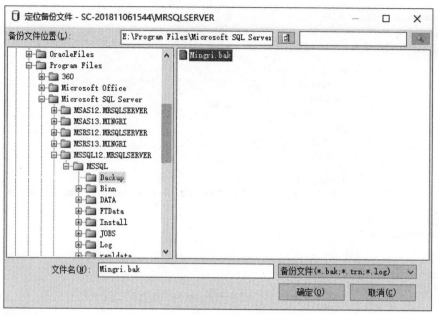

图 16.43　选择要恢复的数据库备份文件

（6）返回到"选择备份设备"对话框，单击"确定"按钮，如图16.44所示。在"还原数据库 - Mingri"窗口中单击"确定"按钮，如图16.45所示。数据库还原成功后弹出图16.46所示的提示对话框。

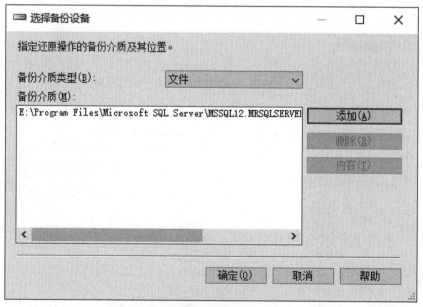

图 16.44　单击"确定"按钮（1）

图 16.45　单击"确定"按钮（2）

图 16.46　提示对话框

16.5　收缩数据库

　　因为 SQL Server 对数据库空间分配采用的是"先分配、后使用"的机制，所以数据库中可能会存在多余的空间，在一定程度上造成了存储空间的浪费。为此，SQL Server 提供了收缩数据库的功能，允许对数据库中的每个文件进行收缩，直至没有剩余的可用空间为止。

　　SQL Server 数据库的数据和日志文件都可以收缩。既可以成组或单独地手动收缩数据库文件，也可以对数据库进行设置，使其按照指定的间隔自动收缩。

16.5.1　自动收缩数据库

　　在 SQL Server 执行收缩操作时，数据库引擎会删除数据库的每个文件中已经分配但还没有使用的页，收缩后数据库空间将自动减少。下面介绍如何自动收缩数据库，具体操作步骤如下。

（1）在 SQL Server Management Studio 的"对象资源管理器"面板中，用鼠标右键单击指定的数据库选项（此处为"MRKJ"），在弹出的快捷菜单中选择"属性"命令。打开"数据库属性 –MRKJ"窗口，在"选项"—"其他选项"—"自动"—"自动收缩"下拉列表中选择"True"选项，如图 16.47 所示。

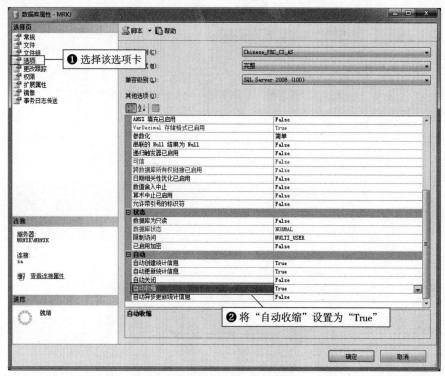

图 16.47 "数据库属性 –MRKJ"窗口

（2）单击"确定"按钮，数据库引擎会定期检查每个数据库的空间使用情况，如果发现大量闲置的空间，就会自动收缩数据库。

16.5.2 手动收缩数据库

除了自动收缩数据库外，还可以手动收缩数据库或数据库中的文件。下面介绍如何手动收缩数据库。具体操作步骤如下。

（1）在 SQL Server Management Studio 的"对象资源管理器"面板中，用鼠标右键单击要收缩的数据库选项（此处为"MRKJ"），在弹出的快捷菜单中选择"任务"—"收缩"—"数据库"命令，如图 16.48 所示。

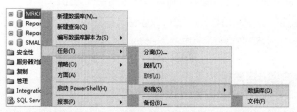

图 16.48 选择"数据库"命令

> **⚡ 注意**
>
> 若要收缩单个数据库文件，可以在"对象资源管理器"面板中用鼠标右键单击要收缩的数据库选项，在弹出的快捷菜单中选择"任务"—"收缩"—"文件"命令。

（2）打开"收缩数据库 –MRKJ"窗口，该窗口中部分选项的说明如下。

⊘ 数据库：要收缩的数据库的名称。

⊘ 数据库大小："当前分配的空间"文本框显示所选数据库中已经分配的空间；"可用空间"文本框显示所选数据库的日志文件和数据文件的可用空间。

⊘ 收缩操作：选中"在释放未使用的空间前重新组织文件。选中此选项可能会影响性能"复选框，系统会按指定百分比收缩数据库，通过微调按钮可设置"收缩后文件中的最大可用空间"的值（取值范围为 0 ~ 99），此处设置该值为 70，如图 16.49 所示。

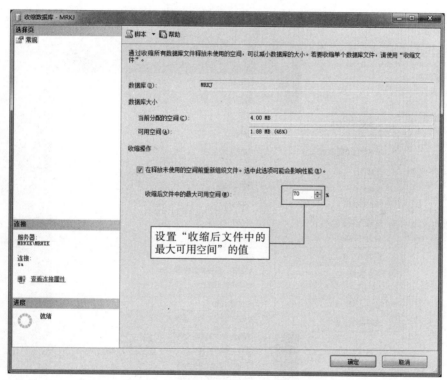

图 16.49 "收缩数据库 –MRKJ"窗口的设置

（3）设置完成后单击"确定"按钮进行数据库收缩操作。

16.6 脚本

脚本是存储在文件中的一系列语句，是可重用的模块化代码。通过 SQL Server Management Studio 可以对指定文件中的脚本进行修改、分析和执行。

本节主要介绍如何为数据库、数据表生成脚本，以及如何执行脚本。

16.6.1　为数据库生成脚本

在生成脚本文件后，数据库可以在不同的计算机之间传输。

下面为 SQL Server 数据库"db_mrkj"生成脚本文件，具体操作步骤如下。

（1）在"对象资源管理器"面板中展开"服务器"—"数据库"节点，用鼠标右键单击需要生成脚本文件的数据库选项，这里为"db_mrkj"，在弹出的快捷菜单中选择"任务"—"生成脚本"命令，如图 16.50 所示。

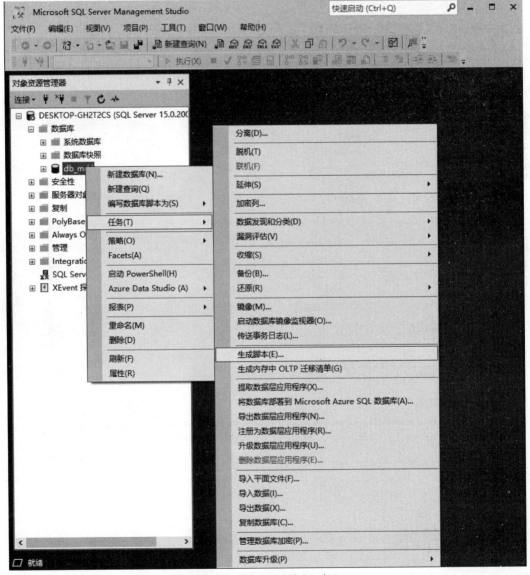

图 16.50　选择"生成脚本"命令

（2）打开"生成和发布脚本"窗口，单击"Next"按钮，如图 16.51 所示。

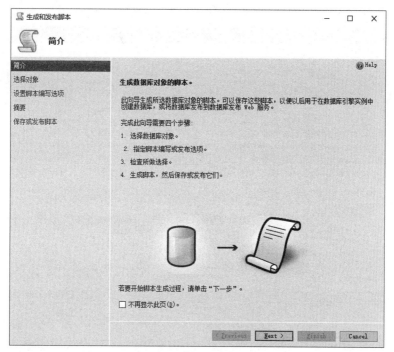

图 16.51　单击"Next"按钮

（3）在"选择对象"界面中，选中"为整个数据库及所有数据库对象编写脚本"单选项，单击"Next"
按钮，如图 16.52 所示。

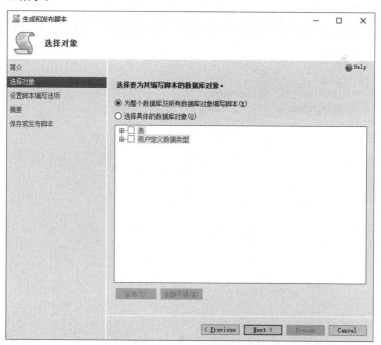

图 16.52　"选择对象"界面的设置

（4）在"设置脚本编写选项"界面中，选中"将脚本保存到特定位置"单选项，单击"文件名"
后的 按钮，在弹出的"脚本文件位置"对话框中，选择脚本文件的保存位置，在"文件名"文本框中
输入脚本文件的名称，这里输入"mrkj"，完成后单击"保存"按钮，如图 16.53 所示。

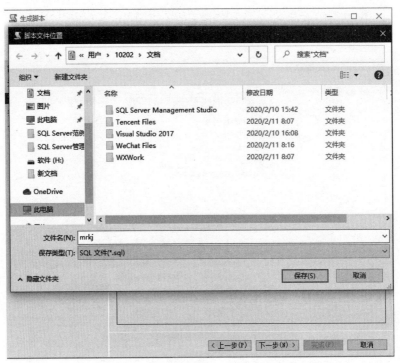

图 16.53 "脚本文件位置"对话框中的设置

（5）返回到"设置脚本编写选项"界面，单击"下一步"按钮，如图 16.54 所示。

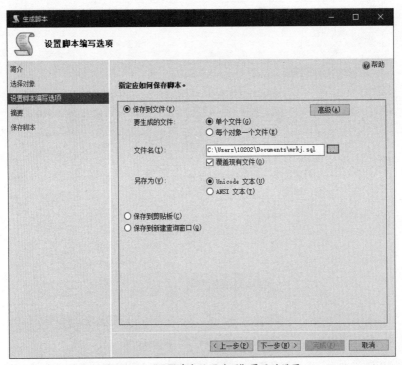

图 16.54 "设置脚本编写选项"界面的设置

（6）在"摘要"界面中，单击"下一步"按钮，进入"保存脚本"界面，在脚本保存成功后，单击"完成"按钮，关闭"生成脚本"窗口，如图 16.55 所示。

图 16.55 "保存脚本"界面

16.6.2 为数据表生成脚本

除了为数据库生成脚本文件以外，还可以根据需要为指定的数据表生成脚本文件。

（1）在"对象资源管理器"面板中展开"服务器"—"数据库"节点，用鼠标右键单击"db_mrkj"数据库，在弹出的快捷菜单中选择"任务"—"生成脚本"命令，打开"生成脚本"窗口，进入"选择对象"界面。

（2）选中"选择具体的数据库对象"单选项，并选中"dbo.mrbooks"复选框，如图 16.56 所示。单击"完成"按钮，即可实现为指定表生成名为"mrbooks"的脚本。

图 16.56 "选择对象"界面的设置

16.6.3　执行脚本

脚本生成以后,可以通过SQL Server Management Studio对指定的脚本进行修改,并执行该脚本。以脚本文件"mrbooks.sql"为例,讲解如何执行脚本,操作步骤如下。

（1）打开SQL Server Management Studio,在菜单栏中选择"文件"—"打开"—"文件"命令,打开"打开文件"对话框,选择脚本文件"mrbooks.sql",单击"打开"按钮,如图16.57所示。

图 16.57　选择"mrbooks.sql"脚本文件

（2）打开脚本文件"mrbooks.sql"后,查询编辑器中显示了此脚本文件中的内容,如图16.58所示。单击"执行"按钮,即可执行该脚本。

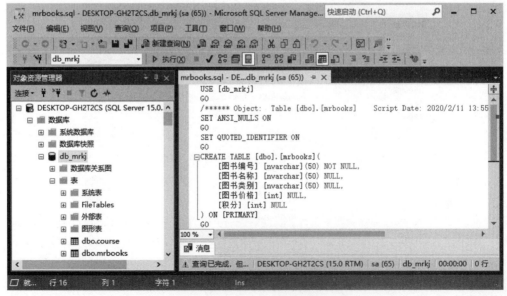

图 16.58　"mrbooks.sql"文件中的 SQL 语句

16.7 数据库维护计划

数据库必须进行定期维护，如更新数据库统计信息，进行数据库备份等，以确保数据库一直处于最佳的运行状态。SQL Server 提供了"维护计划向导"窗口，通过它可以根据需要创建一个数据库维护计划，生成的数据库维护计划将对指定的数据库按计划中的间隔进行定期维护。

下面将通过"维护计划向导"窗口创建一个数据库维护计划——"MR 维护计划"，完成对数据库"books""MR_KFGL""MR_Buyer"的维护（包括检查数据库完整性及更新统计信息）。具体操作步骤如下。

（1）启动 SQL Server Management Studio，并连接到 SQL Server 中的数据库。在"对象资源管理器"面板中展开"管理"节点。

（2）用鼠标右键单击"维护计划"节点，在弹出的快捷菜单中选择"维护计划向导"命令，如图 16.59 所示。

（3）打开"维护计划向导"窗口，如图 16.60 所示。

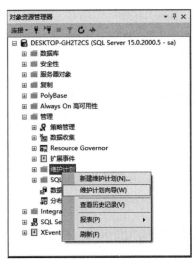

图 16.59　选择"维护计划向导"命令　　　　图 16.60　"维护计划向导"窗口

（4）直接单击"下一步"按钮进入"选择计划属性"界面。在"名称"文本框内输入维护计划的名称"MR 维护计划"，如图 16.61 所示。

（5）单击"下一步"按钮，进入"选择维护任务"界面。在"选择一项或多项维护任务"列表框中选中"检查数据库完整性"和"更新统计信息"复选框，如图 16.62 所示。

（6）单击"下一步"按钮，进入"选择维护任务顺序"界面。在该界面中通过单击"上移"和"下移"按钮调整执行任务的顺序，如图 16.63 所示。

（7）单击"下一步"按钮，进入"定义'数据库检查完整性'任务"界面，这里要配置的维护任务是检查数据库完整性。从"数据库"下拉列表中选择任意一个数据库对其进行维护。这里选中"以下数据库"单选项，从其列表框中选中"db_mrkj"和"db_mrsql"复选框，单击"确定"按钮，如图 16.64 所示。

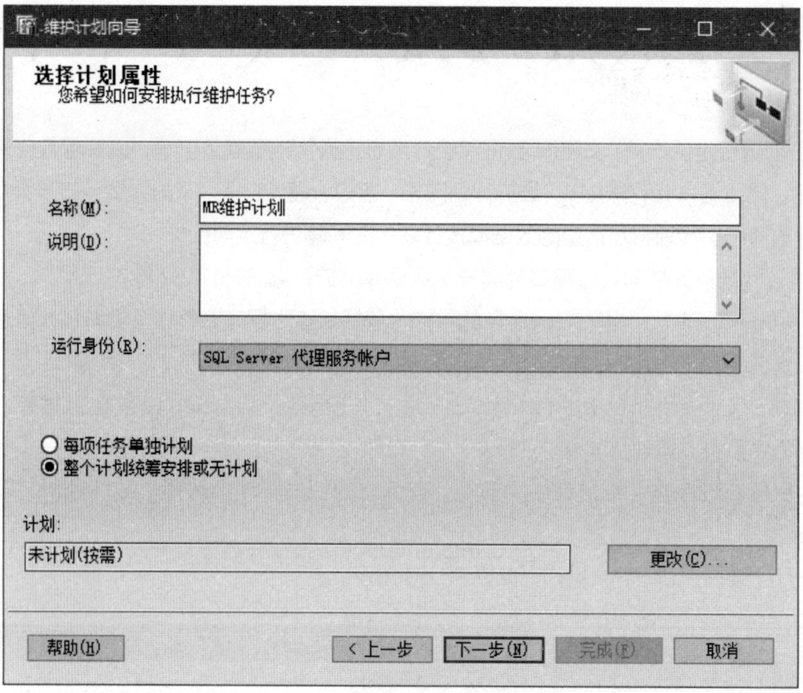

图 16.61 “选择计划属性”界面的设置

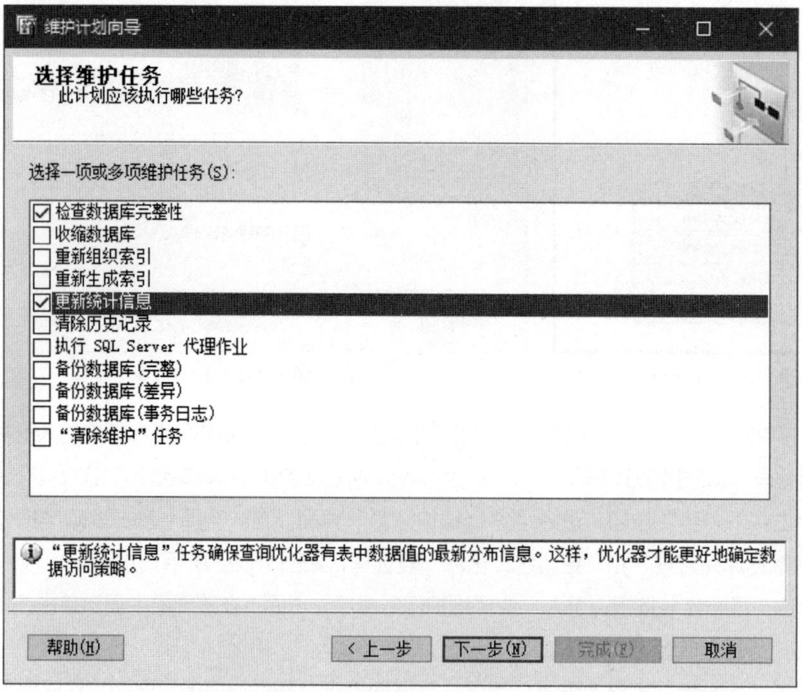

图 16.62 “选择维护任务”界面的设置

图 16.63   "选择维护任务顺序"界面的设置

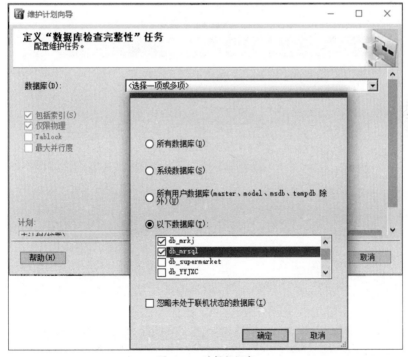

图 16.64   选择数据库

（8）单击"下一步"按钮，进入"定义'更新统计信息'任务"界面，这里要配置的维护任务是更新统计信息。按照与第（7）步中同样的操作选择数据库"db_mrkj"和"db_mrsql"进行维护，然后单击"确定"按钮，如图 16.65 所示。

（9）单击"下一步"按钮，进入"选择报告选项"界面，在该界面中为维护计划选择一种方式进行保存或分发。这里选中"将报告写入文本文件"复选框，单击其后的 █ 按钮，选择保存位置，如图 16.66 所示。

图 16.65　选择要维护的数据库

图 16.66　"选择报告选项"界面的设置

（10）单击"下一步"按钮，进入"完成向导"界面，如图 16.67 所示，该界面中列出了维护计划中的相关选项。

（11）单击"完成"按钮，进入"维护计划向导进度"界面，开始创建维护计划，创建成功后单击"关闭"按钮即可，如图 16.68 所示。

图 16.67 "完成向导"界面

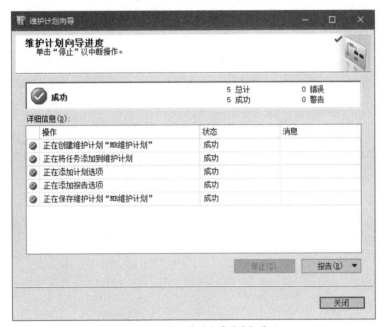

图 16.68 "维护计划向导进度"界面

16.8 小结

本章介绍了对 SQL Server 数据库及数据表的维护管理。在学习本章后，读者应熟练掌握脱机与联机数据库、分离和附加数据库、导入和导出数据表、备份和恢复数据库等操作，能够为数据库或数据表生成脚本文件，了解数据库维护计划。

项 目 篇

第 17 章　学生成绩管理系统（Java+SQL Server 实现）

第17章

学生成绩管理系统
（Java+SQL Server 实现）

随着教育的不断普及，各个学校的学生人数也越来越多。传统的学生信息管理方式并不能适应时代的发展。为了提高管理效率，减少学校开支，使用软件管理学生信息已成为必然。本章将开发一个学生成绩管理系统。

通过阅读本章，您可以：

- ☑ 掌握 Swing 控件的使用方法；
- ☑ 掌握内部窗体技术的使用方法；
- ☑ 掌握使用 JDBC 技术连接数据库的方法；
- ☑ 掌握批处理技术的使用方法。

17.1　系统概述

积极寻求适应时代要求的校园学生信息管理模式已经成为当前校园管理工作的重点，学生信息管理是一门系统的、普遍的科学，是管理科学与教育科学交融的综合性应用科学。学生信息管理主要包括学籍管理、学科管理、课外活动管理、学生成绩管理、生活管理等。传统的人力管理模式既浪费校园人力，管理效果又不够明显。当将计算机管理系统融入校园学生信息管理工作时，学生信息管理工作中的数据可以被处理得更加精确，同时计算机管理为实际学生信息管理工作提供了强而有力的数据，校方可以根据这些数据及时对各项工作进行调整，使学生信息管理工作更加人性化。由于篇幅有限，本章中主要设计校园学生信息管理系统中的学生成绩管理系统。

17.2　系统分析

17.2.1　需求分析

需求分析是系统项目开发的第一步，经过与客户的沟通与协调，以及实际的调查与分析，学生成绩管理系统应该具有以下特点和功能。

- ✓ 简单、友好的操作界面，以方便管理员的日常管理工作。
- ✓ 整个系统的操作流程简单。
- ✓ 完备的学生成绩管理功能。
- ✓ 全面的系统维护管理功能，方便系统日后的维护工作。
- ✓ 强大的基础信息设置功能。

17.2.2　可行性研究

学生成绩管理是学生信息管理工作中的一部分，将计算机管理系统融入学生成绩管理工作，可提高学生成绩管理工作的效率，也有利于学校及时掌握学生的学习成绩、个人自然成长状况等一系列数据，通过这些实际数据，学校可以及时调整整个学校的学习管理工作。

17.3　系统设计

17.3.1　系统目标

通过对学生成绩管理工作的调查与研究，本系统设计完成后将达到以下目标。

- ✓ 界面设计友好、美观，方便管理员的日常操作。
- ✓ 基本信息设置功能全面，数据录入方便、快捷。
- ✓ 数据检索功能强大、灵活，能提高日常数据管理工作的效率。
- ✓ 具有良好的用户维护功能。
- ✓ 能最大限度地保证系统的易维护性和易操作性。
- ✓ 系统运行稳定，系统数据安全可靠。

17.3.2　系统功能结构

学生成绩管理系统的功能结构如图 17.1 所示。

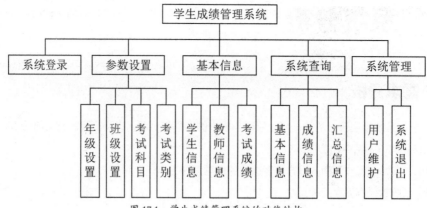

图 17.1　学生成绩管理系统的功能结构

17.3.3　系统预览

学生成绩管理系统由多个窗体组成，下面仅列出几个典型窗体，其他窗体请读者参见资源包中的源程序。"系统用户登录"窗体的运行效果如图 17.2 所示。该窗体主要用于限制非法用户进入系统内部。

图 17.2　"系统用户登录"窗体的运行效果

系统主窗体的运行效果如图 17.3 所示。该窗体的主要功能是执行学生成绩管理系统的所有功能。

图 17.3　系统主窗体的运行效果

"年级信息设置"窗体的运行效果如图 17.4 所示。该窗体主要用于对年级的信息进行增、删、改操作。

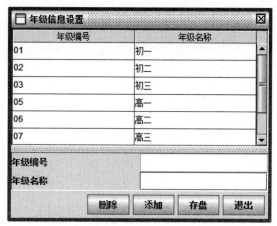

图 17.4 "年级信息设置"窗体的运行效果

"学生基本信息管理"窗体的运行效果如图 17.5 所示。该窗体主要用于对学生的基本信息进行增、删、改操作。

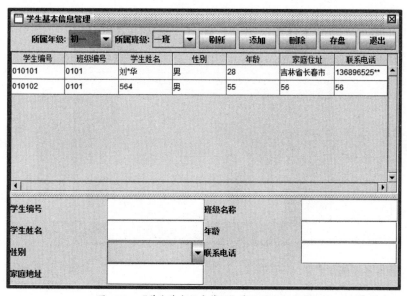

图 17.5 "学生基本信息管理"窗体的运行效果

"基本信息数据查询"窗体的运行效果如图 17.6 所示。该窗体主要用于查询学生的基本信息。

"用户数据信息维护"窗体的运行效果如图 17.7 所示。该窗体主要用于完成用户信息的增加、修改和删除。

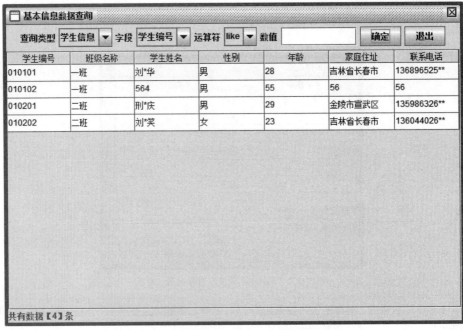

图 17.6　"基本信息数据查询"窗体的运行效果

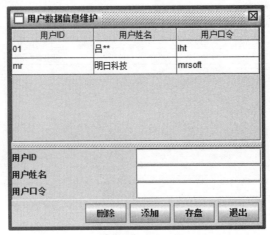

图 17.7　"用户数据信息维护"窗体的运行效果

17.3.4　构建开发环境

要开发学生成绩管理系统，需要具备下面的软件环境。

- ☑ 操作系统：Windows 7 以上。
- ☑ Java 开发包：JDK 8 以上。
- ☑ 数据库：SQL Server。

17.3.5　文件夹组织结构

在进行学生成绩管理系统的开发前，需要规划文件夹组织结构，即创建多个文件夹，对系统的各个功能模块进行划分，实现统一管理。这样易于开发、管理和维护。本系统的文件夹组织结构如图17.8所示。

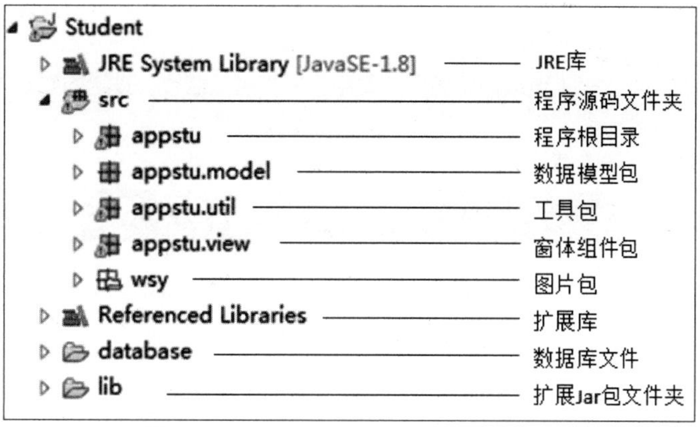

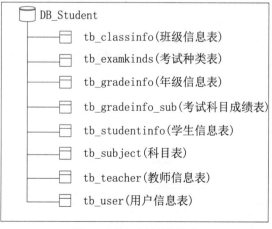

图 17.8　学生成绩管理系统的文件夹组织结构

17.4　数据库设计

17.4.1　数据库分析

学生成绩管理系统主要用于管理学生成绩的相关信息，因此除了基本的学生信息表之外，还要设计教师信息表、班级信息表、年级信息表和用户信息表。并且要根据学生的学习成绩结构，设计科目表、考试种类表和考试科目成绩表。

17.4.2　数据库概念设计

学生成绩管理系统数据库采用 SQL Server 数据库，系统数据库名称为"DB_Student"，共包含 8 个表。本系统的数据表树形结构如图 17.9 所示，其中包含系统中的所有数据表。

DB_Student
- tb_classinfo（班级信息表）
- tb_examkinds（考试种类表）
- tb_gradeinfo（年级信息表）
- tb_gradeinfo_sub（考试科目成绩表）
- tb_studentinfo（学生信息表）
- tb_subject（科目表）
- tb_teacher（教师信息表）
- tb_user（用户信息表）

图 17.9　数据表树形结构图

311

17.4.3　数据库逻辑结构设计

图 17.9 中各个表的详细说明如下。

（1）"tb_classinfo"表（班级信息表）主要用于保存班级信息，其结构如表 17.1 所示。

表 17.1　"tb_classinfo"表的结构

字段名称	数据类型	长度	是否为主键	描述
classID	varchar	10	是	班级编号
gradeID	varchar	10	否	年级编号
className	varchar	20	否	班级名称

（2）"tb_examkinds"表（考试种类表）主要用来保存考试种类信息，其结构如表 17.2 所示。

表 17.2　"tb_examkinds"表的结构

字段名称	数据类型	长度	是否为主键	描述
kindID	varchar	20	是	考试类别编号
kindName	varchar	20	否	考试类别名称

（3）"tb_gradeinfo"表（年级信息表）用来保存年级信息，其结构如表 17.3 所示。

表 17.3　"tb_gradeinfo"表的结构

字段名称	数据类型	长度	是否为主键	描述
gradeID	varchar	10	是	年级编号
gradeName	varchar	20	否	年级名称

（4）"tb_gradeinfo_sub"表（考试科目成绩表）用来保存考试科目成绩信息，其结构如表 17.4 所示。

表 17.4　"tb_gradeinfo_sub"表的结构

字段名称	数据类型	长度	是否为主键	描述
stuid	varchar	10	是	学生编号
stuname	varchar	50	否	学生姓名
kindID	varchar	10	是	考试类别编号
code	varchar	10	是	考试科目编号
grade	float	8	否	考试成绩
examdate	datetime	8	否	考试日期

（5）"tb_studentinfo"表（学生信息表）用来保存学生信息，其结构如表 17.5 所示。

表 17.5 "tb_ studentinfo"表的结构

字段名称	数据类型	长度	是否为主键	描述
stuid	varchar	10	是	学生编号
classID	varchar	10	否	班级编号
stuname	varchar	20	否	学生姓名
sex	varchar	10	否	学生性别
age	int	4	否	学生年龄
address	varchar	50	否	家庭住址
phone	varchar	20	否	联系电话

（6）"tb_subject"表（科目表）主要用来保存科目信息，其结构如表 17.6 所示。

表 17.6 "tb_subject"表的结构

字段名称	数据类型	长度	是否为主键	描述
code	varchar	10	是	科目编号
subject	varchar	40	否	科目名称

（7）"tb_teacher"表（教师信息表）用于保存教师的相关信息，其结构如表 17.7 所示。

表 17.7 "tb_teacher"表的结构

字段名称	数据类型	长度	是否为主键	描述
teaid	varchar	10	是	教师编号
classID	varchar	10	否	班级编号
teaname	varchar	20	否	教师姓名
sex	varchar	10	否	教师性别
knowledge	varchar	20	否	教师职称
knowlevel	varchar	20	否	教师等级

（8）"tb_user"表（用户信息表）主要用来保存用户的相关信息，其结构如表 17.8 所示。

表 17.8 "tb_user"表的结构

字段名称	数据类型	长度	是否为主键	描述
userid	varchar	50	是	用户编号
username	varchar	50	否	用户姓名
pass	varchar	50	否	用户口令

17.5 公共模块设计

实体类对象主要使用 JavaBean 来结构化后台数据表，以完成对数据表的封装。在定义实体类时需要设置与数据表字段对应的成员变量，并且需要为这些字段设置相应的 get() 与 set() 方法。

17.5.1 各种实体类的编写

在开发项目时，通常会编写相应的实体类，下面以学生实体类为例说明实体类的编写步骤。

（1）在 Eclipse 中，创建类 Obj_student，在该类中创建与数据表"tb_studentinfo"中字段对应的成员变量。

（2）在 Eclipse 中的菜单栏中选择"源代码"—"生成 Getter 与 Setter"命令。

这样 Obj_student 实体类就创建完成了。SQL 语句如下：

```java
public class Obj_student {
private String stuid;                // 定义学生编号变量
private String classID;              // 定义班级编号变量
private String stuname;              // 定义学生姓名变量
private String sex;                  // 定义学生性别变量
private int age;                     // 定义学生年龄变量
private String address;              // 定义家庭住址变量
private String phone;                // 定义联系电话变量
public String getStuid() {
    return stuid;
}
public String getClassID() {
    return classID;
}
public String getStuname() {
    return stuname;
}
public String getSex() {
    return sex;
}
public int getAge() {
    return age;
}
public String getAddress() {
    return address;
}
public String getPhone() {
    return phone;
}
```

```
    public void setStuid(String stuid) {
        this.stuid = stuid;
    }
    public void setClassID(String classID) {
        this.classID = classID;
    }
    public void setStuname(String stuname) {
        this.stuname = stuname;
    }
    public void setSex(String sex) {
        this.sex = sex;
    }
    public void setAge(int age) {
        this.age = age;
    }
    public void setAddress(String address) {
        this.address = address;
    }
    public void setPhone(String phone) {
        this.phone = phone;
    }
}
```

其他实体类的设计与学生实体类的设计相似，只是对应的后台表结构有所区别。读者可以参考资源包中的源文件来完成其他实体类的设计。

17.5.2 数据库公共类的编写

1. 连接数据库的公共类 CommonaJdbc

数据库连接在整个项目开发中占据着非常重要的位置，如果数据库连接失败，功能再强大的系统都不能运行。在 appstu.util 包中创建类 CommonaJdbc，在该类中定义一个静态类型的类变量 conection，用来进行数据库的连接，在其他类中可以直接访问这个变量。该类的代码如下：

```
public class CommonaJdbc {
 public static Connection conection = null;
 public CommonaJdbc() {
     getCon();
 }
 private Connection getCon() {
     try {
         Class.forName("com.microsoft.sqlserver.jdbc.SQLServerDriver");
         conection = DriverManager.getConnection("jdbc:sqlserver://
localhost:1433;DatabaseName=DB_Student ", "sa","123456");
```

```
        } catch (java.lang.ClassNotFoundException classnotfound) {
            classnotfound.printStackTrace();
        } catch (java.sql.SQLException sql) {
            new appstu.view.JF_view_error(sql.getMessage());
            sql.printStackTrace();
        }
        return conection;
    }
}
```

2. 操作数据库的公共类 JdbcAdapter

在 appstu.util 包中创建公共类 JdbcAdapter，在该类中封装对所有数据表的添加、修改、删除操作，前台业务中的相应功能都是通过这个类来实现的，它的设计步骤如下。

（1）JdbcAdapter 类将实体对象作为参数，进而执行类中的相应方法。为了保证数据操作的准确性，需要定义一个私有的类方法 validateID() 来完成数据的验证功能。这个方法首先通过数据表的主键判断数据表中是否存在某条数据，如果存在，则生成数据表的更新语句；如果不存在，则生成数据表的添加语句。validateID() 方法的关键代码如下：

```
private boolean validateID(String id, String tname, String idvalue) {
    String sqlStr = null;
    // 定义 SQL 语句
    sqlStr = "select count(*) from " + tname + " where " + id + "
        = '" + idvalue + "'";
    try {
        con = CommonaJdbc.conection;              // 获取数据库连接
        pstmt = con.preparedStatement(sqlStr);// 获取 preparedStatement 实例
        java.sql.ResultSet rs = null;             // 获取 ResultSet 实例
        rs = pstmt.executeQuery();                // 执行 SQL 语句
        if (rs.next()) {
            if (rs.getInt(1) > 0)                 // 如果数据表中有值
                return true;                      // 返回 true
        }
    } catch (java.sql.SQLException sql) {    // 如果产生异常
        sql.printStackTrace();               // 输出异常
        return false;                        // 返回 false
    }
    return false;                            // 返回 false
}
```

（2）定义一个私有类方法 AdapterObject() 来执行数据表的所有操作，该方法的参数为生成的 SQL 语句。该方法的关键代码如下：

```
private boolean AdapterObject(String sqlState) {
```

```
boolean flag = false;
try {
    con = CommonaJdbc.conection;                    // 获取数据库连接
    pstmt = con.preparedStatement(sqlState);// 获取 preparedStatement 实例
    pstmt.execute();                                // 执行 SQL 语句
    flag = true;                                    // 将标识修改为 true
        JOptionPane.showMessageDialog(null, infoStr + "数据成功 !!!", "系统提示",
            JOptionPane.INFORMATION_MESSAGE);       // 弹出相应提示对话框
} catch (java.sql.SQLException sql) {
    flag = false;
    sql.printStackTrace();
}
    return flag;                                    // 将标识返回
}
```

（3）由于在 JdbcAdapter 类中封装的所有表操作的实现方法都是相似的，因此这里仅以操作学生信息表的 InsertOrUpdateObject() 方法为例进行详细讲解，其他方法的编写请读者参考资源包中的源码。InsertOrUpdateObject() 方法的关键代码如下：

```
public boolean InsertOrUpdateObject(Obj_student objstudent) {
    String sqlStatement = null;
    if (validateID("stuid", "tb_studentinfo", objstudent.getStuid())) {
        sqlState ment = "update tb_studentinfo set stuid = '" +
                    objstudent.getStuid() + "',classID = '"+
                    objstudent.getClassID() + "',stuname = '" +
                    objstudent.getStuname() + "',sex = '"+
                    objstudent.getSex() + "',age = '" + objstudent.getAge() +
                    "',addr = '" + objstudent.getAddress() + "',phone = '" +
                    objstudent.getPhone() + "' where stuid = '" +
                    objstudent.getStuid().trim() + "'";
        infoStr = "更新学生信息";
    } else {
        sqlStatement = "insert tb_studentinfo(stuid,classid,stuname,sex,
                    age,addr,phone)
                    values ('" + objstudent.getStuid() +
                    "','" + objstudent.getClassID() + "','" +
                    objstudent.getStuname() + "','"+ objstudent.getSex() +
                    "','" + objstudent.getAge() + "','" +
                    objstudent.getAddress() + "','"+
                    objstudent.getPhone() + "')";
        infoStr = "添加学生信息";
    }
    return AdapterObject(sqlStatement);
}
```

317

（4）定义一个公共方法 InsertOrUpdate_Obj_gradeinfo_sub() 来执行学生成绩的保存操作。这个方法的参数为 Obj_gradeinfo_sub 数组。在该方法中定义一个 String 类型的变量 sqlStr，然后在循环体中调用 stmt 的 addBatch() 方法，将 sqlStr 变量放入 Batch 中，接着执行 stmt 的 executeBatch() 方法。InsertOrUpdate_Obj_gradeinfo_sub() 方法的关键代码如下：

```
public boolean InsertOrUpdate_Obj_gradeinfo_
sub[] object) {
    try {
        con = CommonaJdbc.conection;
        stmt = con.createStatement();
        for (int i = 0; i < object.length; i++) {
            String sqlStr = null;
            if (validateobjgradeinfo(object[i].getStuid(), object[i].
            getKindID(), object[i].getCode())){
                sqlStr = "update tb_gradeinfo_sub set stuid = '" +
                        object[i].getStuid() + "',stuname = '"+
                        object[i].getSutname() + "',kindID = '" +
                        object[i].getKindID() + "',code = '"+
                        object[i].getCode() + "',grade = " +
                        object[i].getGrade() + " ,examdate = '" +
                        object[i].getExamdate() + "' where stuid = '" +
                        object[i].getStuid() + "' and kindID = '"+
                        object[i].getKindID() + "' and code = '" +
                        object[i].getCode() + "'";
            } else {
            sqlStr = "insert  tb_gradeinfo_sub(stuid,stuname,kindID,code,
                    grade,examdate)  values ('"+ object[i].getStuid() +
                    "','" + object[i].getSutname() + "','" +
                    object[i].getKindID() + "','" + object[i].getCode() +
                    "'," + object[i].getGrade() + " ,'" +
                    object[i].getExamdate() + "')";
            }
            System.out.println("sqlStr = " + sqlStr);
            stmt.addBatch(sqlStr);
        }
        stmt.executeBatch();
        JOptionPane.showMessageDialog(null, "学生成绩数据存盘成功!!!","系统提示",
                        JOptionPane.INFORMATION_MESSAGE);
    } catch (java.sql.SQLException sqlerror) {
        new appstu.view.JF_view_error(" 错误信息为: " + sqlerror.getMessage());
        return false;
    }
    return true;
}
```

（5）定义一个公共方法 Delete_Obj_gradeinfo_sub() 来删除学生成绩数据。该方法的设计与 InsertOrUpdate_Obj_gradeinfo_sub() 方法的类似，通过循环生成批处理语句，然后执行批处理语句，两者不同的就是该方法生成的语句是删除语句。Delete_Obj_gradeinfo_ sub() 方法的关键代码如下：

```java
public boolean Delete_Obj_gradeinfo_sub(Obj_gradeinfo_sub[] object) {
    try {
        con = CommonaJdbc.conection;
        stmt = con.createStatement();
        for (int i = 0; i < object.length; i++) {
            String sqlStr = null;
            sqlStr = "delete From tb_gradeinfo_sub  where stuid
                    = '" + object[i].getStuid() + "' and kindID
                    = '"+ object[i].getKindID() + "' and code
                    = '"+ object[i].getCode() + "'";
            System.out.println("sqlStr = " + sqlStr);
            stmt.addBatch(sqlStr);
        }
        stmt.executeBatch();
        JOptionPane.showMessageDialog(null, "学生成绩数据删除成功！！！", "系统提示",
                JOptionPane.INFORMATION_MESSAGE);
    } catch (java.sql.SQLException sqlerror) {
        new appstu.view.JF_view_error("错误信息为：" + sqlerror.getMessage());
        return false;
    }
    return true;
}
```

（6）定义一个删除数据表的公共方法 DeleteObject() 来执行删除数据表的操作，其关键代码如下：

```java
public boolean DeleteObject(String deleteSql) {
    infoStr = "删除";
    return AdapterObject(deleteSql);
}
```

3. 检索数据的公共类 RetrieveObject

数据的检索功能在整个系统功能中占有重要位置，系统中的所有查询功能都是通过公共类 RetrieveObject 实现的。该公共类通过传递的查询语句调用相应的类方法，查询满足条件的数据或者数据集。这里在这个公共类中定义了 3 种不同的方法来满足系统的查询要求。

（1）定义一个类的公共方法 getObjectRow() 来检索一行满足条件的数据。该方法的返回值类型为 Vector，其关键代码如下：

```java
public Vector getObjectRow(String sqlStr) {
```

```
        Vector vdata = new Vector();          // 定义一个数据集
        connection = CommonaJdbc.conection;// 获取一个数据库连接
        try {
            rs = connection.preparedStatement(sqlStr).executeQuery();
                                            // 获取一个 ResultSet 实例
            rsmd = rs.getMetaData();          // 获取一个 ResultSetMetaData 实例
            while (rs.next()) {
                for (int i = 1; i <= rsmd.getColumnCount(); i++) {
                    vdata.addElement(rs.getObject(i));
                                        // 将数据库结果集中的数据添加到数据集中
                }
            }
        } catch (java.sql.SQLException sql) {
            sql.printStackTrace();
            return null;
        }
        return vdata;                       // 将数据集返回
}
```

（2）定义一个类的公共方法 getTableCollection() 来检索满足条件的数据集。该方法的返回值类型为 Collection，其关键代码如下：

```
public Collection getTableCollection(String sqlStr) {
    Collection collection = new Vector();
    connection = CommonaJdbc.conection;
    try {
        rs = connection.preparedStatement(sqlStr).executeQuery();
        rsmd = rs.getMetaData();
        while (rs.next()) {
            Vector vdata = new Vector();
            for (int i = 1; i <= rsmd.getColumnCount(); i++) {
                vdata.addElement(rs.getObject(i));
            }
            collection.add(vdata);
        }
    } catch (java.sql.SQLException sql) {
        new appstu.view.JF_view_error(" 执行的 SQL 语句为 :\n" + sqlStr + "\n错
误信息为: " + sql.getMessage());
        sql.printStackTrace();
        return null;
    }
    return collection;
}
```

（3）定义类方法 getTableModel() 来生成一个表格数据模型。该方法的返回值类型为 Default

TableModel，其中的数组参数 name 用来生成表模型中的列名。getTableModel() 方法的关键代码如下：

```java
public DefaultTableModel getTableModel(String[] name, String sqlStr) {
    Vector vname = new Vector();
    for (int i = 0; i < name.length; i++) {
        vname.addElement(name[i]);
    }
    DefaultTableModel tableModel = new DefaultTableModel(vname, 0);
                            // 定义一个 DefaultTableModel 实例
    connection = CommonaJdbc.conection;
    try {
        rs = connection.preparedStatement(sqlStr).executeQuery();
        rsmd = rs.getMetaData();
        while (rs.next()) {
            Vector vdata = new Vector();
            for (int i = 1; i <= rsmd.getColumnCount(); i++) {
                vdata.addElement(rs.getObject(i));
            }
            tableModel.addRow(vdata);           // 将数据集添加到表格模型中
        }
    } catch (java.sql.SQLException sql) {
        sql.printStackTrace();
        return null;
    }
    return tableModel;                          // 将表格模型实例返回
}
```

4. 产生编号的公共类 ProduceMaxBh

在 appstu.util 包中创建公共类 ProduceMaxBh，在这个类中定义一个公共方法 getMaxBh()。该方法用来生成一个最大的编号，首先通过参数来获得数据表中的最大号码，然后根据这个号码产生一个最大编号，其关键代码如下：

```java
public String getMaxBh(String sqlStr, String whereID) {
    appstu.util.RetrieveObject reobject = new RetrieveObject();
    Vector vdata = null;
    Object obj = null;
    vdata = reobject.getObjectRow(sqlStr);
    obj = vdata.get(0);
    String maxbh = null, newbh = null;
    if (obj == null) {
        newbh = whereID + "01";
    } else {
        maxbh = String.valueOf(vdata.get(0));
```

```
        String subStr = maxbh.substring(maxbh.length() - 1, maxbh.length());
        subStr = String.valueOf(Integer.parseInt(subStr) + 1);
        if (subStr.length() == 1)
            subStr = "0" + subStr;
        newbh = whereID + subStr;
    }
    return newbh;
}
```

17.6   系统登录模块设计

17.6.1   系统登录模块概述

系统登录模块主要用来验证用户的登录信息，实现用户登录功能。该模块中"系统用户登录"窗体的运行效果如图 17.10 所示。

图 17.10   "系统用户登录"窗体的运行效果

17.6.2   系统登录模块的技术分析

在设计系统登录模块时，重要的是让窗体居中显示。为了让窗体居中显示，先要获得屏幕的大小。使用 Toolkit 类的 getScreenSize() 方法可以获得屏幕的大小，该方法的声明如下：

```
public abstract Dimension getScreenSize() throws HeadlessException
```

但是 Toolkit 类是一个抽象类，不能使用 new 来获得其对象。使用该类中的 getDefaultToolkit() 方法可以获得 Toolkit 类的对象，该方法的声明如下：

```
public static Toolkit getDefaultToolkit()
```

在获得屏幕的大小之后，通过简单的计算即可让窗体居中显示。

17.6.3   系统登录模块的实现过程

1. 界面设计

系统登录模块的界面设计比较简单，它的具体设计步骤如下。

（1）在 Eclipse 中的"包资源管理器"面板中选择项目，在项目的"src"文件夹上单击鼠标右键，从弹出的快捷菜单中选择"新建"—"其他"命令，在弹出的"新建"对话框的"输入过滤文本"文本框中输入"JFrame"，然后选择"WindowBuilder"—"Swing Designer"—"JFrame"节点。

（2）在"New JFrame"对话框中，设置包名为"appstu.view"、类名为"JF_login"，单击"完成"按钮。该类继承 javax.swing 包中的 JFrame 类，JFrame 类提供了一个包含标题、边框和其他平台专用修饰的顶层窗口。

（3）在类创建完成后，单击窗口左下角的"Designer"选项卡，打开 UI 设计器，设置布局管理器类型为 BorderLayout。

（4）在 Palette 控件托盘中选择"Swing Containers"—"JPanel"控件，将该控件拖曳到 contentPane 控件中。此时该 JPanel 控件默认放置在 contentPane 控件的中部，可以通过"Properties"选项卡中的"constraints"对应的属性修改该控件的布局。分别从 Palette 控件托盘中选择两个 JLabel 控件、一个 JTextFiled 控件和一个 JPasswordField 控件，并将其拖曳到 JPanel 控件中。分别设置这两个 JLabel 的 text 属性值为"用户名"和"密码"。

（5）以相同的方式从 Palette 控件托盘中选择一个 JPanel 控件，并将其拖曳到 contentPane 控件中，设置该控件位于布局管理器的北部，并在该控件中放置一个 JLabel 控件；选择一个 JPanel 控件并将其拖曳到 contentPane 控件中，使该控件位于布局管理器的南部，选择两个 JButton 控件，并将其拖曳到该控件中。

根据以上几个步骤完成整个用户登录的窗体设计，窗体 UI 结构图如图 17.11 所示。

图 17.11 窗体 UI 结构图

2. 代码设计

系统登录模块的代码设计步骤如下。

（1）当用户输入用户名和密码按 Enter 键后，系统校验该用户是否存在。在公共方法 jTextField1_keyPressed() 中，定义一个 String 类型的变量 sqlSelect，用来生成 SQL 查询语句，然后定义一个 RetrieveObject 类型的变量 retrieve，调用 retrieve 的 getObjectRow() 方法，其参数为 sqlSelect，用来判断用户是否存在。jTextField1_keyPressed() 方法的关键代码如下：

```
public void jTextField1_keyPressed(KeyEvent keyEvent) {
    if (keyEvent.getKeyCode() == KeyEvent.VK_ENTER) {
        String sqlSelect = null;
        Vector vdata = null;
        // 查询输入的用户在数据库中是否存在
        sqlSelect = "select username from tb_user where userid = '" + jTex
                tField1.getText().trim() + "'";
        RetrieveObject retrieve = new RetrieveObject();
        vdata = retrieve.getObjectRow(sqlSelect);
                                    // 调用 getObjectRow() 方法执行 SQL 语句
        if (vdata.size() > 0) {
            jPasswordField1.requestFocus();
```

```
                                    // 将焦点放置在密码文本框中
        } else {
                                // 如果用户名不存在，则弹出相应提示对话框
            JOptionPane.showMessageDialog(null, "输入的用户 ID 不存在，请重新输入！！！",
 "系统提示", JOptionPane.ERROR_MESSAGE);
            jTextField1.requestFocus();// 将焦点放置在用户名文本框中
        }
    }
}
```

（2）如果用户存在，则输入对应的口令，当输入的口令正确时，单击"登录"按钮，即可登录系统。公共方法 jBlogin_actionPerformed() 的设计与 jTextField1_keyPressed() 方法的设计相似，其关键代码如下：

```
public void jBlogin_actionPerformed(ActionEvent e) {
    if (jTextField1.getText().trim().length() == 0 || jPasswordField1.
        getPassword().length == 0) {
        JOptionPane.showMessageDialog(null, "用户密码不允许为空", "系统提示",
                                        JOptionPane.ERROR_MESSAGE);
        return;
    }
    String pass = null;
    pass = String.valueOf(jPasswordField1.getPassword());
    String sqlSelect = null;
    sqlSelect = "select count(*) from tb_user where userid = '" + jText
            Field1.getText().trim() + "' and pass = '" + pass + "'";
    Vector vdata = null;
    appstu.util.RetrieveObject retrieve = new appstu.util.RetrieveObject();
    vdata = retrieve.getObjectRow(sqlSelect);// 执行 SQL 语句
    if (Integer.parseInt(String.valueOf(vdata.get(0))) > 0) {
                                            // 如果验证成功
      AppMain frame = new AppMain();        // 实例化系统主窗体
      this.setVisible(false);               // 设置主窗体不可见
    } else {                                // 如果验证不成功
        JOptionPane.showMessageDialog(null, "输入的口令不正确，请重新输入！！！",
 "系统提示",JOptionPane.ERROR_MESSAGE);       // 弹出相应提示对话框
        jTextField1.setText(null);          // 将用户名文本框置空
        jPasswordField1.setText(null);      // 将密码文本框置空
        jTextField1.requestFocus();         // 将焦点放置在用户名文本框中
        return;
    }
}
```

17.7 主窗体模块设计

17.7.1 主窗体模块概述

当用户登录成功后，进入系统主窗体，在主窗体中可对学生成绩信息进行不同的操作，其中包括学生和教师基本信息的录入、查询；成绩信息的录入、查询等。主窗体的运行效果如图 17.12 所示。

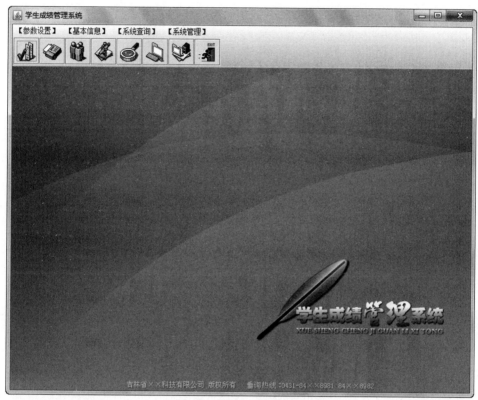

图 17.12 主窗体的运行效果

17.7.2 主窗体模块的技术分析

在设计主窗体模块时，主要使用 JDesktopPane 类。JDesktopPane 类用于创建多文档界面或虚拟桌面的容器。用户可创建 JInternalFrame 对象并将其添加到 JDesktopPane。JDesktopPane 扩展了 JLayeredPane，用于管理可能的重叠内部窗体。它还保持了对 DesktopManager 实例的引用，这是 UI 类为当前的外观（L&F）所设置的。注意，JDesktopPane 不支持边界。

JDesktopPane 类通常用作 JInternalFrame 的父类，为 JInternalFrame 提供可插入的 DesktopManager 对象。特定于 L&F 的实现，installUI 负责正确设置 DesktopManager 变量。当 JInternalFrame 的父类是 JDesktopPane 类时，它应该将其大部分行为（关闭、调整大小等）委托给 DesktopManager。

本模块使用 JDesktopPane 类继承的 add() 方法，将指定的控件增加到指定的层次上，该方法的声明如下：

```
public Component add(Component comp,int index)
```

参数说明如下。

- ☑ comp：要添加的控件的名称。
- ☑ index：要添加的控件的层次位置。

17.7.3 主窗体模块的实现过程

1. 界面设计

主窗体模块的界面设计不是十分复杂，这里给出 UI 控件结构，如图 17.13 所示。

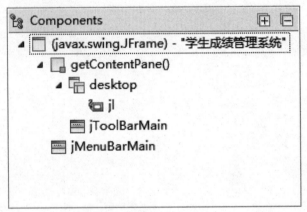

图 17.13 UI 控件结构

2. 代码设计

在主窗体中分别定义以下几个类的实例变量：变量 jMenuBarMain 和 jToolBarMain（用来表示主窗体中的菜单和工具栏）、变量 _MenuBarEvent（用来响应用户操作）和变量 desktop（用来表示放置控件的桌面面板）。在定义完实例变量之后，定义创建菜单的私有方法 BuildMenuBar() 和创建工具栏的私有方法 BuildToolBar()，其关键代码如下：

```
public class AppMain extends JFrame {
    // 省略部分代码
    public static JDesktopPane desktop = new JDesktopPane();
    MenuBarEvent _MenuBarEvent = new MenuBarEvent();// 自定义事件，用来响应用户操作
    JMenuBar jMenuBarMain = new JMenuBar();          // 定义主窗体中的菜单控件
    JToolBar jToolBarMain = new JToolBar();          // 定义主窗体中的工具栏控件
    private void BuildMenuBar() {                     // 定义生成主菜单的私有方法
    }
    private void BuildToolBar() {                     // 定义生成工具栏的私有方法
```

```
    }
    // 省略部分代码
}
```

下面分别详细讲述创建菜单与工具栏的方法。

（1）在创建菜单的私有方法 BuildMenuBar() 中，首先定义菜单对象数组，用来创建整个系统的主菜单，然后定义主菜单中的子菜单，并将其添加到主菜单中，为子菜单实现响应用户单击操作的功能。此方法的关键代码如下：

```java
private void BuildMenuBar() {
    JMenu[] _jMenu = { new JMenu("【参数设置】"), new JMenu("【基本信息】"),
                   new JMenu("【系统查询】"), new JMenu("【系统管理】") };
    JMenuItem[] _jMenuItem0 = { new JMenuItem("【年级设置】"), new JMenuItem
                    ("【班级设置】"),
                        new JMenuItem("【考试科目】"), new JMenuItem
                    ("【考试类别】") };
    String[] _jMenuItem0Name = { "sys_grade", "sys_class", "sys_subject",
                    "sys_examkinds" };
    JMenuItem[] _jMenuItem1 = { new JMenuItem("【学生信息】"), new JMenuItem
                    ("【教师信息】"),new JMenuItem("【考试成绩】") };
    String[] _jMenuItem1Name = { "JF_view_student", "JF_view_teacher",
                        "JF_view_gradesub" };
    JMenuItem[] _jMenuItem2 = { new JMenuItem("【基本信息】"), new JMenuItem
                    ("【成绩信息】"), new JMenuItem("【汇总查询】") };
    String[] _jMenuItem2Name = { "JF_view_query_jbqk", "JF_view_query_
                        grade_mx","JF_view_query_grade_hz" };
    JMenuItem[] _jMenuItem3 = { new JMenuItem("【用户维护】"), new JMenuItem
                    ("【系统退出】") };
    String[] _jMenuItem3Name = { "sys_user_modify", "JB_EXIT" };
    Font _MenuItemFont = new Font("宋体", 0, 12);
    for (int i = 0; i < _jMenu.length; i++) {
        _jMenu[i].setFont(_MenuItemFont);
        jMenuBarMain.add(_jMenu[i]);
    }
    for (int j = 0; j < _jMenuItem0.length; j++) {
        _jMenuItem0[j].setFont(_MenuItemFont);
        final String EventName1 = _jMenuItem0Name[j];
        _jMenuItem0[j].addActionListener(_MenuBarEvent);
        _jMenuItem0[j].addActionListener(new ActionListener() {
            @Override
            public void actionPerformed(ActionEvent e) {
                _MenuBarEvent.setEventName(EventName1);
            }
        });
```

```
            _jMenu[0].add(_jMenuItem0[j]);
            if (j == 1) {
                _jMenu[0].addSeparator();
            }
        }
    for (int j = 0; j < _jMenuItem1.length; j++) {
        _jMenuItem1[j].setFont(_MenuItemFont);
        final String EventName1 = _jMenuItem1Name[j];
        _jMenuItem1[j].addActionListener(_MenuBarEvent);
        _jMenuItem1[j].addActionListener(new ActionListener() {
            @Override
            public void actionPerformed(ActionEvent e) {
                _MenuBarEvent.setEventName(EventName1);
            }
        });
        _jMenu[1].add(_jMenuItem1[j]);
        if (j == 1) {
            _jMenu[1].addSeparator();
        }
    }
    for (int j = 0; j < _jMenuItem2.length; j++) {
        _jMenuItem2[j].setFont(_MenuItemFont);
        final String EventName2 = _jMenuItem2Name[j];
        _jMenuItem2[j].addActionListener(_MenuBarEvent);
        _jMenuItem2[j].addActionListener(new ActionListener() {
            @Override
            public void actionPerformed(ActionEvent e) {
                _MenuBarEvent.setEventName(EventName2);
            }
        });
        _jMenu[2].add(_jMenuItem2[j]);
        if ((j == 0)) {
            _jMenu[2].addSeparator();
        }
    }
    for (int j = 0; j < _jMenuItem3.length; j++) {
        _jMenuItem3[j].setFont(_MenuItemFont);
        final String EventName3 = _jMenuItem3Name[j];
        _jMenuItem3[j].addActionListener(_MenuBarEvent);
        _jMenuItem3[j].addActionListener(new ActionListener() {
            @Override
            public void actionPerformed(ActionEvent e) {
                _MenuBarEvent.setEventName(EventName3);
            }
```

```
        });
        _jMenu[3].add(_jMenuItem3[j]);
        if (j == 0) {
            _jMenu[3].addSeparator();
        }
    }
}
```

（2）在菜单设计完成之后，通过私有方法 BuildToolBar() 进行工具栏的创建。在该方法中定义 3
个 String 类型的局部数组变量，为工具栏上的按钮设置相应的数值；定义 JButton 控件，并将其添加到
实例变量 JToolBarMain 中。BuildToolBar() 的关键代码如下：

```
private void BuildToolBar() {
    String ImageName[] = { "科目设置 .gif", "班级设置 .gif", "添加学生 .gif",
                           "录入成绩 . gif ", "基本查询 . gif ","成绩明细 . gif ",
                           "年级汇总 . gif ", "系统退出 . gif " };
    String TipString[] = { "成绩科目设置 ", "学生班级设置 ", "添加学生 ",
                           "录入考试成绩 ", "基本信息查询 ", "考试成绩明细查询 ",
                           "年级成绩汇总 ", "系统退出 " };
    String ComandString[] = { "sys_subject", "sys_class", "JF_view_student",
                        "JF_view_gradesub","JF_view_query_jbqk",
                        "JF_view_query_grade_mx","JF_view_query_grade_hz",
                        "JB_EXIT" };
    for (int i = 0; i < ComandString.length; i++) {
        JButton jb = new JButton();
        ImageIcon image = new ImageIcon(".\\images\\" + ImageName[i]);
        jb.setIcon(image);
        jb.setToolTipText(TipString[i]);
        jb.setActionCommand(ComandString[i]);
        jb.addActionListener(_MenuBarEvent);
        jToolBarMain.add(jb);
    }
}
```

17.8 班级信息设置模块设计

17.8.1 班级信息设置模块概述

通过班级信息设置模块可对班级信息进行添加、修改和删除等操作。在系统主窗体的菜单中选择"参
数设置" —"班级设置"命令，打开"班级信息设置"窗体，其运行效果如图 17.14 所示。

图 17.14　"班级信息设置"窗体的运行效果

17.8.2　班级信息设置模块的技术分析

班级信息设置模块的设计主要涉及内部窗体的创建。通过继承 JInternalFrame 类，可以创建一个内部窗体。JInternalFrame 类提供很多本机窗体功能的轻量级对象，这些功能包括拖动、关闭、变成图标、调整大小、显示标题和支持菜单栏等。通常，可将 JInternalFrame 对象添加到 JDesktopPane 中。UI 类将特定于外观的操作委托给由 JDesktopPane 维护的 DesktopManager 对象。

JInternalFrame 内容窗格是添加子控件的地方。为了方便地使用 add() 方法及其变体，已经重写了 remove() 方法和 setLayout() 方法，以在必要时将其转发到 contentPane 控件。这意味着可以编写以下代码：

```
internalFrame.add(child);
```

子控件会被添加到 contentPane 控件中。内容窗格实际上由 JRootPane 的实例管理，它还管理 layoutPane、glassPane 和内部窗体的可选菜单。

17.8.3　班级信息设置模块的实现过程

1. 界面设计

班级信息设置模块的窗体 UI 结构如图 17.15 所示。

图 17.15　窗体 UI 结构

2. 代码设计

（1）通过上文中讲解的公共类 JdbcAdapter，完成对"tb.classinfo"表的相应操作。从数据表中检索出班级的基本信息，如果存在相应数据，在单击某一条数据之后可以对其进行修改、删除等操作。要实现上述功能，需要定义一个布尔型实例变量 insertflag 来标志操作数据库的类型，然后定义一个私有方法 buildTable() 来检索班级数据。buildTable() 的关键代码如下：

```
private void buildTable() {
    DefaultTableModel tablemodel = null;               // 定义表格模型变量
    String[] name = { "班级编号", "年级编号", "班级名称" };// 定义表头数组
    String sqlStr = "select * from tb_classinfo";    // 定义 SQL 语句
    appstu.util.RetrieveObject bdt = new appstu.util.RetrieveObject();
    tablemodel = bdt.getTableModel(name, sqlStr);
                              // 调用 getTableModel() 方法获取一个表格模型实例
    jTable1.setModel(tablemodel);                    // 将表格模型放置在表格中
    jTable1.setRowHeight(24);                        // 设置表格的行高为 24
}
```

（2）要实现单击"添加"按钮可增加一条新数据的功能，在公共方法 jBadd_actionPerformed() 中定义局部字符串变量 sqlStr，用来生成获取年级最大编号的 SQL 语句，然后调用公共类 ProduceMaxBh 的 getMaxBh() 方法生成新的年级最大编号，将返回的结果数据解析后添加到 jComboBox1 控件中。jBadd_actionPerformed() 的关键代码如下：

```
public void jBadd_actionPerformed(ActionEvent e) {
    // 获得年级名称
    if (jComboBox1.getItemCount() <= 0)
        return;
    int index = jComboBox1.getSelectedIndex();
```

```
        String gradeid = gradeID[index];
        String sqlStr = null, classid = null;
        sqlStr = "select max(classID) from tb_classinfo where gradeID = '" +
                 gradeid + "'";
        ProduceMaxBh pm = new appstu.util.ProduceMaxBh();
        classid = pm.getMaxBh(sqlStr, gradeid);
        jTextField1.setText(String.valueOf(jComboBox1.getSelectedItem()));
        jTextField2.setText(classid);
        jTextField3.setText("");
        jTextField3.requestFocus();
    }
```

（3）在单击表格中的某行数据后，这行数据会显示在 jPanel2 的相应控件上，以方便用户进行相应的操作。要实现上述功能，需在公共方法 jTable1_mouseClicked() 中定义一个 String 类型的局部变量 sqlStr，用来存储 SQL 查询语句，然后调用公共类 RetrieveObject 的 getObjectRow() 方法，进行数据查询，如果找到相应数据则将其解析并显示给用户。jTable1-mouseClicked() 的关键代码如下：

```
public void jTable1_mouseClicked(MouseEvent e) {
    insertflag = false;
    String id = null;
    String sqlStr = null;
    int selectrow = 0;
    selectrow = jTable1.getSelectedRow();       // 获取表格中单击的数据对应的行数
    if (selectrow < 0)
        return;                                 // 如果行数小于 0，则返回
    id = jTable1.getValueAt(selectrow, 0).toString();
    // 获取第 selectrow 行第一列的单元格的值
    // 根据 id 对 "tb_classinfo" 表与 "tb_gradeinfo" 表中的基本信息进行连接查询
    sqlStr = "select c.classID, d.gradeName, c.className from tb_
classinfo c inner join " + " tb_gradeinfo d on c.gradeID = d.gradeID" + " where c.
classID = '" + id + "'";
    Vector vdata = null;
    RetrieveObject retrive = new RetrieveObject();
    vdata = retrive.getObjectRow(sqlStr);       // 执行 SQL 语句并返回一个数据集合
    jComboBox1.removeAllItems();
    jTextField1.setText(vdata.get(0).toString());
    jComboBox1.addItem(vdata.get(1));
    jTextField2.setText(vdata.get(2).toString());
}
```

（4）当在年级下拉列表 jComboBox1 中选择某一选项时，会自动触发 itemStateChanged 事件，为了实现当选择某一选项时会执行相应操作，可用实例变量 insertflag 对选项进行判断。公共方法 jComboBox1_itemStateChanged() 的关键代码如下：

```
public void jComboBox1_itemStateChanged(ItemEvent e) {
    if (insertflag) {
        String gradeID = null;
        gradeID = "0" + String.valueOf(jComboBox1.getSelectedIndex() + 1);
        ProduceMaxBh pm = new appstu.util.ProduceMaxBh();
        String sqlStr = null, classid = null;
        sqlStr = "select max(classID) from tb_classinfo where gradeID = '
" + gradeID + "'";
        classid = pm.getMaxBh(sqlStr, gradeID);
        jTextField1.setText(classid);
    } else {
        jTextField1.setText(String.valueOf(jTable1.getValueAt(jTable1.
getSelectedRow(), 0)));
    }
}
```

（5）单击"删除"按钮，可删除某一行班级数据。要实现上述功能，需在公共方法 jBdel_
actionPerformed() 中定义字符串类型的局部变量 sqlDel，用来存储 SQL 删除语句，然后调用公共类
JdbcAdapter 的 DeleteObject() 方法删除数据。相关代码如下：

```
public void jBdel_actionPerformed(ActionEvent e) {
    int result = JOptionPane.showOptionDialog(null, "是否删除班级信息数据？",
            "系统提示",JOptionPane.YES_NO_OPTION,
            JOptionPane.QUESTION_MESSAGE,null,
            new String[] {"是", "否" }, "否");
    if (result == JOptionPane.NO_OPTION)
        return;
    String sqlDel = "delete tb_classinfo where classID = '" + jTextField2.
getText().trim() + "'";
    JdbcAdapter jdbcAdapter = new JdbcAdapter();
    if (jdbcAdapter.DeleteObject(sqlDel)) {
        jTextField1.setText("");
        jTextField2.setText("");
        jTextField3.setText("");
        buildTable();
    }
}
```

（6）单击"存盘"按钮，可将数据保存在数据表中。要实现上述功能，需在方法 jBsave_
actionPerformed() 中定义变量 objclassinfo，然后通过 set() 方法为 objclassinfo 赋值，接着调用公
共类 JdbcAdapter 的 InsertOrUpdateObject() 方法完成存盘操作，其参数为 objclassinfo。jBsave_
actionPerformed() 的关键代码如下：

```
public void jBsave_actionPerformed(ActionEvent e) {
```

```
        int result = JOptionPane.showOptionDialog(null, "是否保存班级信息数据？",
"系统提示 ",
        JOptionPane.YES_NO_OPTION, JOptionPane.QUESTION_MESSAGE, null,
 new String[] {"是 ", "否 " }, "否 ");
    if (result == JOptionPane.NO_OPTION)
        return;
    int index = jComboBox1.getSelectedIndex();
    String gradeid = gradeID[index];
    appstu.model.Obj_classinfo objclassinfo = new appstu.model.Obj_classinfo();
    objclassinfo.setClassID(jTextField2.getText().trim());
    objclassinfo.setGradeID(gradeid);
    objclassinfo.setClassName(jTextField3.getText().trim());
    JdbcAdapter jdbcAdapter = new JdbcAdapter();
    if (jdbcAdapter.InsertOrUpdateObject(objclassinfo))
        buildTable();
}
```

17.9　学生基本信息管理模块设计

17.9.1　学生基本信息管理模块概述

　　学生基本信息管理模块用来管理学生的基本信息，具有学生信息的添加、修改、删除、存盘等功能。选择主窗体中的"基本信息"—"学生信息"命令，打开"学生基本信息管理"窗体，其运行效果如图 17.16 所示。

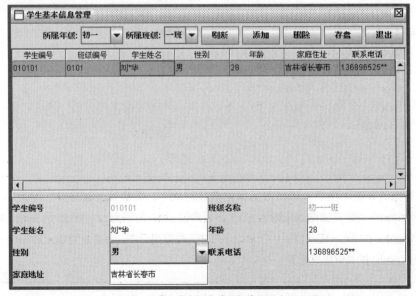

图 17.16　"学生基本信息管理"窗体的运行效果

17.9.2 学生基本信息管理模块的技术分析

学生基本信息管理模块的设计主要使用 JSplitPane 类。JSplitPane 类用于分隔两个（只能是两个）Component 控件。两个 Component 控件的图形化分隔以外观实现为基础，并且这两个 Component 控件可以由用户交互式地调整大小。使用 JSplitPane.HORIZONTAL_SPLIT 可让分隔的两个 Component 控件从左到右排列，使用 JSplitPane.VERTICAL_SPLIT 则可以使它们从上到下排列。改变 Component 控件尺寸可调用 setDividerLocation() 方法，其参数 location 是新的 x 或 y 位置，具体取决于 JSplitPane 的方向。要将 Component 控件调整到首选尺寸，可调用 resetToPreferredSizes() 方法。

当调整 Component 控件的尺寸时，如果 Component 控件的最小尺寸大于分隔窗格的尺寸，则不能进行调整。当调整分隔窗格尺寸时，新的空间以参数 resizeWeight 的值为基础在两个控件之间分配。默认情况下，resizeWeight 的值为 0 表示右边或底部的控件获得所有空间，resizeWeight 的值为 1 表示左边或顶部的控件获得所有空间。

17.9.3 学生基本信息管理模块的实现过程

1. 界面设计

学生基本信息管理模块的窗体 UI 结构如图 17.17 和图 17.18 所示。

图 17.17　窗体 UI 结构（1）

图 17.18　窗体 UI 结构（2）

2. 代码设计

（1）在打开"学生基本信息管理"窗体后，程序先从数据表中检索出学生的基本信息，如果检索到学生的基本信息，那么用户在单击某一行数据之后可以对该行数据进行修改、删除等操作。可通过公共类 JdbcAdapter 进行相应操作。下面实现检索数据的功能。单击 JF_view_student 类的代码编辑界面，导入 appstu.util 包下的相应类文件；定义两个 String 类型的数组变量 gradeID、classID（初始值为 null），分别用来存储年级编号和班级编号；定义一个私有方法 initialize()，用来检索班级数据。关键代码如下：

```
    String gradeID[] = null;
    String classID[] = null;
public void initialize() {
    String sqlStr = null;
    sqlStr = "select gradeID,gradeName from tb_gradeinfo";
    RetrieveObject retrieve = new RetrieveObject();
    java.util.Collection collection = null;
    java.util.Iterator iterator = null;
    collection = retrieve.getTableCollection(sqlStr);
    iterator = collection.iterator();
    gradeID = new String[collection.size()];
    int i = 0;
    while (iterator.hasNext()) {
        java.util.Vector vdata = (java.util.Vector) iterator.next();
        gradeID[i] = String.valueOf(vdata.get(0));
        jComboBox1.addItem(vdata.get(1));
        i++;
    }
}
```

（2）在选择年级下拉列表（jComboBox1）中的某一选项后，系统会自动检索出相应年级的班级数据，并显示在班级下拉列表框（jComboBox2）中。要实现上述功能，在公共方法 jComboBox1_itemStateChanged() 中，定义一个 String 类型的变量 sqlStr，用来存储 SQL 查询语句；调用公共类 RetrieveObject 的方法 getTableCollection()，其参数为 sqlStr，将返回值存入集合变量 collection 中；将集合中的数据存放到班级下拉列表控件中。关键代码如下：

```
public void jComboBox1_itemStateChanged(ItemEvent e) {
    jComboBox2.removeAllItems();
    int Index = jComboBox1.getSelectedIndex();
    String sqlStr = null;
    sqlStr = "select classID,className from tb_classinfo where gradeID
        = '" + gradeID[Index] + "'";
    RetrieveObject retrieve = new RetrieveObject();
    java.util.Collection collection = null;
    java.util.Iterator iterator = null;
    collection = retrieve.getTableCollection(sqlStr);
    iterator = collection.iterator();
    classID = new String[collection.size()];
    int i = 0;
    while (iterator.hasNext()) {
        java.util.Vector vdata = (java.util.Vector) iterator.next();
        classID[i] = String.valueOf(vdata.get(0));
        jComboBox2.addItem(vdata.get(1));
```

```
        i++;
    }
}
```

（3）在选择班级下拉列表（jComboBox2）中的某一选项后，系统会自动检索出相应班级的所有学生数据，方法 jComboBox2_itemStateChanged() 的关键代码如下：

```java
public void jComboBox2_itemStateChanged(ItemEvent e) {
    if (jComboBox2.getSelectedIndex() < 0)
        return;
    String cid = classID[jComboBox2.getSelectedIndex()];
    DefaultTableModel tablemodel = null;
    String[] name = { "学生编号", "班级编号", "学生姓名", "性别", "年龄",
"家庭住址", "联系电话" };
    String sqlStr = "select * from tb_studentinfo where classid = '" + cid + "'";
    appstu.util.RetrieveObject bdt = new appstu.util.RetrieveObject();
    tablemodel = bdt.getTableModel(name, sqlStr);
    jTable1.setModel(tablemodel);
    jTable1.setRowHeight(24);
}
```

（4）在单击表格中的某行数据后，系统会将学生的信息显示在 jPanel1 的控件中，以便用户进行相应操作。关键代码如下：

```java
public void jTable1_mouseClicked(MouseEvent e) {
    String id = null;
    String sqlStr = null;
    int selectrow = 0;
    selectrow = jTable1.getSelectedRow();
    if (selectrow < 0)
        return;
    id = jTable1.getValueAt(selectrow, 0).toString();
    sqlStr = "select * from tb_studentinfo where stuid = '" + id + "'";
    Vector vdata = null;
    RetrieveObject retrive = new RetrieveObject();
    vdata = retrive.getObjectRow(sqlStr);
    String gradeid = null, classid = null;
    String gradename = null, classname = null;
    Vector vname = null;
    classid = vdata.get(1).toString();
    gradeid = classid.substring(0, 2);
    vname = retrive.getObjectRow("select className from tb_classinfo where
            classID = '" + classid + "'");
    classname = String.valueOf(vname.get(0));
```

```
        vname = retrive.getObjectRow("select gradeName from tb_gradeinfo where
            gradeID = '" + gradeid + "'");
        gradename = String.valueOf(vname.get(0));
        jTextField1.setText(vdata.get(0).toString());
        jTextField2.setText(gradename + classname);
        jTextField3.setText(vdata.get(2).toString());
        jTextField4.setText(vdata.get(4).toString());
        jTextField5.setText(vdata.get(6).toString());
        jTextField6.setText(vdata.get(5).toString());
        jComboBox3.removeAllItems();
        jComboBox3.addItem(vdata.get(3).toString());
}
```

（5）单击"添加"按钮，可进行学生信息的录入操作。公共方法 jBadd_actionPerformed() 的关键代码如下：

```
public void jBadd_actionPerformed(ActionEvent e) {
    String classid = null;
    int index = jComboBox2.getSelectedIndex();
    if (index < 0) {
        JOptionPane.showMessageDialog(null, "班级名称为空，请重新选择班级",
                "系统提示", JOptionPane.ERROR_MESSAGE);
        return;
    }
    classid = classID[index];
    String sqlMax = "select max(stuid) from tb_studentinfo where classID
                = '" + classid + "'";
    ProduceMaxBh pm = new appstu.util.ProduceMaxBh();
    String stuid = null;
    stuid = pm.getMaxBh(sqlMax, classid);
    jTextField1.setText(stuid);
    jTextField2.setText(jComboBox2.getSelectedItem().toString());
    jTextField3.setText("");
    jTextField4.setText("");
    jTextField5.setText("");
    jTextField6.setText("");
    jComboBox3.removeAllItems();
    jComboBox3.addItem("男");
    jComboBox3.addItem("女");
    jTextField3.requestFocus();
}
```

（6）单击"删除"按钮，可删除学生信息。公共方法 jBdel_actionPerformed() 的关键代码如下：

```
public void jBdel_actionPerformed(ActionEvent e) {
```

```
    if (jTextField1.getText().trim().length() <= 0)
        return;
    int result = JOptionPane.showOptionDialog(null, "是否删除学生的基本信息数据？",
                "系统提示", JOptionPane.YES_NO_OPTION, JOptionPane.MESSAGE,
                QUESTION_ null, new String[] {"是", "否" }, "否");
    if (result == JOptionPane.NO_OPTION)
        return;
    String sqlDel = "delete tb_studentinfo where stuid
                = '" + jTextField1.getText().trim() + "'";
    JdbcAdapter jdbcAdapter = new JdbcAdapter();
    if (jdbcAdapter.DeleteObject(sqlDel)) {
        jTextField1.setText("");
        jTextField2.setText("");
        jTextField3.setText("");
        jTextField4.setText("");
        jTextField5.setText("");
        jTextField6.setText("");
        jComboBox1.removeAllItems();
        jComboBox3.removeAllItems();
        ActionEvent event = new ActionEvent(jBrefresh, 0, null);
        jBrefresh_actionPerformed(event);
    }
}
```

（7）单击"存盘"按钮，可对学生信息进行存盘操作。公共方法 jBsave_actionPerformed() 的
关键代码如下：

```
public void jBsave_actionPerformed(ActionEvent e) {
    int result = JOptionPane.showOptionDialog(null, "是否保存学生基本数据信息？",
                "系统提示", JOptionPane.YES_NO_OPTION,
                JOptionPane.QUESTION_MESSAGE,null,
                new String[] { "是", "否" }, "否");
    if (result == JOptionPane.NO_OPTION)
        return;
    appstu.model.Obj_student object = new appstu.model.Obj_student();
    String classid = classID[Integer.parseInt(String.valueOf(jComboBox2.
getSelectedIndex()))];
    object.setStuid(jTextField1.getText().trim());
    object.setClassID(classid);
    object.setStuname(jTextField3.getText().trim());
    int age = 0;
    try {
        age = Integer.parseInt(jTextField4.getText().trim());
    } catch (java.lang.NumberFormatException formate) {
```

```
        JOptionPane.showMessageDialog(null, "数据录入有误，错误信息:\n" +
formate.getMessage(), "系统提示", JOptionPane.ERROR_MESSAGE);
        jTextField4.requestFocus();
        return;
    }
    object.setAge(age);
    object.setSex(String.valueOf(jComboBox3.getSelectedItem()));
    object.setPhone(jTextField5.getText().trim());
    object.setAddress(jTextField6.getText().trim());
    appstu.util.JdbcAdapter adapter = new appstu.util.JdbcAdapter();
    if (adapter.InsertOrUpdateObject(object)) {
        ActionEvent event = new ActionEvent(jBrefresh, 0, null);
        jBrefresh_actionPerformed(event);
    }
}
```

17.10 学生考试成绩信息管理模块设计

17.10.1 学生考试成绩信息管理模块概述

学生考试成绩信息管理模块主要用于对学生考试成绩信息进行管理，具有修改、添加、删除、保存信息等功能。选择主窗体中的"基本信息"—"考试成绩"命令，打开"学生考试成绩信息管理"窗体，运行效果如图 17.19 所示。

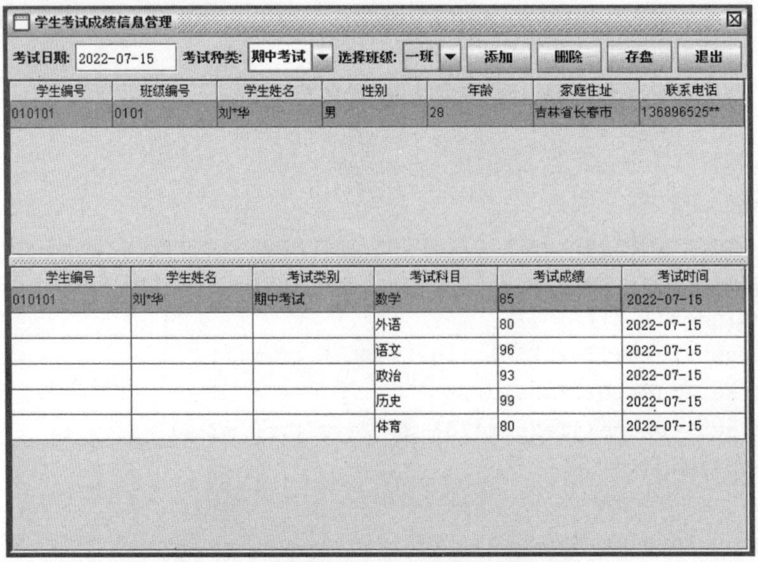

图 17.19 "学生考试成绩信息管理"窗体的运行效果

17.10.2 学生考试成绩信息管理模块的技术分析

设计学生考试成绩信息管理模块主要使用 Vector 类。使用 Vector 类可以实现长度可变的对象数组。与数组一样，它包含可以使用整数索引进行访问的控件。但是，它可以根据需要增大或缩小，以便进行添加项或移除项的操作。

每个 Vector 对象会试图通过维护 capacity 和 capacityIncrement 来优化存储管理。capacity 的值始终至少与 Vector 对象的大小相等，前者的值通常比后者的大些，因为在将控件添加到 Vector 对象中后，其存储将按 capacityIncrement 的大小增加存储块。可以在插入大量控件前增加 Vector 对象的容量，这样就可以减少重分配的量。

17.10.3 学生考试成绩信息管理模块的实现过程

1. 界面设计

学生考试成绩信息管理模块的窗体 UI 结构如图 17.20 所示。

图 17.20 窗体 UI 结构

2. 代码设计

（1）通过前面讲解的公共类 JdbcAdapter，从"tb_gradeinfo_sub"表中检索出班级的基本信息，在选择班级后，检索出该班级对应的学生数据。要实现上述功能，单击 JF_view_gradesub 类的代码编辑界面进行代码编写；导入 appstu.util 公共包下的相应类文件；定义一个布尔型实例变量 insertflag，用来标志操作的数据库的类型；定义一个私有方法 buildTable，用来检索班级数据。相关代码如下：

```
boolean insertflag = true;
```

```
private void buildTable() {
    DefaultTableModel tablemodel = null; // 设置表格模型变量
    String[] name = { "班级编号", "年级编号", "班级名称" }; // 设置表头数组
    String sqlStr = "select * from tb_classinfo"; // 定义 SQL 语句
    appstu.util.RetrieveObject bdt = new appstu.util.RetrieveObject();
    tablemodel = bdt.getTableModel(name, sqlStr); // 获取表格模型实例
    jTable1.setModel(tablemodel); // 将表格模型放置在表格中
    jTable1.setRowHeight(24); // 设置表格的行高为 24
}
```

（2）单击学生信息表格中的某行学生信息，如果该学生的考试成绩已经录入，那么可以检索出相应的成绩信息。要实现上述功能，在公共方法 jTable1_mouseClicked() 中定义一个 String 类型的局部变量 sqlStr，用来存储 SQL 查询语句；调用公共类 RetrieveObject 的公共方法 getTableCollection()，其参数为 sqlStr，返回值为集合；将集合中的数据保存到表格控件中。公共方法 jTable1_mouseClicked() 的关键代码如下：

```
public void jTable1_mouseClicked(MouseEvent e) {
    int currow = jTable1.getSelectedRow();
    if (currow >= 0) {
        DefaultTableModel tablemodel = null;
        String[] name = { "学生编号", "学生姓名", "考试类别", "考试科目",
"考试成绩", "考试时间" };
        tablemodel = new DefaultTableModel(name, 0);
        String sqlStr = null;
        Collection collection = null;
        Object[] object = null;
        sqlStr = "select * from tb_gradeinfo_sub where stuid
               = '" + jTable1.getValueAt(currow, 0) + "' and kindID
               = '"+ examkindid[jComboBox1.getSelectedIndex()] + "'";
        RetrieveObject retrieve = new RetrieveObject();
        collection = retrieve.getTableCollection(sqlStr);
        object = collection.toArray();
        int findindex = 0;
        for (int i = 0; i < object.length; i++) {
            Vector vrow = new Vector();
            Vector vdata = (Vector) object[i];
            String sujcode = String.valueOf(vdata.get(3));
            for (int aa = 0; aa < this.subjectcode.length; aa++) {
                if (sujcode.equals(subjectcode[aa])) {
                    findindex = aa;
                    System.out.println("findindex = " + findindex);
                }
            }
```

```
                    if (i == 0) {
                        vrow.addElement(vdata.get(0));
                        vrow.addElement(vdata.get(1));
                        vrow.addElement(examkindname[Integer.parseInt(String.
                                valueOf(vdata.get(2))) - 1]);
                        vrow.addElement(subjectname[findindex]);
                        vrow.addElement(vdata.get(4));
                        String ksrq = String.valueOf(vdata.get(5));
                        ksrq = ksrq.substring(0, 10);
                        System.out.println(ksrq);
                        vrow.addElement(ksrq);
                    } else {
                        vrow.addElement("");
                        vrow.addElement("");
                        vrow.addElement("");
                        vrow.addElement(subjectname[findindex]);
                        vrow.addElement(vdata.get(4));
                        String ksrq = String.valueOf(vdata.get(5));
                        ksrq = ksrq.substring(0, 10);
                        System.out.println(ksrq);
                        vrow.addElement(ksrq);
                    }
                    tablemodel.addRow(vrow);
                }
                this.jTable2.setModel(tablemodel);
                this.jTable2.setRowHeight(22);
            }
}
```

（3）单击学生信息表格中的某行学生信息，如果没有检索到该学生的成绩数据，单击"添加"按钮，可进行成绩数据的添加。要实现上述功能，在公共方法 jBadd_actionPerformed() 中定义一个表格模型变量 tablemodel，用来保存数据表格；定义一个 String 类型的局部变量 sqlStr，用来存放查询语句；调用公共类 RetrieveObject 的 getObjectRow() 方法，其参数为 sqlStr，用其返回值生成科目名称，并填充至 tablemodel 中。关键代码如下：

```
public void jBadd_actionPerformed(ActionEvent e) {
    int currow;
    currow = jTable1.getSelectedRow();
    if (currow >= 0) {
        DefaultTableModel tablemodel = null;
        String[] name = { "学生编号", "学生姓名", "考试类别", "考试科目",
"考试成绩", "考试时间" };
        tablemodel = new DefaultTableModel(name, 0);
```

```
        String sqlStr = null;
        Collection collection = null;
        Object[] object = null;
        Iterator iterator = null;
        sqlStr = "select subject from tb_subject";         // 定义查询语句
        RetrieveObject retrieve = new RetrieveObject();     // 定义公共类对象
        Vector vdata = null;
        vdata = retrieve.getObjectRow(sqlStr);
        for (int i = 0; i < vdata.size(); i++) {
            Vector vrow = new Vector();
            if (i == 0) {
                vrow.addElement(jTable1.getValueAt(currow, 0));
                vrow.addElement(jTable1.getValueAt(currow, 2));
                vrow.addElement(jComboBox1.getSelectedItem());
                vrow.addElement(vdata.get(i));
                vrow.addElement("");
                vrow.addElement(jTextField1.getText().trim());
            } else {
                vrow.addElement("");
                vrow.addElement("");
                vrow.addElement("");
                vrow.addElement(vdata.get(i));
                vrow.addElement("");
                vrow.addElement(jTextField1.getText().trim());
            }
            tablemodel.addRow(vrow);
            this.jTable2.setModel(tablemodel);
            this.jTable2.setRowHeight(23);
        }
    }
}
```

（4）在输入完学生成绩数据后，单击"存盘"按钮，可将数据存盘。要实现上述功能，在公共方法 jBsave_actionPerformed() 中定义一个类型为 Obj_gradeinfo_sub 的数组变量 object，通过循环语句为 object 数组变量中的对象赋值；调用公共类 jdbcAdapter 中的 InsertOrUpdate_Obj_gradeinfo_sub() 方法，执行存盘操作，其参数为 object，关键代码如下：

```
public void jBsave_actionPerformed(ActionEvent e) {
    int result = JOptionPane.showOptionDialog(null, "是否保存学生考试成绩数据？",
            "系统提示", JOptionPane.YES_NO_OPTION,
            JOptionPane.QUESTION_MESSAGE, null,
            new String[]{"是", "否" }, "否");
    if (result == JOptionPane.NO_OPTION)
        return;
```

```
int rcount;
rcount = jTable2.getRowCount();
if (rcount > 0) {
    appstu.util.JdbcAdapter jdbcAdapter = new appstu.util.JdbcAdapter();
    Obj_gradeinfo_sub[] object = new Obj_gradeinfo_sub[rcount];
    for (int i = 0; i < rcount; i++) {
        object[i] = new Obj_gradeinfo_sub();
        object[i].setStuid(String.valueOf(jTable2.getValueAt(0, 0)));
        object[i].setKindID(examkindid[jComboBox1.getSelectedIndex()]);
        object[i].setCode(subjectcode[i]);
        object[i].setSutname(String.valueOf(jTable2.getValueAt(i, 1)));
        float grade;
        grade = Float.parseFloat(String.valueOf(jTable2.getValueAt(i, 4)));
        object[i].setGrade(grade);
        java.sql.Date rq = null;
        try {
            String strrq = String.valueOf(jTable2.getValueAt(i, 5));
            rq = java.sql.Date.valueOf(strrq);
        } catch (Exception dt) {
            JOptionPane.showMessageDialog(null, "第【" + i + "】行输
入的数据格式有误，请重新录入！！\n" + dt.getMessage(), "系统提示", JOptionPane.
ERROR_MESSAGE);
            return;
        }
        object[i].setExamdate(rq);
    }
    jdbcAdapter.InsertOrUpdate_Obj_gradeinfo_sub(object); // 执行公共类
中的数据存盘操作
    }
}
```

17.11　基本信息数据查询模块设计

17.11.1　基本信息数据查询模块概述

基本信息数据查询包括学生信息查询和教师信息查询两部分。选择"系统查询"—"基本信息"命令，
打开"基本信息数据查询"窗体，运行效果如图 17.21 所示。

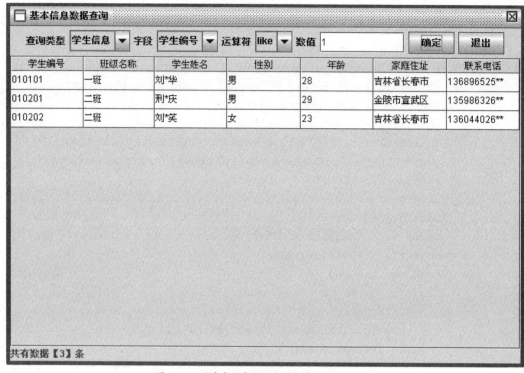

图 17.21 "基本信息数据查询"窗体的运行效果

17.11.2 基本信息数据查询模块的技术分析

使用 SQL 可进行模糊查询,是使用 LIKE 关键字完成的。模糊查询的重点在于两个符号的使用,即 "%"和"_"。"%"表示任意多个字符,"_"表示任意一个字符。例如在姓名列中以"王 %"为查询条件进行查询,那么可以找到所有姓王的人的相关信息;如果查询条件是"王 _",那么可以找到姓名长度为两个字符的姓王的人的相关信息。

17.11.3 基本信息数据查询模块的实现过程

1. 界面设计

基本信息数据查询模块的窗体 UI 结构如图 17.22 所示。

2. 代码设计

(1)用户首先选择查询类型,也就是选择查询什么信息,然后对系统提供的查询参数进行设置,最后单击"确定"按钮,进行满足条件的数据查询。要实现上述功能,打开文件源,导入需要的类包;定义不同的 String 类型变量;定义一个私有方法 initsize(),用来初始化下拉列表中的数据,以供用户选择,关键代码如下:

图 17.22 窗体 UI 结构

```
public class JF_view_query_jbqk extends JInternalFrame {
    String tabname = null;
    String zdname = null;
    String ysfname = null;
    String[] jTname = null;
    private void initsize() {
        jComboBox1.addItem(" 学生信息 ");
        jComboBox1.addItem(" 教师信息 ");
        jComboBox3.addItem("like");
        jComboBox3.addItem(">");
        jComboBox3.addItem("=");
        jComboBox3.addItem("<");
        jComboBox3.addItem(">=");
        jComboBox3.addItem("<=");
    }
}
```

（2）在选择某一查询类型后，为查询字段下拉列表填充相应数据。可借助公共方法 jComboBox1_
itemStateChanged() 实现这个功能，关键代码如下：

```
public void jComboBox1_itemStateChanged(ItemEvent itemEvent) {
    if (jComboBox1.getSelectedIndex() == 0) {
        this.tabname = "select s.stuid, c.className, s.stuname, s.sex,
                    s.age, s.addr, s.phone from tb_studentinfo s ,
                    tb_classinfo c where s.classID = c.classID";
        String[] name = { " 学生编号 ", " 班级名称 ", " 学生姓名 ", " 性别 ", " 年龄 ",
" 家庭住址 ", " 联系电话 " };
        jTname = name;
        jComboBox2.removeAllItems();
        jComboBox2.addItem(" 学生编号 ");
        jComboBox2.addItem(" 班级编号 ");
    }
    if (jComboBox1.getSelectedIndex() == 1) {
        this.tabname = " select t.teaid, c.className, t.teaname, t.sex,
                    t.knowledge,t.knowlevel from tb_teacher t inner
                    join tb_classinfo c on c .classID = t.classID";
        String[] name = { " 教师编号 ", " 班级名称 ", " 教师姓名 ", " 性别 ", " 教师
职称 ", " 教师等级 " };
        jTname = name;
        jComboBox2.removeAllItems();
        jComboBox2.addItem(" 教师编号 ");
        jComboBox2.addItem(" 班级编号 ");
    }
}
```

（3）在选择某一查询字段之后，为实例变量 zdname 进行赋值。可借助公共方法 jComboBox2_itemStateChanged() 来实现此功能，其关键代码如下：

```
public void jComboBox2_itemStateChanged(ItemEvent itemEvent) {
    if (jComboBox1.getSelectedIndex() == 0) {
        if (jComboBox2.getSelectedIndex() == 0)
            this.zdname = "s.stuid";
        if (jComboBox2.getSelectedIndex() == 1)
            this.zdname = "s.classID";
    }
    if (jComboBox1.getSelectedIndex() == 1) {
        if (jComboBox2.getSelectedIndex() == 0)
            this.zdname = "t.teaid";
        if (jComboBox2.getSelectedIndex() == 1)
            this.zdname = "t.classID";
    }
    System.out.println("zdname = " + zdname);
}
```

（4）当选择某一运算符之后，为实例变量 ysfname 进行赋值。可借助公共方法 jComboBox3_itemStateChanged() 来实现此功能，其关键代码如下：

```
public void jComboBox3_itemStateChanged(ItemEvent itemEvent) {
    this.ysfname = String.valueOf(jComboBox3.getSelectedItem());
}
```

（5）在输入检索数值之后，单击"确定"按钮，可进行条件查询操作。要实现此功能，在公共方法 jByes_actionPerformed() 中，定义两个 String 类型的局部变量 sqlSelect 与 whereSql，用来存储查询条件语句；通过公共类 RetrieveObject 的 getTableModel() 方法，进行查询操作，其参数为 sqlSelect 和 whereSql。关键代码如下：

```
public void jByes_actionPerformed(ActionEvent e) {
    String sqlSelect = null, whereSql = null;
    String valueStr = jTextField1.getText().trim();
    sqlSelect = this.tabname;
    if (ysfname == "like") {
        whereSql = " and " + this.zdname + " " + this.ysfname + " '%" +
valueStr + "%'";
    } else {
        whereSql = " and " + this.zdname + " " + this.ysfname + "'" +
valueStr + "'";
    }
    appstu.util.RetrieveObject retrieve = new appstu.util.RetrieveObject();
```

```
javax.swing.table.DefaultTableModel defaultmodel = null;
defaultmodel = retrieve.getTableModel(jTname, sqlSelect + whereSql);
jTable1.setModel(defaultmodel);
if (jTable1.getRowCount() <= 0) {
    JOptionPane.showMessageDialog(null, "没有找到满足条件的数据！！！", "系
统提示 ", JOptionPane.INFORMATION_MESSAGE);
}
jTable1.setRowHeight(24);
jLabel5.setText("共有数据【" + String.valueOf(jTable1.getRowCount()) + "】条");
}
```

17.12　考试成绩班级明细数据查询模块设计

17.12.1　考试成绩班级明细数据查询模块概述

考试成绩班级明细数据查询模块用来查询不同班级的学生考试成绩的明细信息，"考试成绩班级明细数据查询"窗体的运行效果如图 17.23 所示。

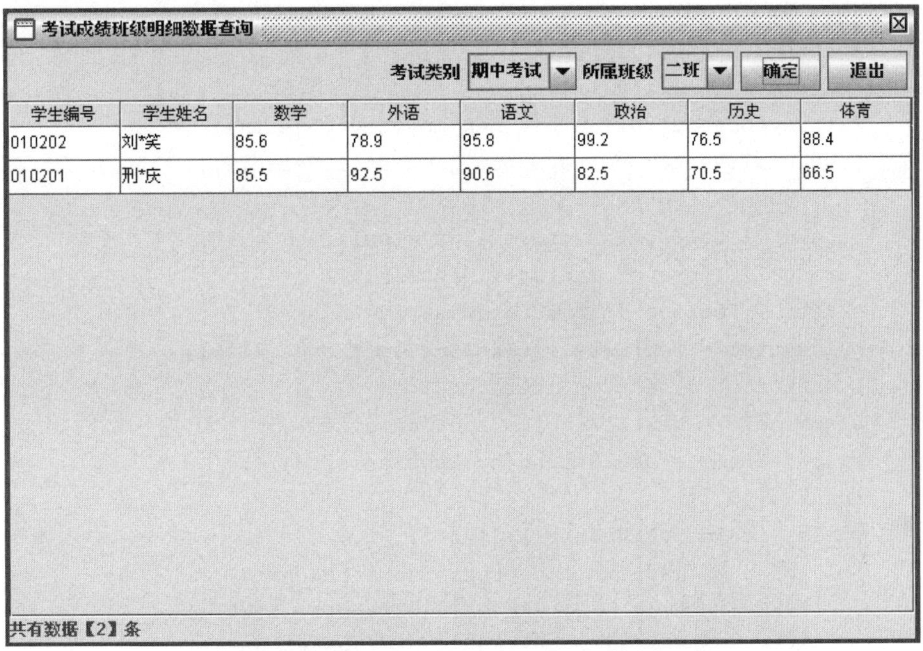

学生编号	学生姓名	数学	外语	语文	政治	历史	体育
010202	刘*笑	85.6	78.9	95.8	99.2	76.5	88.4
010201	刑*庆	85.5	92.5	90.6	82.5	70.5	66.5

图 17.23　"考试成绩班级明细数据查询"窗体的运行效果

17.12.2　考试成绩班级明细数据查询模块的技术分析

在 Java 中，如果要开发桌面应用程序，通常会使用 Swing。Swing 中的控件大都有默认的设

置，例如 JTable 控件在创建完成后，其表格行高就有了一个固定值，可以使用 JTable 控件提供的 setRowHeight() 方法重新设置行高。该方法的声明如下：

```
public void setRowHeight(int rowHeight)
```

参数 rowHeight 为新的行高。

17.12.3 考试成绩班级明细数据查询模块的实现过程

1. 界面设计

学生考试成绩明细数据查询模块的窗体 UI 结构如图 17.24 所示。

2. 代码设计

（1）定义一个公有方法 initialize()，用来初始化下拉列表中的数据，供用户选择。关键代码如下：

图 17.24　窗体 UI 结构

```
public class JF_view_query_grade_mx extends JInternalFrame {
    String classid[] = null;
    String classname[] = null;
    String examkindid[] = null;
    String examkindname[] = null;
    public void initialize() {
        RetrieveObject retrieve = new RetrieveObject();
        java.util.Vector vdata = new java.util.Vector();
        String sqlStr = null;
        java.util.Collection collection = null;
        java.util.Iterator iterator = null;
        sqlStr = "select * from tb_examkinds";
        collection = retrieve.getTableCollection(sqlStr);
        iterator = collection.iterator();
        examkindid = new String[collection.size()];
        examkindname = new String[collection.size()];
        int i = 0;
        while (iterator.hasNext()) {
            vdata = (java.util.Vector) iterator.next();
            examkindid[i] = String.valueOf(vdata.get(0));
            examkindname[i] = String.valueOf(vdata.get(1));
            jComboBox1.addItem(vdata.get(1));
            i++;
        }
        sqlStr = "select * from tb_classinfo";
        collection = retrieve.getTableCollection(sqlStr);
```

```
        iterator = collection.iterator();
        classid = new String[collection.size()];
        classname = new String[collection.size()];
        i = 0;
        while (iterator.hasNext()) {
            vdata = (java.util.Vector) iterator.next();
            classid[i] = String.valueOf(vdata.get(0));
            classname[i] = String.valueOf(vdata.get(2));
            jComboBox2.addItem(vdata.get(2));
            i++;
        }
    }
    // 省略部分代码
}
```

（2）用户选择相应的考试类别和所属班级后，单击"确定"按钮，可进行成绩明细数据查询。要实现上述功能，在公共方法 jByes_actionPerformed() 中，定义一个 String 类型的局部变量 sqlSubject，用来存储考试科目的 SQL 查询语句；定义一个 String 类型的数组变量 tbname，用来为表格模型设置列的名字；定义公共类 RetrieveObject 的变量 retrieve，并调用 retrieve 的方法 getTableCollection()，其参数为 sqlSubject；当结果集中存在数据的时候，定义一个 String 类型的变量 sqlStr，用来存储查询成绩的 SQL 语句，通过循环语句为 sqlStr 赋值；定义一个 RetrieveObject 类型的变量 bdt，调用 bdt 的 getTableModel() 方法，其参数为 tbname 和 sqlStr。公共方法 jByes_actionPerformed() 的关键代码如下：

```
public void jByes_actionPerformed(ActionEvent e) {
    String sqlSubject = null;
    java.util.Collection collection = null;
    Object[] object = null;
    java.util.Iterator iterator = null;
    sqlSubject = "select * from tb_subject";
    RetrieveObject retrieve = new RetrieveObject();
    collection = retrieve.getTableCollection(sqlSubject);
    object = collection.toArray();
    String strCode[] = new String[object.length];
                              // 定义数组，用来存放考试科目编号
    String strSubject[] = new String[object.length];
                              // 定义数组，用来存放考试科目名称
    String[] tbname = new String[object.length + 2];
                              // 定义数组，用来存放表格的列名
    tbname[0] = "学生编号";
    tbname[1] = "学生姓名";
    String sqlStr = "select stuid, stuname, ";
    for (int i = 0; i < object.length; i++) {
```

```
        String code = null, subject = null;
        java.util.Vector vdata = null;
        vdata = (java.util.Vector) object[i];
        code = String.valueOf(vdata.get(0));
        subject = String.valueOf(vdata.get(1));
        tbname[i + 2] = subject;
        if ((i + 1) == object.length) {
            sqlStr = sqlStr + " sum(case code when '" + code + "' then
grade else 0 end) as '"+ subject + "'";
        } else {
            sqlStr = sqlStr + " sum(case code when '" + code + "' then grade
 else 0 end) as '" + subject + "',";
        }
    }
    String whereStr = " where kind";
    // 为变量 whereStr 进行赋值操作
    whereStr = " where kindID = '" + this.examkindid[jComboBox1.getSelect
edIndex()] + "' and subString(stuid,1,4) = '" + this.classid[jComboBox2.
getSelectedIndex()] + "' ";
    // 为变量 sqlStr 进行赋值操作
    sqlStr = sqlStr + " from tb_gradeinfo_sub " + whereStr + " group by
stuid,stuname ";
    DefaultTableModel tablemodel = null;
    appstu.util.RetrieveObject bdt = new appstu.util.RetrieveObject();
    tablemodel = bdt.getTableModel(tbname, sqlStr);
    // 通过 bdt 的 getTableModel() 方法为表格赋值
    jTable1.setModel(tablemodel);
    if (jTable1.getRowCount() <= 0) {
        JOptionPane.showMessageDialog(null, "没有找到满足条件的数据！！！", "系
统提示",
                            JOptionPane.INFORMATION_MESSAGE);
    }
    jTable1.setRowHeight(24);
    jLabel1.setText("共有数据【" + String.valueOf(jTable1.getRowCount()) + "】条");
}
```

17.13　小结

本章从软件工程的角度，讲述了开发软件的常规步骤。在学习本章后，读者应该掌握了使用 Java 的 Swing 技术进行开发的一般过程；此外，对于 JDBC 等常用技术也应该有了更加深入的了解。